国家出版基金项目
NATIONAL PUBLICATION FOUNDATION

"十四五"时期国家重点出版物出版专项规划项目

新时代地热能高效开发与利用研究丛书

总主编　庞忠和

地热能项目管理

Management of Geothermal Energy Project

主　编　刘连刚　马静晨

副主编　刘少敏　王志刚　邹登亮

華東理工大學出版社
EAST CHINA UNIVERSITY OF SCIENCE AND TECHNOLOGY PRESS

·上海·

图书在版编目(CIP)数据

地热能项目管理 / 刘连刚，马静晨主编 ；刘少敏，王志刚，邹登亮副主编. -- 上海 ：华东理工大学出版社，2024.12. --（新时代地热能高效开发与利用研究丛书 / 庞忠和总主编）. -- ISBN 978-7-5628-7156-9

Ⅰ. TK521

中国国家版本馆 CIP 数据核字第 20248JG488 号

内 容 提 要

本书以地热能供暖项目管理为核心，全面且详细地介绍了其主要流程和工作内容。全书以地热能项目实施阶段为主线设置章节，并以各具体环节为辅设置小节。重点围绕地热能项目的策划阶段管理、立项阶段管理、设计阶段管理、建设阶段管理、运营阶段管理、资产管理、风险管理及信息管理等八个方面展开深入探讨。本书旨在助力地热从业者更好地开展技术管理工作，推动地热勘查与开发利用水平的提升，帮助从业者深入了解地热能项目全过程管理流程，明确项目开发的重点与难点，在实际工作中发挥切实的指导作用与实用价值。

本书适合地热能领域的研究人员、项目管理者和相关专业的学生阅读参考。

项目统筹 / 马夫娇
责任编辑 / 马夫娇
责任校对 / 陈婉毓
装帧设计 / 周伟伟
出版发行 / 华东理工大学出版社有限公司
地址：上海市梅陇路 130 号，200237
电话：021-64250306
网址：www.ecustpress.cn
邮箱：zongbianban@ecustpress.cn
印　　刷 / 上海雅昌艺术印刷有限公司
开　　本 / 710 mm×1000 mm　1/16
印　　张 / 20.25
字　　数 / 359 千字
版　　次 / 2024 年 12 月第 1 版
印　　次 / 2024 年 12 月第 1 次
定　　价 / 218.00 元

新时代地热能高效开发与利用研究丛书
编委会

地热能项目管理
编委会

主　编　刘连刚　马静晨

副主编　刘少敏　王志刚　邹登亮

编　委　刘久荣　李宁波　刘清晓　江　剑　王　治　王卓卓
刘　江　姜　辉　刘　谏　孙彩霞　万　琳　谢迎春
张　勇　郭　帅　陈晓林　李晓龙　王善民　刘　哲
王维逸　李　翔　刘宗明　郃宝强　黄奕斌　王中鹏
侯　涛　许海洲　刘　林　孟　杉　贺永平　杨茜婷
邵亥冰　尉小永　丁海峥　孙少游　仵宝龙　蒋执俊
刘　弦　李小龙　郑　直

总序一

地热是地球的本土能源，它绿色、环保、可再生；同时地热能又是五大非碳基能源之一，对我国能源系统转型和“双碳”目标的实现具有举足轻重的作用，因此日益受到人们的重视。

据初步估算，我国浅层和中深层地热资源的开采资源量相当于26亿吨标准煤，在中东部沉积盆地中，中低温地下热水资源尤其丰富，适宜于直接的热利用。在可再生能源大家族里，与太阳能、风能、生物质能相比，地热能的能源利用效率最高，平均可达73%，最具竞争性。

2023年10月世界地热大会发布的数据显示，到2022年年底，我国地热清洁供暖面积已经达到13.92亿平方米，也就是说每个中国人平均享受地热清洁供暖面积约为1平方米。每年可替代标准煤4100万吨，减排二氧化碳1.08亿吨。近20年来，我国地热直接利用产业始终位居全球第一。

做出这样的业绩，是我国地热界几代人长期努力的结果。这里面有政策因素、体制机制因素，更重要的，就是有科技进步的因素。即将付印的“新时代地热能高效开发与利用研究丛书”，正是反映了技术上的进步和发展水平。在举国上下努力推动地热能产业高质量发展、扩大其对于实现“双碳”目标做出更大贡献的时候，本丛书的出版正是顺应了这样的需求，可谓恰逢其时。

丛书编委会主要由高等学校和科研机构的专家组成，作者来自国内主要的地热研究代表性团队。各卷牵头的主编以“60后”领军专家为主体，代表了我国从事地热理论研究与生产实践的骨干群体，是地热能领域高水平的专家团队。丛书总主编庞忠和研究员是我国第二代地热学者的杰出代表，在国内外地热界享有广泛的影响力。

丛书的出版对于加强地热基础理论特别是实际应用研究具有重要意义。我向丛书各卷作者和编辑们表示感谢，并向广大读者推荐这套丛书，相信它会受到我国地热界的广泛认可与欢迎。

中国科学院院士 

2022年3月于北京

总序二

党的十八大以来,以习近平同志为核心的党中央高度重视地热能等清洁能源的发展,强调因地制宜开发利用地热能,加快发展有规模、有效益的地热能,为我国地热产业发展注入强大动力、开辟广阔前景。

在我国“双碳”目标引领下,大力发展地热产业,是支撑碳达峰碳中和、实现能源可持续发展的重要选择,是提高北方地区清洁取暖率、完成非化石能源利用目标的重要路径,对于调整能源结构、促进节能减排降碳、保障国家能源安全具有重要意义。当前,我国已明确将地热能作为可再生能源供暖的重要方式,加快营造有利于地热能开发利用的政策环境,可以预见我国地热能发展将迎来一个黄金时期。

我国是地热大国,地热能利用连续多年位居世界首位。伴随国民经济持续快速发展,中国石化逐步成长为中国地热行业的领军企业。早在 2006 年,中国石化就成立了地热专业公司,经过 10 多年努力,目前累计建成地热供暖能力 8000 万平方米、占全国中深层地热供暖面积的 30% 以上,每年可替代标准煤 185 万吨,减排二氧化碳 352 万吨。其中在雄安新区打造的全国首个地热供暖“无烟城”,得到了国家和地方的充分肯定,地热清洁供暖“雄县模式”被国际可再生能源机构(IRENA)列入全球推广项目名录。

我国地热产业的健康发展,得益于党中央、国务院的正确领导,得益于产学研的密切协作。中国科学院地质与地球物理研究所地热资源研究中心、中国地球物理学会地热专业委员会主任庞忠和同志，多年深耕地热领域，专业造诣精深，领衔编写的“新时代地热能高效开发与利用研究丛书”，是我国首次出版的地热能系列丛书。丛书作者都是来自国内主要的地热科研教学及生产单位的地热专家，展示了我国地热理论研究与生产实践的水平。丛书站在地热全产业链的宏大视角，系统阐述地热产业技术及实际应用场景，涵盖地热资源勘查评价、热储及地面利用技术、地热项目管理等多个方面，内容翔实、论证深刻、案例丰富，集合了国内外近 10 年来地热产业创新技术的最新成果，其出版必将进一步促进我国地热应用基础研究和关键技术进步，推动地热产业高质量发展。

特别需要指出的是，该丛书在我国首次举办的素有“地热界奥林匹克大会”之称的世界地热大会 WGC2023 召开前夕出版，也是给大会献上的一份厚礼。

中国工程院院士 马永生

2022 年 3 月 24 日于北京

丛书前言

20 世纪 90 年代初，地源热泵技术进入我国，浅层地热能的开发利用逐步兴起，地热能产业发展开始呈现资源多元化的特点。到 2000 年，我国地热能直接利用总量首次超过冰岛，上升到世界第一的位置。至此，中国在 21 世纪之初就已成为名副其实的地热大国。

2014 年，以河北雄县为代表的中深层碳酸盐岩热储开发利用取得了实质性进展。地热能清洁供暖逐步替代了燃煤供暖，服务全县城 10 万人口，供暖面积达 450 万平方米，热装机容量达 200 MW 以上。中国地热能产业在 2022 年实现了中深层地热能的规模化开发利用，走进了一个新阶段。到 2022 年年末，我国地热清洁供暖面积已达 13.92 亿平方米，占全球总量的 40%，排名世界第一。这相当于中国人均拥有一平方米的地热能清洁供暖，体量很大。

2020 年，我国向世界承诺，要逐渐实现能源转型，力争在 2060 年之前实现碳中和的目标。为此，大力发展低碳清洁稳定的地热能，以及水电、核电、太阳能和风能等非碳基能源，是能源产业发展的必然选择。中国地热能开发利用进入了一个高质量、规模化快速发展的新时代。

“新时代地热能高效开发与利用研究丛书”正是在这样的大背景下应时应需地出笼的。编写这套丛书的初衷，是面向地热能开发利用产业发展，给从事地热能勘查、开发和利用实际工作的工程技术人员和项目管理人员写的。丛书基于三横四纵的知识矩阵进行布局：在横向上包括了浅层地热能、中深层地热能和深层地热能；在纵向上，从地热勘查技术，到开采技术，再到利用技术，最后到项目管理。丛书内容实现了资源类型全覆盖和全产业链条不间断。地热尾水回灌、热储示踪、数值模拟技术，钻井、井筒换热、热储工程等新技术，以及换热器、水泵、热泵和发电机组的技术，丛书都有涉足。丛书在重视逻辑性的同时，兼顾各卷的独立性。各卷基本上是按照地热能勘查、开采和利用技术以及项目管理策略这样的知识阵列展开的。丛书体系力求完整全面、内容力求系统深入、技术力求新颖适用、表述力求通俗易懂。

在本丛书即将付梓之际，国家对“十四五”期间地热能的发展纲领已经明确，2023年第七届世界地热大会即将在北京召开，中国地热能产业正在大步迈向新的发展阶段，其必将推动中国从地热大国走向地热强国。如果本丛书的出版能够为我国新时代的地热能产业高质量发展以及国家能源转型、应对气候变化和建设生态文明战略目标的实现做出微薄贡献，编者就深感欣慰了。

丛书总主编对丛书体系的构建、知识框架的设计、各卷主题和核心内容的确定，发挥了影响和引导作用，但是，具体学术与技术内容则留给了各卷的主编自主掌握。因此，本丛书的作者对书中内容文责自负。

丛书的策划和实施，得益于顾问组和广大业界前辈们的热情鼓励与大力支持，特别是众多的同行专家学者们的积极参与。丛书获得国家出版基金的资助，华东理工大学出版社的领导和编辑们付出了艰辛的努力，笔者在此一并致谢！

2022 年 5 月 12 日于北京

序

随着全球能源结构的深刻变革和可持续发展目标的不断推进，地热能作为一种重要的清洁能源，已逐步走向能源舞台的前沿。地热资源，作为一种可再生、低碳且具有广泛应用前景的能源形式，在解决能源危机、减缓气候变化和推动绿色经济转型方面具有不可替代的战略地位。尤其是在我国推进生态文明建设的背景下，地热能的开发与利用无疑将为能源结构优化、环境保护与区域经济发展提供重要支持。

《地热能项目管理》一书在此背景下应运而生，填补了当前地热能项目管理领域的诸多空白，是一部具有重要学术价值和实践意义的专业著作。书中深入探讨了地热能项目管理的全过程，涵盖了项目策划、立项、设计、建设、运营、资产、风险与信息管理等各个环节，为地热能领域的研究者、从业者及项目管理者提供了系统的理论支持与实践指南。

本书的编写充分体现了"实用性与前瞻性并重"的理念。地热能的开发利用是一个复杂的系统工程，涉及地质勘探、技术选型、经济评估、环保要求、政策法规等多个方面，任何环节的疏漏都可能影响项目的成败。通过对地热能项目管理各阶段的详细剖析，本书不仅为项目管理人员提供了切实可行的操作流程和管理方法，还结合具体的案例分析，系统总结了地热能开发的经验与教训。

本书的核心亮点之一，是对地热能项目管理特点的深入分析。与传统能源项目相比，地热能项目具有地质不确定性、技术复杂性、资金密集性等特点，这要求项目管理者在计划与实施过程中既要具备深厚的专业知识，又要有灵活应对复杂局面的能力。作者通过多年的工程实践与技术积累，总结出一套适应地热能项目特殊要求的管理方法论，为行业提供了宝贵的参考价值。

特别值得一提的是，本书在详细阐述各项目管理阶段的同时，还融入了现代项目管理理念和技术手段，例如大数据分析、信息化管理等，这不仅增强了地热能项目管理的系统性与科学性，还为未来项目管理的创新提供了宝贵的思路。随着全球地热能市场的逐步扩展，项目管理将在推动技术突破与产业发展中扮演越来越重要的角色。

无论是地热能领域的研究者、政策制定者，还是广大工程实践者，本书都能为他们提供有力的技术支持与理论指导。相信通过阅读本书，读者能够深入理解地热能项目的复杂性，掌握高效的项目管理方法，进而推动地热能行业的发展与壮大。

在此，我要特别感谢参与本书编写的所有专家与学者们，感谢他们多年来在地热能研究与开发利用方面做出的卓越贡献。书中所总结的丰富经验与成果，凝聚了众多科研人员的心血与智慧，必将在地热能项目管理的实践中发挥深远的影响。

我坚信，随着地热能技术的不断进步与管理模式的不断创新，本书将为地热能行业的未来发展提供宝贵的智力支持与实践指导，为我国能源革命和可持续发展做出更大的贡献。

中国工程院院士 

2024 年 12 月

前 言

在当今社会发展中，能源问题无疑占据着战略核心地位，其解决成效在很大程度上决定了一个国家经济发展的速度和质量。伴随经济社会的蓬勃发展，实际能源消费呈迅猛增长态势，而传统能源，如煤炭、石油、天然气等，正面临日益枯竭的严峻挑战。能源的储量、生产与使用之间的矛盾愈加尖锐，已然成为世界各国亟待攻克的重大难题。面对能源短缺与环境污染的双重困境，我们不仅在大力推行节能举措，同时也在积极探寻并开发可再生、绿色环保的新型能源。在此背景下，我国颁布了《可再生能源中长期发展规划》，明确提出到2050年，要使可再生能源在能源消费总量中占比达到30%甚至更高。这一规划对于优化我国能源结构意义重大，将在保障能源供应安全、减少温室气体排放以及环境保护等方面发挥关键作用。

地热，作为一种蕴藏于地球内部的自然能源，其开发的主要载体——地热流体，兼具水资源与矿产资源的双重属性。地热用途广泛，是一种可再生的清洁能源。我国地热资源类型繁多、分布广泛，且开发利用历史源远流长，开发程度相对较高。一直以来，政府高度重视地热资源的勘查、研究与开发利用工作。随着我国经济建设的高速推进以及市场经济的持续完善，在相关政策法规的引导与激励下，除国家不断加大公益性投入外，地方政府与个体开发商也将迎来更多机遇，宝贵的地热资源有望为人类创造更大价值。

开发利用地热资源，能够有效减少因化石能源利用所产生的空气污染，显著提高生态环境质量，并切实保障居民身体健康。尽管当前地热能在能源市场中所占份额较小，但随着能源革命的不断深入，其重要性正与日俱增。作为清洁可再生能源，地热能具备诸多优势，在地热供暖、地热发电等领域，将有力推动城市环境质量的改善。然而，地热能的开发利用并非一帆风顺，仍面临诸多挑战。例如，地热资源分布不均、热储条件各异、开采利用方式不同以及地方政策存在差异等因素，均会在不同程度上影响地热行业的发展进程。在地热能开发利用过程中，涉及地质学、地球物理、地球化学、钻探、测绘、机械设备设计与制造等多个专业学科。地热能开发利用需要历经哪些关键阶段、实施哪些重要环节以及开展哪些重点工作？本书将对此进行详尽阐述。

本书以地热能供暖项目管理为核心，全面且详细地介绍了其主要流程和工作内容。全书以地热能项目实施阶段为主线设置章节，并以各具体环节为辅设置小节。重点围绕地热能项目的策划阶段管理、立项阶段管理、设计阶段管理、建设阶段管理、运营阶段管理、资产管理、风险管理及信息管理等八个方面展开深入探讨。

本书凝聚了编撰者多年的工作经验与丰硕成果。书中的工作流程、众多资料及实例均源自工程实践，对于地热资源开发利用工作具有借鉴价值。

本书的成功编撰，旨在为地热从业者提供一本关于地热能开发利用项目的指导书籍。它是顺应地热行业快速、合理、规范发展需求而编写的系统性书籍，全面总结了地热能项目管理的相关知识。期望本书能够助力地热从业者更好地开展技术管理工作，推动地热勘查与开发利用水平的提升，帮助从业者深入了解地热能项目全过程管理流程，明确项目开发的重点与难点，在实际工作中发挥切实的指导作用与实用价值。

本书由北京市地质矿产勘查院牵头，北京市工程地质研究所、自然资源部浅层地热能重点实验室、北京市地质环境监测所、中国地质调查局浅层地温能研究与推广中心、中核坤华能源发展有限公司、北京北机机电工业有限责任公司、北京矿联地热能工程设计研究院有限公司、北京永源热泵有限责任公司、北京市市政工程设计研究总院有限公司、中石化绿源地热能开发有限公司、当雄县羊易地热电站有限公司、万江新能源股份有限公司等单位抽调多年从事地热能研究与开发利用工作的专家、技术人员，统筹安排、分工协作，共同完成。

全书共分 10 章，具体编写分工如下：前言由刘连刚、马静晨、刘久荣编写；第 1 章绪论由刘少敏、马静晨、王卓卓、刘久荣、王中鹏编写；第 2 章地热能项目策划阶段管理由邹登亮、万琳、马静晨、陈晓林编写；第 3 章地热能项目立项阶段管理由王志刚、李宁波、谢迎春、许海洲、马静晨、邹登亮、万琳编写；第 4 章地热能项目设计阶段管理由刘江、贺永平、邵亥冰、王治、仵宝龙、孟杉、王卓卓、丁海峥编写；第 5 章地热能项目建设阶段管理由姜辉、刘哲、王维逸、杨茜婷、尉小永、郈宝强、王善民编写；第 6 章地热能项目运营阶段管理由刘谏、李晓龙、张勇、孙少游、陈晓林编写；第 7 章地热能项目资产管理由孙彩霞、刘林、刘清晓、蒋执俊、陈晓林编写；第 8 章地热能项目风险管理由王治、刘连刚、刘少敏、郭帅、江剑、李翔、刘哲、刘弦编写；第 9 章地热能项目信息管理由王卓卓、刘清晓、黄奕斌、马静晨、刘宗明、李小龙、郑直编写；第 10 章项目案例分析由孙彩霞、王善民、陈晓林、侯涛编写。全书由刘连刚、马静晨统稿。在本书撰写过程中，得到了汪集暘院士及丛书总主编庞忠和研究员等众多地热专家学者的指导与帮助，在此致以诚挚谢忱！限于笔者水平，加之技术不断更新，书中难免存在疏漏和不足之处，恳请读者批评指正。

马静晨

2024 年 12 月于北京

目 录

第 1 章

绪论

1.1 地热能概述

1.1.1 地热能定义

1. 地热能定义

地热能的定义是：储存于地球内部岩土体、岩石和流体中的热能。这种能量主要来源于地球内部，以热量形式存在，是一种可被人类开发利用的可再生绿色能源。

地热是一种在地壳中普遍存在的自然现象，它通过多种形式表现，例如火山活动、喷气孔、冒气地面、沸泉、温泉等。地球是一个巨大的热库，不断地产生并储存热能。

热能是由热源产生的。地球的热源可分为外部热源和内部热源。地球的外部热源主要有太阳辐射热、潮汐摩擦热以及其他外部热源。太阳辐射热控制着大气圈、水圈、生物圈及岩石圈发生的各种生物、化学及其他作用。地球表面及近地表处的温度场，主要取决于太阳辐射热和内热的均衡。地球内部热源主要有地球内部自然散热、放射性衰变热、地球转动热以及外成-生物作用释放的热能，它们构成了地球的主要热源。

地球热源散发的热，能被人类利用的主要是水热型地热和岩热型地热（干热岩）。水热型地热资源按地热水的温度可分为高温、中温和低温三类。地热资源分级见表 1－1。

表 1－1 地热资源分级

温度分级		温度(T)/℃	主要用途
高温地热资源		$T \geq 150$	发电、烘干、采暖
中温地热资源		$90 \leq T < 150$	烘干、发电、采暖
低温地热资源	热水	$60 \leq T < 90$	采暖、理疗、洗浴、温室
	温热水	$40 \leq T < 60$	理疗、洗浴、采暖、温室、养殖
	温水	$25 \leq T < 40$	洗浴、温室、养殖、农灌

注：表中温度是指主要储层代表性温度。

2. 与地热能有关的概念

地热资源：能够经济地被人类开发利用的地球内部的地热能、地热流体及其有用组分。

地热资源勘查：为查明某一地区的地热资源而进行的地质、地球物理、地球化学综合调查，以及钻探与试验、取样测试、动态监测等地质工作。根据勘查工作程度，可分为调查、预可行性勘查、可行性勘查及开采等阶段。

地热资源评价：在综合分析地热资源勘查成果的基础上，运用合理的方法对地热资源蕴藏量、可采量及质量进行的计算与评价。

大地热流：供给热储中岩石和地热流体热的来源，可以是现代岩浆活动形成的岩浆房，也可以是来自地壳深部的热传导，或是来自与深部热源相连的现代活动性断裂带产生的热对流。

地热增温率：也称地温梯度，指地球内部不受大气温度影响的地层温度随深度增加而增长的比率。通常用恒温带以下每深入地下 100 m 所增加的地温值来表示。

地温场：用来描述地下一定深度范围内温度的空间分布以及热能传递的方向和强度的物理场。

1.1.2 地热能利用模式

地热能是可再生的清洁能源，其利用模式比较多。地热可以用来供暖、发电、洗浴、种植、养殖、融雪和烘干等。当前，规模化地热能的利用方式主要为地热供暖和地热发电两种。本书重点论述地热供暖和地热发电相关项目的管理，其他形式的地热利用项目管理也可参考。

1. 地热供暖

地热供暖是地热能利用的主要方式之一。这种利用方式简单、经济，在全球范围内备受关注，特别是位于高寒地区地热资源丰富的西方国家。冰岛在地热能的开发利用方面尤为突出，成为地热能利用的典范。冰岛早在 1928 年就在首都雷克雅未克建成了世界上首个地热供热系统，为全市 11 万居民提供供暖服务。通过采用清洁环保的地热供暖，雷克雅未克的空气污染问题得到了显著改善，冬季很少有粉尘和雾霾，被誉为“世界上最清洁无烟的城市”。现在冰岛大多数居民的供暖都采用地热供热系统。

此外，地热能还可供给工业用热，可以作为谷物干燥和食品加热的热源，同时也可以作为木材加工、造纸、硅藻土生产、制革、酿酒、制糖等生产过程中的热源。冰岛的硅藻土厂和新西兰的纸浆加工厂是目前世界上应用地热能的典型工业企业案例。我国的地热供暖技术发展迅速，尤其在北京、天津、西安以及河北等地，地热供暖已成为地热资源利用中的一种普遍方式。

2. 地热发电

地热能是最连续、最稳定的可再生能源，地热井可以连续不断地喷出（或泵出）热流体。地热发电不受天气、昼夜、季节等的影响，能够连续稳定地输出电能。地热发电仅在检修过程中暂停，平均一年可利用 6000 h 以上，最高已达 8280 h。受地质条件制约，地热资源分布不均，也存在地热资源勘查历时较长、钻井风险大、地热发电初期投资较高等诸多问题。

截至目前，地热发电是地热能利用率较高的一种方式。地热发电主要利用的是高温地热流体。地热发电与火力发电的原理基本相同，都是利用蒸汽的热能在汽轮机中转化为机械能，然后带动发电机发电。地热发电的优势在于不需要像火力发电那样装备庞大的锅炉，不需要消耗燃料，仅使用清洁的地热能，这对于减少碳排放具有重要意义。

利用地热能发电，首先要利用“载热体”将地下的热能带到地面上来。地热电站利用的载热体主要是天然蒸汽和热水。按照载热体的类型、温度、压力和其他特性的不同，可将地热发电方式划分为蒸汽型地热发电和水热型地热发电两大类。

（1）蒸汽型地热发电：蒸汽型地热发电是将蒸汽田中的干蒸汽直接引入汽轮发电机进行发电，但在引入发电机前应将蒸汽中的岩屑和水滴分离出去。这种发电方式最为简单，但由于干蒸汽地热资源十分有限，且开采深度较大，因此开采技术难度较大。蒸汽型地热发电主要有背压式和凝汽式两种发电系统。

（2）水热型地热发电：水热型地热发电是地热发电的主要形式。水热型地热发电主要有两种循环系统，即闪蒸蒸汽发电系统和双循环发电系统。水热型地热发电需解决的关键技术为阻垢除垢技术和高温地热尾水回灌技术，需采用合适的阻垢防垢技术和建造高温地热尾水回灌系统。

① 闪蒸蒸汽发电系统：将高温高压的热水从地热井中引喷，由于到地面压力降低，部分热水会沸腾并“闪蒸”成蒸汽，蒸汽被送至汽轮机做功；分离后的热水继续利用后排出。

② 双循环发电系统：地热水首先流经热交换器，将地热能传递给另一种低沸点

的工作流体，使其沸腾而产生蒸汽。蒸汽进入汽轮机做功后进入凝汽器，再通过热交换器完成发电循环。

高温地热尾水回灌系统：由于地热发电尾水回灌难度较大，需要对回灌井钻井位置和深度开展深入研究，才能搭建成功的地热尾水回灌系统。地热尾水回灌系统的成功搭建是一种有效避免地热水直接排放引起环境热污染、化学污染，以及地面沉降等问题而采取的措施，也是地热田可持续开发的保障。它对维持热储压力、保证地热田的开采技术条件以及实现地热田可持续开采具有重要意义。目前，高温地热尾水回灌技术已取得一定进展，仍需持续进行技术攻关和研究。

1.2 地热能发展历史、现状及趋势

1.2.1 地热能开发利用历史及现状

人类很早以前就开始利用地热能。地热能最初的利用方式是温泉水洗浴。后来人们利用地热进行取暖、建造农作物温室、水产养殖以及烘干谷物等。随着技术的不断发展，人们开始利用地热发电。如今，地热能的用途日益增多，利用水平也在不断提高。

1. 国际地热能开发利用特点及现状

全球地热资源的分布主要与板块构造和地壳活动特点密切相关。全球存在四大地热带，分别是环太平洋地热带、大西洋中脊地热带、地中海-喜马拉雅地热带和红海-亚丁湾-东非裂谷地热带。位于这些地热带上的国家拥有最为丰富的地热资源。

随着全球对温室效应的关注日益增加，地热能的利用受到了越来越多的重视。在 2015 年备受瞩目的第 21 届联合国气候变化大会上，达成了多项重要成果，其中包括全球地热能联盟的成立，其目标是致力于推动地热能的开发与利用。到 2030 年，计划将全球地热发电量增加 6 倍，地热供暖增加 3 倍。据统计，全球大约有 90 个国家拥有可利用的地热资源，但截至目前，只有 24 个国家使用地热发电，地热发电潜力的利用率不到 15%。截至 2023 年 12 月（图 1－1），全球地热发电总装机容量为 16355 MW，比 2022 年增加了 208 MW。这一增长表明，全球地热发电市场正逐渐增长，主要集中在美国、印度尼西亚、菲律宾、土耳其、新西兰、肯尼亚、墨西哥、意大利、冰岛，以及日本等国家。尽管地热发电装机容量仍占全球总发电装机容量的一小部分，但随着技术进步和市场需求的增长，预计未来几年，特别是在印度尼

西亚、肯尼亚和菲律宾等地,地热发电将继续扩展。全球地热发电行业正逐步迈向增长的轨道,且地热资源的开发潜力尚未完全释放。

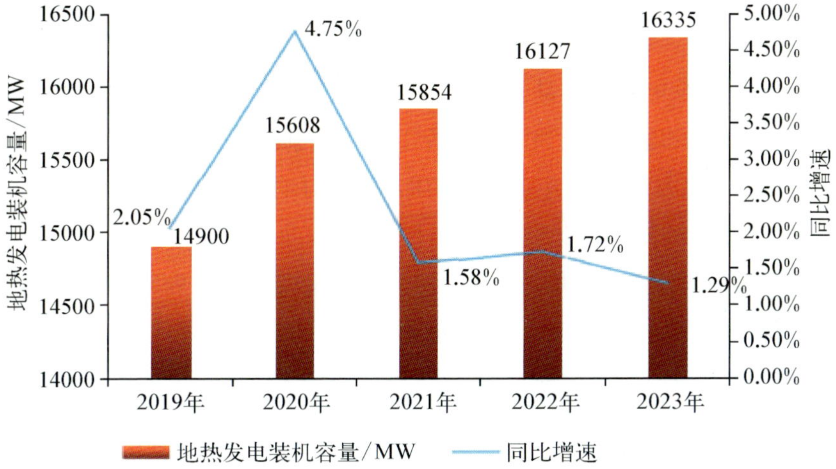

图 1-1　近 5 年世界地热发电装机容量及同比增速

美国是全球地热发电的最大生产国,地热发电装机容量为 3900 MW(截至 2023 年年底),尤其是加利福尼亚州和内华达州,地热资源较为丰富。地源热泵系统在美国逐渐普及,广泛应用于住宅、商业建筑及一些工业区。美国的地热能源利用主要集中在西部,尤其是地源热泵在住宅供暖和制冷中的应用增多。地热供暖和制冷技术的不断发展促使更多地区开始采纳地源热泵系统,尤其在建筑新开发和更新的过程中,地热供暖和制冷成为优选方案。

印度尼西亚地处环太平洋地热带,地热资源丰富。到 2023 年,印度尼西亚的地热发电装机容量为 2418 MW,位居全球前列。尽管地热发电是印度尼西亚地热资源的主要应用,但地热供暖和制冷也逐渐被引入到一些新兴的城市和工业领域。地源热泵在一些商业和住宅建筑中得到应用,并且随着政策的支持,预计地热供暖和制冷技术将在未来几年得到进一步发展。

菲律宾是全球地热能源的重要生产国,地热发电装机容量为 1952 MW(截至 2023 年年底)。菲律宾大部分地热能用于电力生产,但在工业和农业供暖方面,地源热泵系统也开始得到应用。随着对地热能利用的政策支持,菲律宾的地热资源在未来几年将进一步得到开发,特别是在城市化进程中,地热供暖和制冷将成为重要的解决方案。

土耳其是全球第七大地热能利用国,地热发电装机容量约为 1691 MW(截至 2023

年年底),地热能主要用于电力生产。此外,土耳其还在城市和工业领域积极采用地热供暖和制冷技术。尤其是在住宅区,地源热泵系统逐渐成为新建筑中的标配。政府推动的绿色能源政策促进了地热技术的扩展,并通过补贴和技术支持,加速了地热能的普及。

新西兰的地热发电装机容量为 1042 MW(截至 2023 年年底),地热资源主要用于电力生产。新西兰的地热供暖和制冷系统正在逐步推广,特别是在新建住宅和一些大型商业项目中,地源热泵系统被广泛应用。政府对地热技术的支持,使得新西兰在可再生能源利用方面取得了显著进展,并计划在未来几年内增加地热能的装机容量。

肯尼亚是非洲地热能利用的领导者,地热发电装机容量为 985 MW(截至 2023 年年底)。地热不仅用于电力生产,还广泛应用于工业和农业供暖。地源热泵系统在肯尼亚城市的住宅和政府建筑中逐步普及,政府计划在未来几年增加地热能的利用,尤其是在农业和工业领域中,地热资源的开发将成为关键。

墨西哥的地热发电装机容量为 976 MW(截至 2023 年年底),地热能的主要用途是发电。此外,地热资源也被广泛用于区域供暖,尤其是在墨西哥城及其周边地区。墨西哥在地源热泵的应用方面也取得了一定进展,许多新建住宅和商业建筑开始采用地热供暖和制冷系统。墨西哥政府正在加大对地热能的投资,以提升其在国家能源结构中的比重。

意大利是欧洲地热能的领导者之一,地热发电装机容量为 916 MW(截至 2023 年年底)。意大利的地热资源主要集中在托斯卡纳地区,不仅用于发电,还广泛应用于区域供暖。近年来,地源热泵系统在意大利建筑中得到了普及,尤其在住宅和商业建筑中,新建和翻修项目中经常选择安装地热供暖和制冷系统。意大利政府通过政策支持和补贴,推动了地热能的进一步发展。

冰岛是全球地热能源利用的典范,地热不仅用于发电,还广泛应用于供暖、热水和温泉浴。冰岛几乎所有的住宅都通过地热资源进行集中供暖,约 85%的建筑物都使用地热能。冰岛的地热发电装机容量为 754.4 MW(截至 2023 年年底),其中大部分用于国内电力供应。此外,冰岛还广泛使用地源热泵技术进行制冷和加热,尤其在温泉区和度假村中较为常见。地热能满足了全国超过 90%的能源需求,是冰岛实现碳中和目标的关键因素之一。

日本拥有世界第三大地热资源储量(23.47 GW),但目前其地热发电装机容量约为 576 MW(截至 2023 年年底)。地热资源在日本的整体能源结构中占比很小,主要用于发电。随着对可再生能源需求的增加，日本也开始广泛采用地源热泵系统来供暖和制冷。尤其是在住宅和商业建筑中，地源热泵技术的使用逐渐增多，以应对能源效率的更高要求。

2. 我国地热能开发利用历史及现状

我国地热资源的开发与利用已有两千多年的历史，是世界上较早开始利用地热资源的国家之一。我国地热资源的大规模勘查和开发利用始于 20 世纪 70 年代初期。90 年代以来，随着市场经济的发展，地热资源的开发利用迎来了更加蓬勃的发展。伴随社会经济的不断发展、科技的进步，以及人们对地热资源认识的深化，地热能的开发和应用成为一种重要的能源利用趋势。

我国地热资源分布广泛，以中低温地热资源为主，主要分布在松辽平原、黄淮海平原、江汉平原、山东半岛及东南沿海地区。主要的地热热储通常为厚度在数百米到数千米之间的砂岩、砂砾岩和碳酸盐岩，温度大多介于 40～80℃之间。目前，全国已发现的温泉有 3000 多处，从其出露的情况看，我国主要存在四个水热活动密集带：藏南-川西-滇西水热活动密集带、台湾水热活动密集带、东南沿海地区水热活动密集带以及胶东、辽东半岛水热活动密集带。这些水热活动密集带的分布从地质构造上来看，主要位于构造活动带和大型沉积盆地之中，类型主要为沉积盆地型和隆起山地型。我国的中、高温地热资源，尤其是高温地热资源，主要分布在藏南、滇西、川西地区，以及台湾省。这些地区位于环太平洋地热带和地中海-喜马拉雅地热带交汇的区域。

2023 年 10 月世界地热大会发布的数据显示（图 1－2），地热供暖制冷为我国地热直接利用的最主要形式，截至 2022 年年底，中国地热供暖（制冷）能力达到 13.92×10^8 m²①，其中水热型地热供暖能力为 5.82×10^8 m²，浅层地热供暖（制冷）能力为 8.1×10^8 m²；温泉年利用能力为 6665 MW，地热农业年利用能力为 1108 MW。中国地热发电实际运行的装机容量只有 16 MW。地热农业利用在中国已遍布 20 多个省份，总利用能力达到1108 MW，成为地热直接利用的新的增长点。

我国地热能的利用方式主要为地热供暖（制冷）和地热发电，前者又可分为浅层地热供暖（制冷）和中深层水热型地热供暖。

---

① 为了契合行业数据统计的惯例并提升读者的数据阅读体验，本书在表述资源量等数值时，通常采用$\times10^4$或$\times10^8$的形式进行表示。

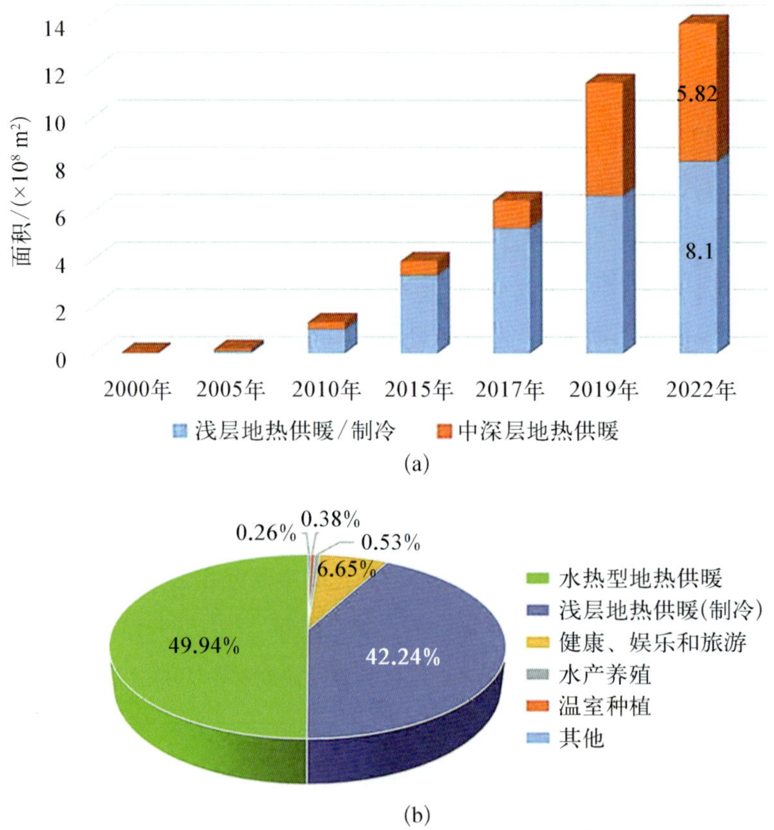

图 1-2 （a） 2000—2022 年我国地热供暖（制冷）面积示意图；（b） 2022 年我国地热直接利用结构图

1）地热供暖（制冷）

（1）浅层地热供暖（制冷）

环渤海地区是中国浅层地热能应用最为集中的区域，具有非常丰富的浅层地热资源。中国地质调查局 2015 年的调查评价结果数据显示，336 个地级以上城市的浅层地热资源热容量为 1.11×10^{17} kJ/℃，年可开采资源折合标准煤 7 亿吨。其中，地下水地源热泵系统的夏季可制冷面积为 5590 km^2，冬季可供暖面积为 3610 km^2；地埋管地源热泵系统的夏季可制冷面积为 35600 km^2，冬季可供暖面积为 37500 km^2。

长江中下游平原也是浅层地热能应用的重要区域。尤其在上海、武汉和重庆等城市，浅层地热能供暖和制冷系统得到了广泛应用。这些城市通过长江干支流水源热泵系统进行供暖和制冷，单个项目面积可达到百万平方米。该区域的地热供暖制冷以地下水源热泵、土壤源热泵为主，服务的建筑群体涵盖楼群、社区等，供暖和制冷的面积通常在几千至几十万平方米不等。

截至 2021 年年底，中国的浅层地热供暖（制冷）能力已达到 8.0×10^{8} m^2，年利用量为 393939 TJ（太焦）。河北省的地热供暖（制冷）能力位居全国第一，辽宁、山东紧随其后，北京排名第四，显示了地热供暖在城市供暖中的适应性和重要性。

（2）中深层水热型地热供暖

中国的水热型地热资源分布广泛，尤其在西南和台湾地区，水热型高温地热资源为地热发电提供了充足的原料。根据中国地质调查局的调查，水热型地热资源的总量折合标准煤为 1.25×10^{12} t，年可开采量为 18.65×10^{8} t（标准煤）。其中，高温地热资源主要分布在藏南、川西、滇西及台湾省，具有约 8460 MW 的发电潜力。

水热型地热供暖的应用近年来逐步增加。截至 2021 年年底，中国水热型地热供暖面积已达到 5.3×10^{8} m^2，占全国城市集中供热的比重已升至 5%，年利用量为 320297 TJ。河北、河南、山东、陕西和天津等地依托丰富的地热资源，尤其在北方地区，地热供暖逐渐成为冬季清洁取暖的重要方式。

由于水热型地热资源广泛分布，尤其在北方寒冷地区，地热供暖成为一种重要的清洁能源解决方案。然而，尽管这些地区的资源较为丰富，但在开发过程中仍面临诸如技术难度高、开发成本较大、政策支持不均等问题。特别是在高温资源的开发过程中，如何提高利用效率、降低成本仍然是技术和政策层面的挑战。

中深层水热型地热供暖在中国的应用主要集中在京津冀、陕西、河南、山东等地，这些地区不仅地热资源丰富，而且供暖需求大，为中深层水热型地热供暖的发展提供了广阔的空间。此外，东北三省、山西、内蒙古、青海、新疆、安徽、江苏、贵州等地也在积极开展水热型地热供暖的工作。这些地区地理位置和气候条件适合地热能的开发和应用，随着技术的进步和政策支持，水热型地热供暖将在这些地区得到进一步推广。

然而，我国在地热供暖领域仍需进一步加强推广力度，尤其是要大力开发和利用这一清洁可再生能源，推动更多城市和地区的地热供暖建设。随着环保和节能政策的不断推进，地热供暖作为一种低碳、绿色的能源形式，未来在我国能源结构中的作用将愈加重要。

接下来，将重点介绍北京市、天津市和河北省的地热资源利用现状，分析这些地区地热供暖的应用进展及未来发展潜力。

① 北京市

根据2021年北京市发布的《北京市矿产资源总体规划(2021—2025年)》,北京是世界上拥有地热资源的6个首都之一,开发利用历史悠久,深层地热资源主要分布在平原区,以水热型地热为主,深度在3500 m内、井出水温度大于50℃的地区面积约2760 km^2,构成相对独立又有一定水力联系的十个地热田,约占平原区面积的43%。储存的地热水量179.73×10^8 m^3,其中蕴藏热量3772.49 PJ(拍焦),相当于2.15×10^8 t标准煤的发热量。按储存地热水总量的0.45%计,每年可开采地热水约8085×10^4 m^3,可从热水中获取热量16.97 PJ,相当于96.49×10^4 t标准煤的发热量。北京市浅层地热能储存量大,仅平原区资源量可为大约7.21×10^8 m^2建筑供暖制冷。全市浅层地热能地质条件适宜区主要分布在平原区中东部和南部,包括通州区、朝阳区大部分地区、海淀山后、昌平区东部、顺义区西南部、大兴区南部以及房山和延庆少部分区域。

截至2021年年底,北京市地热能供暖面积约3500×10^4 m^2。北京城市副中心采用浅层地热能和中深层地热能,率先创建全国首个“近零碳排放区”。新技术实现浅层地热能、深层地热能、太阳能和常规供热系统相互融合,实现高比重可再生能源供热,达到国内领先、世界先进水平。

② 天津市

天津地下蕴藏着丰富的中低温地热资源,对地热资源的开发利用始于20世纪30年代,至今已有90多年历史。《天津市矿产资源规划(2021—2025年)》数据显示,天津地热资源主要分布在南部平原区,4000 m深度范围内分布6个热储层,地热资源可采量为4.96×10^8 m^3/a,相当于297×10^4 t标准煤。其中主力开采热储(馆陶组和雾迷山组)在回灌条件下地热资源可采量为1.64×10^8 m^3/a。地热能在天津广泛应用于居民供暖、温泉康养、农业种植养殖等领域。截至2023年年底,全市地热供暖小区318个,供热面积达到4231×10^4 m^2,约占全市集中供热面积的7.2%;2023年地热流体开采量4440×10^4 m^3,回灌率创历史新高,达到95.23%,开发利用地热资源相当于节约天然气2.62×10^8 m^3(标准),减少排放污染物97.5×10^4 t(减少二氧化碳96×10^4 t),节省环境治理费1.12亿元。

③ 河北省

河北省地热资源比较丰富,分布广泛,且埋藏较浅,为对流型、传导型、多种成因迭加复合型等。根据区域地质构造及地形地貌,全省地热资源可划分为冀北山地区、冀西山地区、冀西北山间盆地、河北平原区四大热水区。如果将已探明的深层地热资源和浅层地热能加在一起,换算成标准煤之后的总量 1751.28×10^8 t。平原区地热水的可开采总量 14.04×10^8 m^3,实际年开采量超过 5000×10^4 m^3,占总量的 3.6%。其中河北省地热供暖制冷开发利用最典型的案例当属雄安新区,具体情况如下:

雄安新区地热资源十分丰富,具有储量大、温度高、水质好、易回灌等特点,适宜规模化开发利用。中国雄安官网显示,雄安新区地热流体总储存量 377×10^8 m^3,其中容城地热田 30×10^8 m^3、牛驼镇地热田 125×10^8 m^3、高阳地热田 222×10^8 m^3。在采灌均衡条件下,地热流体可采量为 4×10^8 m^3/a。地热流体年可开采热量 10104×10^4 GJ(吉焦),其中馆陶组热储 2222×10^4 GJ/a,蓟县系热储 7742×10^4 GJ/a,其他热储 140×10^4 GJ/a。全区浅层地热能赋存条件较好,地源热泵换热总功率夏季 983×10^4 kW,冬季 552×10^4 kW,总换热能力折合标准煤 400×10^4 t/a。截至 2024 年年底,雄安所有新建片区有热用户 9 万余户,供热面积约 1600×10^4 m^2,投用了 60 口中深层地热井,2300 余口浅层地热井。通过地热科学利用,一个供暖季能够减少天然气消耗 1800×10^4 m^3,减碳规模约相当于 200 万棵树木的年碳汇量。

2）地热发电

中国自 1970 年成为世界第八个地热发电国家,至今已有 54 年历史。20 世纪 70 年代,我国建成了 7 处中低温地热发电站,其中 1971 年,江西省宜春县温汤 67℃的地热发电项目创下了世界最低温度地热发电的纪录。然而,1991 年后,我国地热能发展长期停滞,直到 2009 年才略有回升,并开始建设羊易地热电站。

从地热发电的装机容量来看,中国的排名经历了显著变化。20 世纪 70 年代末,中国曾是全球第 8 大地热发电国,但目前已降至全球 26 个地热发电国家中的第 19 位。截至 2022 年年底,全球地热发电装机容量为 16355 MW,而中国的地热发电装机容量仅为 50 MW 多一些,占全球总装机容量的 0.3%。

尽管中国的地热发电探索起步并不晚,但近 30 年来发展相对缓慢。我国在 20 世纪 70 年代建成了 7 处中低温地热发电站。然而,由于中低温地热发电的效率较低、成本较高,大部分项目在运行数年后被放弃,只有两处地热电站得以长期维持运行:湖南省宁乡灰汤电站维持至 2008 年,广东省丰顺邓屋电站则持续运行至 2020 年。

我国的高温地热资源,特别是在西藏地区,蕴藏量最为丰富。20 世纪 70 年代建成的西藏羊八井地热电站,曾一度占据拉萨电网近一半的发电量,冬季可承担拉萨 60%的用电,成为国家地热开发的成功典范。然而,在其后的 20 年里,中国地热发电进展缓慢。

自2009年起,西藏羊易地热电站接过了羊八井地热电站的"接力棒",并于2018年完成了16000 kW的地热发电项目。羊易电站的一期项目每年连续运行超过8300 h。羊八井电站也曾在运行初期采用国产闪蒸机组,每年运行近7000 h,但由于回灌不足和设备老化,2017年退役了900 kW机组,并于2020年全部停运。2017年,华能集团曾计划改造羊八井电站,但由于未能获得上网电价补贴,最终未能实施。

目前,中国地热发电的唯一维持运行的项目是羊易地热电站的16000 kW机组,此外还有一些小规模的地热发电机组在运行。羊易地热电站二期项目正在进行可行性研究,计划投资4.8亿元,预计将建设16 MW的项目,规划用于供暖、蔬菜温室、医疗和康养等领域。

近年来,中核集团投入西藏谷露地热田的勘查工作,2023年已成功钻探了5口地热生产井,产能超过了计划的20000 kW发电目标,且单井产能平均达到5600 kW,高产井的成井率达到了80%以上,远超全球地热电站的单井平均产能。目前,计划进入建设阶段,目标在2025年建成一期2万千瓦的地热电站。

截至2024年底,中国地热发电站包括:西藏羊八井,容量为26.18 MW;广东丰顺,容量为0.3 MW;云南瑞丽,容量为1.2 MW;河北献县,容量为0.28 MW;四川康定,容量为0.2 MW;西藏羊易,容量为16 MW;山西大同,容量为0.58 MW。目前运营中的地热电站共6个,总容量为44.16 MW。

1.2.2 地热能开发利用发展趋势

地热能作为一种绿色、低碳的可再生能源,随着全球对清洁能源需求的增加,正在快速发展。技术进步,尤其是深层地热资源开发和地源热泵技术的应用,使得地热能的效率和利用范围不断扩展。深层地热发电和供暖系统的广泛应用,特别是在寒冷地区和能源紧张的地区,将是未来发展的重要方向。

为了促进地热能的开发利用,我国出台了积极的政策支持。2021年9月,国家发展改革委等八部门联合发布了《关于促进地热能开发利用的若干意见》(国能发新能规〔2021〕43号),到2025年,各地基本建立起完善规范的地热能开发利用管理流程,全国地热能开发利用信息统计和监测体系基本完善,地热能供暖(制冷)面积比2020年增加50%,在资源条件好的地区建设一批地热能发电示范项目,全国地热能发电装机容量比 2020 年翻一番；到 2035 年，地热能供暖（制冷）面积及地热能发电装机容量力争比 2025 年翻一番。此外，政府计划推动在资源条件好的地区建设地热能发电示范项目，且通过政策引导，积极推进地热能的技术创新和应用。

随着碳中和目标的推动，地热能将在全球能源结构转型中扮演越来越重要的角色。通过地热能替代传统化石能源，不仅有助于减少碳排放，还能增强能源供应的稳定性和可持续性。地热能的开发潜力尚未完全释放，随着技术突破和政策支持的加大，未来将在更多领域发挥重要作用。

1.3　地热能项目管理定义及目标

1.3.1　地热能项目管理定义

项目管理的定义是：项目的管理者在有限的资源约束下，运用系统的观点、方法和理论，对项目涉及的全部工作进行有效的管理。即从项目的识别开始，到项目建设及运营的全过程进行计划、组织、指挥、协调、控制和评价，以实现项目的目标。地热能项目管理就是地热能项目的管理者进行上述工作的过程。

1.3.2　地热能项目管理目标

项目管理的目标是实现增值，同时兼顾经济效益和环境效益。地热能项目管理的目标是针对地热能项目的特点，通过科学严谨的管理，确保项目能够顺利进行，并通过项目管理实现项目增值。在这个过程中，要兼顾经济效益和环境效益。在工程实践中，人们往往重视通过管理为工程建设增值，而忽视了通过管理为工程使用增值。工程运行期相对建设期要长，使用过程的便利性和节约性显得尤为重要。因此，不能仅考虑建设过程的节约，而应同时考虑运营成本和稳定性。

近三十年来，项目管理越来越受到重视。建设领域在逐步宣传和推广工程项目管理。地热能项目属于建设领域，需要开展项目管理。工程项目管理的内容包括费用控制、进度控制和质量控制。工程项目管理的工作仅限于项目实施期，而建设工程管理则涉及项目的全生命周期。地热能项目管理采用的是建设工程管理，涉及地热能开发利用的全过程。

1.4 地热能项目管理内容

1.4.1 项目管理概述

建设工程管理作为一个专业术语，其内涵涉及工程项目全过程的管理。同时，该概念还包括参与工程项目的各个方面对工程的管理，即涵盖投资方、开发方、设计方、施工方、供货方以及项目使用期的管理方的管理。本书项目管理的视角主要是从业主方的角度出发，也就是从投资方的角度，来论述地热能项目管理。业主方地热能项目管理服务于业主的利益，项目管理的目标包括项目的投资目标、进度目标和质量目标。其中，投资目标指的是项目的总投资目标；进度目标是指项目动用的时间目标，即项目交付使用的时间目标；项目的质量目标不仅涉及施工质量，还包括设计质量、材料质量、设备质量以及影响项目运行或运营的环境质量等。

项目的投资目标、进度目标和质量目标之间存在着对立统一的关系。要加快进度往往需要增加投资，欲提高质量也常常需要增加投资，过度缩短进度可能会影响质量目标的实现，这体现了目标之间矛盾的一面。然而，通过有效的管理，可以在不增加投资的情况下缩短工期和提高工程质量，这反映了目标之间统一的一面。有效地进行地热能项目管理，可以实现投资适中、进度可控、质量达标的目标。

1.4.2 项目管理阶段划分

根据地热能项目管理的特点和工作流程，可将地热能项目管理划分为以下五个阶段：项目策划阶段、项目立项阶段、项目设计阶段、项目建设阶段和项目运营阶段。每个阶段的管理工作通常都包括安全管理、投资控制、进度控制、质量控制、合同控制、信息管理、风险管理及资产管理。其中，安全管理是项目管理中最为重要的任务，是项目管理的重中之重。因为安全管理直接关系到人员的健康和安全，而投资控制、进度控制、质量控制和合同管理等则主要涉及物质利益，对项目的盈利能力具有重要意义。项目的信息管理、组织与协调，对于项目的顺利推进和未来类似项目的开展具有重要的参考价值。在地热能项目管理的不同阶段，管理的侧重点会有所不同（图1－3）。每个阶段的工作目的、内容、侧重点、管理方法和存在的风险，以及需要提交的

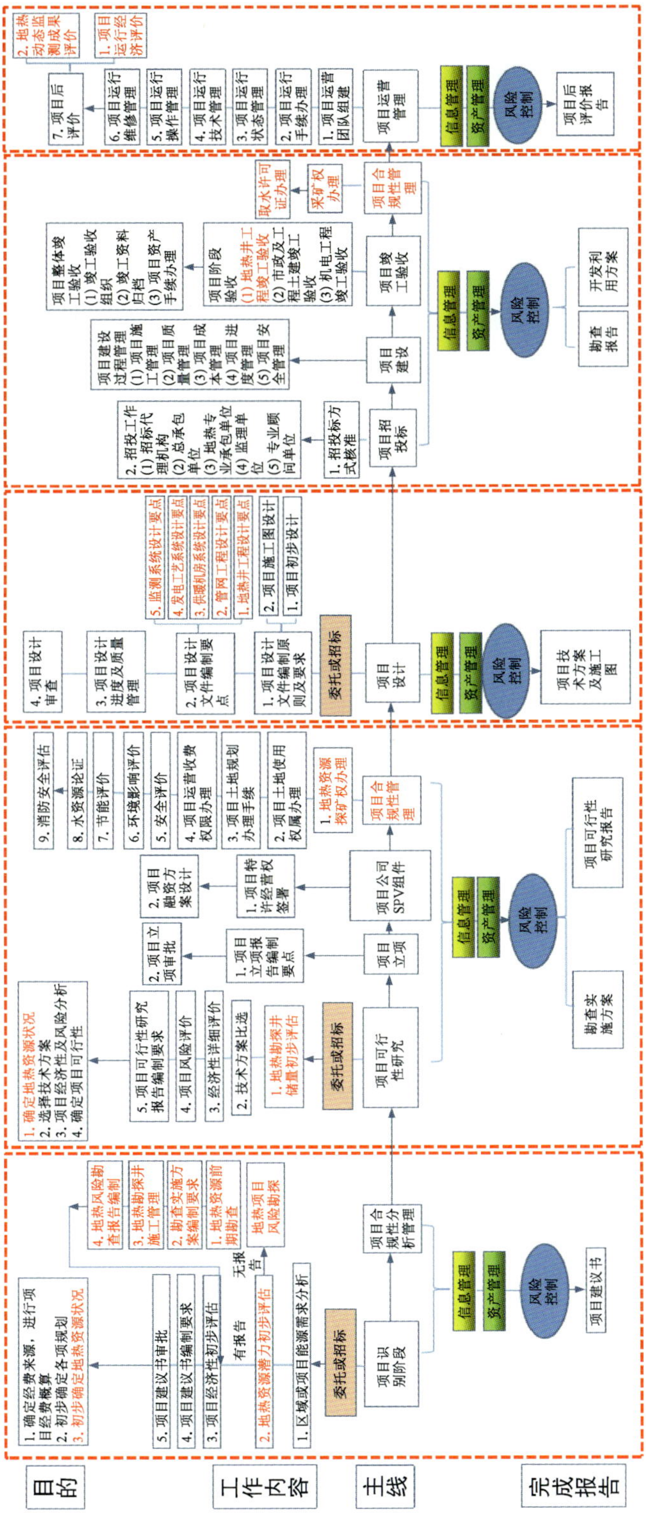

注：红字为地热能项目与一般建设项目工作内容差异。

图 1－3　地热能项目管理阶段划分及主要工作

成果(报告)都有所区别。不同阶段的管理工作重点和侧重点将在以下章节中详细论述。

1.4.3 地热能项目管理特点与内容

1. 地热能项目管理的特点

地热能项目管理是将不同职能部门,如财务部门、施工部门、行政部门等,为了某个特定项目而组成一个团队。项目经理作为项目团队的领导者,负责引导团队准时、高质量地完成所有工作,并在不超出预算的前提下实现项目目标。由于地热能项目主要针对的是埋藏于地下的资源,项目的管理者不仅是项目的执行者,还需要参与项目的全过程,并在时间、成本、质量、风险、合同、采购、人力资源等各个方面对项目进行全方位的管理。因此,项目管理能够帮助企业应对需要跨领域解决的复杂问题,并实现更高的运营效率。

2. 地热能项目管理各阶段内容

本书将地热能项目管理划分为五个阶段,在地热能管理不同阶段重点不同,管理意义也不同。

1）五个阶段

(1) 项目策划阶段:与常规的建设项目相比,地热能项目具有资源风险大、开发周期长、受政策影响大等特点。因此,需要加强项目识别阶段的研究,尽可能在项目立项前以最小的成本和最短的勘查周期来摸清地热资源情况,明确用能需求,开展项目初步的经济评价,从而为项目的正式立项提供科学的技术基础。项目策划阶段的主要工作包括项目策划阶段管理概述、区域或项目供暖发电等需求识别、地热资源潜力初步评估、项目经济性初步评估、项目建议书(预可研报告)编写等。在开展技术工作的同时,需要分阶段办理地热资源开发所必需的探矿权、土地使用权等行政许可手续,为后续工作的顺利进行创造基础条件。

(2) 项目立项阶段:是在项目策划阶段的基础上,加大项目立项过程中的进度和成本控制力度,明确费用来源,保障项目投资得到有效控制。这一阶段的工作包括可行性研究、项目立项审批、项目公司组建、项目合规性管理等内容。地热能项目的可行性研究和合规性管理与其他一般项目有所不同。可行性研究是在确认需求和地热资源的前提下,论证项目建设的必要性和可行性,并进行详细的财务评价。在进行技术和管理工作的同时,开展探矿权、项目规划手续办理和项目收费权限申请等工作。在此阶段,要进一步加强管理、经济性评价和风险管理,为后续工作奠定坚实基础。通过梳理项目立项阶段的管理重点,可以帮助从业者规避立项阶段的风险。

(3) 项目设计阶段:依据地热能项目的特点,项目设计阶段主要分为五个设计要点,包括地热井工程设计要点、管网工程设计要点、供暖机房系统设计要点、发电工艺系统设计要点和监测系统设计要点。通过对不同设计要点的分析,明确地热能项目设计的关键因素。在项目设计阶段,应重视项目进度和质量管理,完成项目审查,并进行项目设计阶段的信息管理和资产管理。通过对项目设计阶段管理工作的梳理,可以使从业者更加明确设计阶段地热能项目管理工作的重点。

(4) 项目建设阶段:项目建设阶段是决定项目能否成功的关键时期。地热能项目建设阶段的管理主要分为项目招投标、项目建设过程管理、项目竣工验收、资源量综合评价及相关报告编写、项目合规性管理、项目信息管理、项目风险管理和项目资产管理等几个基本部分。项目施工和验收是本阶段工作的重点,需要加强进度、质量、成本、安全和环保等方面的管理,确保项目能够顺利竣工并验收。同时,要办理采矿权和取水许可证,保障项目的合规合法性。有效的项目建设阶段管理能够确保项目目标的实现,为项目增值。通过对项目建设阶段重点管理工作的深入分析,可以让从业者明确项目建设工作的重点,从而有效避免造成不可挽回的损失。在施工过程中,尤其是地热井施工时,要加强管理,为后期地热资源的合理开发和持续利用奠定坚实基础。

(5) 项目运营阶段:项目运营阶段对于确保项目能够长期稳定运行具有重要意义。在项目运营阶段的管理中,需要完成组建运营团队、制订项目运营年度目标和计划,进行项目运行手续管理、项目运行状态管理、项目运行技术管理、项目运行操作管理、项目运行维修管理及项目后评价等工作。在此过程中,还要开展项目监测,同时加强信息管理和资产管理,从而为项目的顺利运行及资源的可持续开发利用奠定基础。

2) 三项重点内容

(1) 资产管理:项目资产管理的对象包括地热行业投资和运营过程中形成的资产设备;项目资产管理的目标是实现项目长期、稳定、可持续的有效益的发展;资产管理的方法主要是实物管理法和价值管理法。根据资产的性质,可以将其划分为固定资产、流动资产、无形资产、商誉等。不同类型的资产应遵循不同的管理方法。

（2）风险管理：在地热能项目的风险管理过程中，应特别关注地质及钻探设计风险、钻井工程风险、回灌风险、资源承载力风险等地热能项目特有的风险。在项目开发的各个阶段，还应根据实际情况进一步对各类风险进行及时的识别和分析，采取有针对性的风险控制措施，以尽可能规避或降低风险造成的损失。

（3）信息管理：项目信息是项目各级决策人员做出决策的依据，也是协调项目各项工作的工具，因此应确保信息全面、及时和准确。在项目信息管理过程中，应针对不同的信息进行分类归档，以便查找使用。

1.5 小结

地热能是储存于地球内部岩土体、岩石和流体中的热能。地热能的开发利用方式主要分为直接利用、供暖和发电。本章重点论述地热供暖和发电，并将地热能项目管理分为五个阶段和三项重点内容：五个阶段包括项目策划阶段、项目立项阶段、项目设计阶段、项目建设阶段和项目运营阶段；三项重点内容包括地热能资产管理、地热能风险管理和地热能信息管理。地热能项目管理的每个阶段和重点工作内容都有其独特性，与其他类型的项目管理相比具有不同的侧重点。

第 2 章

地热能项目策划阶段管理

2.1 项目策划阶段管理概述

地热是一种宝贵的矿产资源，在现代能源定义中属于可再生的一次能源，是五大新能源之一。近年来，中央和地方各级政府越来越重视新能源和环保事业的发展，特别是2020年9月22日习近平总书记在第75届联合国大会上提出碳达峰、碳中和的“3060”目标以来，全国上下掀起了一股环保风暴。在这一背景下，地热能替代燃煤燃气用于生活供暖的产业得到了快速发展。据统计，截至2020年年底，我国地热能供暖制冷面积累计达到13.9亿平方米。其中，水热型地热能供暖5.8亿平方米，浅层地热能供暖制冷8.1亿平方米。预计“十四五”期间，平均每年新增供暖制冷面积1.12亿平方米，2025—2030年期间每年平均新增供暖制冷面积1.57亿平方米。在地热能直接利用方面，我国已经走在世界前列。2021年9月，国家能源局发布《关于促进地热能开发利用的若干意见》（国能发新能规〔2021〕43号），提出到2025年，地热能供暖（制冷）面积比2020年增加50%，在资源条件较好的地区建设一批地热能发电示范项目，使全国地热能发电装机容量比2020年翻一番；到2035年，地热能供暖（制冷）面积及地热能发电装机容量力争比2025年再翻一番。

地热供暖项目和发电项目在立项实施前应进行充分的调查论证，即所谓的项目识别。经过初步的政策、资源、技术、需求、经济等方面的论证后，再进行下一步立项可行性研究程序。

从项目属性来看，地热供暖工程和发电工程原则上归属于基础设施和民生工程领域，但其热源主要来源于地下深处，兼具能源和矿产的双重属性。因此，地热开发利用项目的行政管理比一般项目立项审批更为复杂。在发展和改革部门进行立项前，需先行取得自然资源管理部门和水资源管理部门的开发许可。一方面，地热资源作为一种液体矿产，根据《中华人民共和国矿产资源法》（以下简称《矿产资源法》）及相关管理规定，矿产资源归国家所有，勘查和开采矿产资源必须依法申请，并经批准取得探矿权、采矿权，完成相关登记手续。另一方面，地热资源一般都以地下水为载体而获得，因此还需取得水利（水务）系统的“地下水资源取水许可证（通常简称为取水证）”。再一方面，地热开发利用项目的整个系统中除地下的热储资源工程以外，还包括地面结构工程、管线工程、设备安装、自控监控安装等土建及市政工程内容，其开工、竣工的审批及工程质量监督应由建设主管部门负责。此外，发电并网项目还需接受国家电网公司的监督和审批。

从技术层面来看，地热资源通常赋存于地表以下数百米乃至数千米的深处，看不见摸不着，而且并非所有区域和深度都具备地热储存的条件。地热资源的生成、运移和储存条件复杂，与区域地质条件、地层、构造有着十分密切的关系，地质风险不可避免。因此，为了获得优质且稳定的地热资源，必须依靠专业的勘查和钻探技术，尤其是前期的勘探工作，不仅是获取探矿权的必经程序，还为后续地热资源开采技术设计和施工组织提供基础的地质依据，是必不可少的一个重要环节。

因此，在地热开发利用项目正式立项前，要做好一系列项目识别工作。综上所述，地热开发利用项目具有以下特点：① 属于新能源和环保范畴，得到中央和地方各级政府的大力支持；② 随着人们对美好生活的向往，供暖和发电需求与日俱增，市场前景广阔；③ 资源禀赋不均衡，勘探风险较高，项目初期投资大；④ 兼具水、矿双重属性，分属不同的行政部门管理，审批流程较长；⑤ 收费标准和补贴标准不统一，政策会发生变动，长期运营存在一定的风险。

2.2 项目策划阶段主要工作

相较于常规项目，地热开发利用项目具有资源风险大、开发流程长、政策法规尚不完善等特点，所以在项目正式立项前还应进行项目识别（也称项目预可研），开展一系列必要的工作，以初步摸清资源禀赋状况和市场需求情况，为项目正式立项打下坚实基础。

2.2.1 政策环境分析

党的十九大报告指出，中国特色社会主义进入新时代，我国社会主要矛盾已经转化为人民日益增长的美好生活需要和不平衡不充分的发展之间的矛盾。因此，下一阶段的重要任务将是全面提升经济社会发展质量和人民生活品质，这将成为全社会共同努力的目标。地热资源作为一种绿色、可再生的新能源，在供暖和发电方面的应用主要是服务于民生，同时能够促进就业以及助力乡村振兴，这与生态文明建设的要求高度契合。在宏观政治环境下，地热能开发利用项目得到了鼓励，中央和地方各级政府近年来陆续出台了多项激励政策，以推动产业发展。然而，从局部环境或特定地区来看，地热能开发利用项目也可能会遇到一些政策限制。例如，水源地保护区、世界非物质文化遗产保护区等区域均禁止进行矿产及其他项目的开发；部分区域历史上地热水过度开采，导致水位严重下降，因此会实施地热资源的限采或禁采政策；还有一些地区，由于特殊的地质构造，不允许对地热资源现状进行大规模的改变；等等。因此，在实施地热开发利用项目之前，必须详细了解并掌握当地的政策条件。通常，可以从以下几个方面着手进行调研：

（1）中央及地方各级政府的鼓励性文件：如国家发展和改革委员会于 2016 年 12 月颁布的《可再生能源发展"十三五"规划》，将地热供暖纳入城镇基础设施建设；2017 年 1 月国家发展和改革委员会、国家能源局、国土资源部共同颁布的《地热能开发利用"十三五"规划》明确新增地热供暖面积达到 11 亿平方米；北京市实施《关于进一步加快热泵系统应用推动清洁供暖的实施意见》（京发改规〔2019〕1 号）鼓励地热供暖项目实施，给予项目总投资 30%～50%的财政补贴；等等。其他省区市也有类似的政策措施鼓励地热供暖。

（2）补贴政策：随着北京市的补贴政策实施，其他各省区市也在陆续出台或酝酿相应的补贴政策，如天津市和河北省允许收取新建项目市政接口费、辽宁省给予民用电价标准等。补贴政策对于地热供暖项目的决策、实施有着重大意义，所以在项目立项前应充分了解这些补贴政策。

（3）收费标准：供暖收费标准一般由热负荷值、供暖方式等因素确定。热负荷与气候有关，一般纬度越大热负荷值越高，但相对先进的节能建筑又可以降低热负荷值；供暖与各地经济社会发展水平有关，一般大中型城市已经采取燃气供暖，而在广大中小县城及乡村地区，燃煤供暖仍然存在。近年来随着"煤改电""煤改气"工程的推进，各地都相继增加了清洁供暖的规模，但供暖收费标准大相径庭，给地热供暖项目的开发带来了极大的困难，大部分项目收费标准需要因地制宜地洽谈，既要考虑历史传承、照顾当地的承受能力，又要考虑项目投资成本和运营期限。

（4）特殊区域的限制性文件：如河北省自然资源厅、河北省水利厅《关于加强地热资源管理的通知》（冀自然资规〔2019〕2 号）要求 2019 年 4 月前基本摸清地热资源家底，5 月前编制开发规划，10 月前关停不符合规划的非法开采地热井，2020 年 10 月 31 日前关停一切非法开采地热井，等等。

此外，要充分了解当地地热水限采政策，如北京的城区以及小汤山等区域就限制地热资源开发；还要注意项目所在地是否划入水源地保护区域或非物质文化遗产保护区域，这些地方同样会有限采要求。

（5）当地的地热矿产资源权属办理政策及费用：依据《矿产资源法》及其配套的法律法规，探矿权的获得主要通过以下方式取得。一是通过矿业权市场公开竞买所得；二是通过已有矿权人协议转让所得；三是特殊情况下向国家申请协议出让所得。但各个省市在执行时有较大的差异，有的地方执行协议出让模式，其出让价格参照评估值；有的地方执行招拍挂模式，其出让价格以拍卖成交价为准。但近年来用于供暖的地热资源开发逐渐回归到民生工程的本质属性，社会各界一致认为应发挥其基础性、保障性职能，而不能仅仅作为增加财政收入的途径，更不能成为社会资本炒作的对象，已经有很多失败的案例都提供了深刻的教训。

（6）充分了解用于地热供暖项目的土地使用政策：理论上，民生工程及基础设施项目应由政府提供免费使用的土地，但在实际操作中情况更为复杂。第一，地方政府对土地财政的依赖性相对较强；第二，由于市政规划与地热项目的不匹配，可能需要重新考虑征地问题；第三，为了资产的完整性需要，部分用地可能需要转变用地性质。因此，土地政策和成本是项目前期需要重点了解的内容。

2.2.2 区域或项目供暖发电等需求识别

用户需要是地热供暖发电等项目存在的前提条件。按照传统的供暖区划，一般黄河以北地区需要采取集中供暖，但随着人民经济水平和生活品质的提高，供暖范围已逐渐往南推到淮河沿线。不仅如此，长江流域也在探索实施一些规模化的供暖项目，甚至连云南、贵州也有地热集中供暖项目出现。根据有关数据统计，截至 2023 年年末，全国集中供热面积 $143.24\times10^{8}\ m^2$，同比增长 3.94%；集中供热管道长度 62.69×10^{4} km，同比增长 6.13%；全国热水集中供热能力 79.6×10^{4} MW，同比增长 4.54%；蒸汽集中供热能力 14.82×10^{4} t/h，同比增长 1%。因此，总体来看，地热供暖的需求潜力巨大。

用热需求量由热负荷值、供暖周期以及用热面积三个参数来确定。通常情况下，项目规划设计时就由建筑设计单位提供所需的设计数值。例如，北京地区绿色节能建筑的平均热负荷值约为 45 W/m^2，供暖周期为 11 月 15 日至次年的 3 月 15 日，共 121 天。因此，对于 1 万平方米的建筑，其总的供暖负荷就是 129.6×10^{4} kW · h。然而，对于一些既有建筑，由于年代久远、设计图纸不完整或缺失，确定这些建筑的热负荷值可能需要采取特殊手段，如现场测定等。

地热资源既能为区域提供热能，如河北省保定市雄县行政区域整体采用地热供暖,以此打造“无烟城”;也能为单个项目提供热能,如北京城市副中心利用地热“两能”进行供暖和制冷,从而创建“近零碳排放”示范区。地热能的开发利用受到两方面因素的制约:一方面是经济技术条件,地热项目的初期投资通常较大,一口地热井动辄需要数百万元投资,而一个完整项目可能需要上千万元乃至数亿元的投资。因此,项目必须达到一定规模才可能具备经济上的投资价值;另一方面是资源禀赋条件的限制,资源禀赋条件越好,供热能力越大,反之供热能力就越小,且可利用资源是开发利用的上限。因此,一般而言,地热供暖项目的规模不宜过小,否则不经济;同时,也不宜过大,否则存在“小马拉大车”的困境。在实践中,可以采取“小集中、大分布”的模式,即每个供暖单元在几万至几十万平方米之间,具体规模可以根据用户的集中度和地热资源的分布情况来确定。科学高效地利用地热资源,不仅能够高效推进农村散煤治理,还能助力乡村振兴工程,其意义十分重大。

我国可用于发电的水热型地热资源,除台湾地区外,主要集中在西藏、川西、滇西地区,以及近年来在山西省大同盆地新发现的资源。2021 年 9 月 10 日,国家八部委发文《关于促进地热能开发利用的若干意见》(国能发新能规〔2021〕43 号),旨在鼓励和支持地热能的开发利用。文件提出要稳妥推进地热能发电示范项目建设,抓紧攻关地热能发电关键技术和成套设备,为今后地热能发电的规模化发展奠定技术储备。适时研究出台支持政策,在西藏、川西、滇西等高温地热资源丰富地区组织建设中高温地热能发电工程,鼓励有条件的地方建设中低温和干热岩地热能发电工程,支持地热能发电与其他可再生能源一体化发展。西藏是我国地热资源最丰富的地区之一,经估算,其发电装机容量可达 3000 MW,但由于这些资源大多位于偏僻地区且海拔较高,开发利用面临一定难度。中国的地热发电项目在羊八井建设完成后一度停滞,直到 2018 年 10 月羊易 16 MW 项目投入运行。地热发电在中国尚未形成完整的产业装备和队伍,仍需国家政策的支持才能生存、发展并壮大。

2.2.3 地热资源潜力初步评估

有了用户需求,接下来就需要初步识别热源的供给情况。顾名思义,地热供暖和发电等项目中,地热资源自然成了项目中的“绝对主角”。前已述及,地热资源是一种十分宝贵的矿产资源,兼具能源和资源双重属性,赋存于地表以下数百米至数千米深处,其产生、运移、储存过程十分复杂,涉及数以亿年计的地质历史。况且,目前可开采的地热资源均以地下水作为载体来实现运移，因此，要获得稳定、优质且可循环利用的地热资源，细致认真的前期工作是十分重要且不可或缺的。

地热资源潜力初步评估工作也被称为地热资源预可研。这项工作的主要目的是通过资料收集分析、地质及水文地质条件分析、物化探手段等低成本的地质技术，来获得相对比较准确的地热资源赋存情况——包括地热开发的现状和潜力，从而为后续工作，特别是地热凿井工作奠定技术基础。地热资源潜力初步评估工作一般由区域地质条件基础分析、地热资源野外调查、地球物理综合勘探、地球化学勘探、综合解释等几部分组成。

1. 区域地质条件基础分析

区域地质条件分析是地热资源识别的基础工作。一般来说，要选用比例尺不小于1∶50000的地形地质图作为底图，来进行地热资源的地质分析。主要工作包括以下几方面。

（1）分析区域地质构造格局

地质构造格局是地质体长期发展演化的结果。不同地质时代形成的地层及其在后期所经历的构造变化，对研究分析地热水的通道、热储和盖层是不可缺少的资料，是分析当地地热地质条件的基础。比如在北京地区，漫长而复杂的地质历史留下了丰富多彩的构造形迹。依据这些形迹，地质历史可分为三个发展阶段，即太古宇至元古宇早期的地台结晶基底形成发展阶段、中元古代至早中生代中三叠世沉积物发育阶段及晚三叠世至今的板内造山复杂构造变形阶段，最终形成现今的地质构造和地层层序格局。特别是经历了印支、燕山、喜马拉雅三个旋回的构造运动，反复多次的地壳伸展及收缩作用，形成多方向的褶皱及断裂，有利于地热流体的运移。板内陆相沉积也是良好的保温层，对热储的形成亦是很有益的。

（2）分析热储的性质

热储层按《地热资源地质勘查规范》(GB/T 11615—2010)，是指地热流体相对富集，具有一定渗透性并含载热流体的岩层或岩体破碎带。如果储存的热流是蒸汽，则称为蒸汽型热储；如果是热水，则称为热水型热储。热储的底部即为加热带的顶部，通常都有传导热流的补给。热储分为开放式和圈闭式，有盖层的为圈闭式热储。热储按介质类型划分为孔隙型、裂隙型及岩溶型三类。

沉积盆地型地热的形成过程与热源、通道、热储和盖层这四个要素密切相关，通常被俗称为“源”“通”“储”“盖”四要素。地球内部的热量在向上运移的过程中，在渗透性强的岩石中以热对流为主,而在渗透性差的岩石中以热传导为主。导热能力差的岩石如同“被子”,阻止热量的向上散发,从而形成了“盖层”,致使水携带着热量在渗透性强的岩石中富集,即形成了热储。这一现象在测得的地温梯度分布特征上很容易被发现。在导热能力较高的岩石中,地温梯度数值一般不超过 1℃/100 m。而在导热能力低的岩石中,地温梯度显示较高的数值,可达 6℃/100 m 或更高,从而形成盖层,盖层起到了良好的隔热保温作用。

地质工作者经过 70 余年的研究,已基本摸清了中国几个重要地热带的情况,特别是对地热供暖具有实际意义的华北、东北、汾渭、华中地区的地热盆地(田)的热储性质。例如,华北地区主要地热田的热储组成由上至下的顺序依次为:

① 第四系砂砾石层:这一层普遍分布且厚度较大,最厚可达 1000 多米,但温度较低,在 12~20℃。有时这一层也被用作区域供水水源。近年来,随着热泵技术的进步,地热能温度下限范围得以扩大,从而拓宽了地热资源利用的空间。

② 第三系热储:在华北地区广泛分布,其中具有开发价值的主要是上第三系的明化镇组和馆陶组两个热储。这些热储由一套砂岩、含砾砂岩及泥岩频繁交叉叠置而成的河流相沉积层构成,其中砂岩和砂砾岩是良好的热水储水层。明化镇组热储上部为第四系覆盖,从含水砂岩的发育特征分析,主要由半固结细砂岩及含砾砂岩组成,厚度较稳定。砂岩粒度自下而上逐渐变粗,地热水温能达到 40~60℃,单井出水量也很好,有的能高达 1200~1500 m^3/d。馆陶组热储则是一套中新世坳陷发育时期形成的红色砂泥岩建造,砂体发育,砂岩单层厚度大,孔隙度平均为 25%,地热水温能达到 50~80℃,单井出水量同样很好,有的能高达 1000~2000 m^3/d。

③ 奥陶系热储:岩性以石灰岩为主,最厚可达上千米,岩溶发育,富水性良好,日产水量 1000~4000 m^3,出水温度一般为 30~50℃。在具备赋水条件且盖层条件较好时,奥陶系热储是较好的热储层。

④ 寒武系热储:由多层含泥质碳酸盐岩组成,岩溶发育,可交替形成良好的热储和盖层。存在的问题主要是厚度较小,这导致出水量较小。

⑤ 蓟县系热储:包含三个由碳酸盐岩组成的良好热储层,上部为“铁岭组”,下部为“雾迷山组”和“高于庄组”,“铁岭组”和“雾迷山组”中间夹有一套近百米的隔热保温层——洪水庄组。总体而言,蓟县系热储具有厚度大(可达 2000~4000 m)、分布广、裂隙发育、盖层完整等特点。地热水温度通常较高(目前华北地区已探明该层热储出水最高温度达到 118℃),水量稳定,且易于回灌。因此,蓟县系热储称得上是最

优的热储。高于庄组的碳酸盐岩,由于成岩年代久远,裂隙发育相对要差一些,且一般埋藏较深,钻探难度较大,目前开发程度不高。

总体而言,在北方地区具有供暖价值的热储主要是第三系砂岩热储和蓟县系碳酸盐岩热储。前者分布广、埋藏浅、易于开采、地质风险低,但回灌困难、地表环境隐患较大,因此必须采取加压、真空、地层重组等特殊手段。后者分布范围相对较小、埋藏深、开采相对困难、地质风险较大,但温度高、水量大,且易于回灌,地表环境隐患小。因此,在选择热储层时,需综合考虑多种因素,根据项目的实际情况,如供暖规模、地质条件、工期要求等进行优化设计。按照"以灌定采"的原则,若在适当深度存在奥陶系、寒武系、蓟县系和长城系岩溶热储,应当将其作为首选的开采热储。

(3) 既有地热地质资料分析

充分搜集本区域既有地热地质资料,包括工作区前人勘查研究工作形成的自然地理、构造地质、水文地质、地球物理勘查、航卫片解译资料、石油勘查资料;特别是要重视工作区的地热地质资料,例如地表热显示调查报告、地热勘查成果报告、已钻凿地热井的分布、井身结构、钻遇地层、开采层段及地层岩性特征、抽水试验数据等。通过整理分析,初步了解工作区所处地质构造部位、地层结构、地质构造格局、地下水循环条件、热储及盖层的分布、地热流体温度、水质特征等,为地热勘查提供基础资料,也为下一阶段地热资源野外地质调查及物化探工作设计提供依据。

搜集资料的工作应贯穿整个勘查过程的始终,做到边进行地热地质调查,边搜集相关资料,在获得有关资料的基础上,进行实地调查,并在调查过程中进一步获取新的资料。应深入、细致地做好这项工作,最大限度地满足评价预测工作对各种相关信息的要求。同时,对所收集的资料进行全面分析和二次开发,在资料收集和分析的基础上开展野外勘查工作。

2. 地热资源野外调查

在资料收集的基础上进行野外实地踏勘,对所收集的资料进行实地验证,并有针对性地进行地质现象探索。地质调查主要包括对工作区内地表热显示、热水井及拟布置的地球物理测线位置的踏勘,具体工作内容包括对现有热水井的分布情况,以及开采水温、水量、水质等参数的调查。一般情况下,以比例尺不小于 1 : 50000 的地形图为底图来开展相关工作。

3. 地球物理综合勘探

地球物理勘探简称物探,是指通过研究和观测各种地球物理场的差异来探测地层岩性、地质构造等地质条件的方法。组成地壳的不同岩层介质在密度、弹性、导电性、磁性、放射性以及导热性等方面通常存在差异，这些差异将导致相应的地球物理场发生局部变化。通过测量这些物理场的分布和变化特征，并结合已知的地质资料进行分析研究，可以推断出地质条件。物探方法兼具勘探和试验的功能，与钻探相比，它具有设备轻便、成本低、效率高、工作空间广等优点。然而，物探不能取样且不能直接观察地下情况，因此通常多与钻探配合使用，利用钻探资料进行验证。

物探方法经过专业地质工作者多年的探索和研究，现在已经发展成为一个门类齐全、方法多样、效果显著的综合学科。在地热资源勘查领域，物探方法的应用十分广泛，主要手段包括以下 4 种。

(1) 可控源音频大地电磁测深

可控源音频大地电磁测深(controlled source audio-frequency magnetotelluric, CSAMT)是以有限长的接地电偶极子为场源，在距偶极中心一定距离处同时测量电场和磁场参数的一种电磁测深方法。该方法横向和纵向分辨率均较高，可以探测断裂的发育特征、地层平面分布及纵向组合特征，同时结合其他测深方法，还可对地层进行综合解释和推断。

(2) 高精度磁法测量

磁法测量是以不同岩石和矿石间的磁性差异为基础，通过观测和研究地表磁场的变化规律来查明磁性地质体分布特征的方法。通常，磁异常数值高的区域表明那里可能存在岩浆岩或变质岩。在相同岩性的地层中，磁性强度的高低受其结构影响。断裂构造的存在会导致地层发生破裂和结构变化，进而影响磁性强度。因此，磁法测量也被认为是寻找和识别断裂构造的一种可行手段。

(3) 微动测深

微动(microseis 或 microtremor)是地球表面日常微小的颤动，它区别于有特定震源和发震时间的“微震”，它在任何时间和地点都能被检测到。微动的位移幅度一般仅为几个微米，其频率变化范围通常在 0.3 ~ 5.0 Hz。利用空间自相关(spatial autocorrelation, SAC)技术，从微动中可以提取到瑞雷波频散，通过求取波速在垂向上的分布，依据不同时代不同岩性地层的波速差异，推测出地下各不同时代地层的埋藏深度。

(4) 高精度重力勘探

高精度重力勘探是基于地壳中不同地层岩石间的密度差异，通过观测和研究地表重力场的变化规律，来查明基岩起伏及地质构造的一种方法。勘查区域各时代地层存在密度差异，可以采用重力勘探方法来了解基岩的起伏状态、构造的展布形态，以及断裂的展布位置等。布格重力异常对基岩起伏的反映较为直观，而且重力梯度带可以反映热流的主要通道——断裂的展布形态。因此，可以通过求取重力梯度异常的方法来研究勘查区域内的断裂发育情况，进而研究地热地质条件。

4. 地球化学勘探

地球化学勘探包括对水及岩石样品的采集与测试，结合区域地质构造特征和地热地质条件，以确定工作区内地热流体的类型、补给来源及循环速率。根据对工作区内现有水井数量的初步统计及数据分析需求，进行水质全分析和放射性同位素分析。同时，建立工作区地热井监测系统，对水温、水量、水位和水质进行监测。仔细分析针对储层的三维地质模型、水流模型和地温场模拟所需的数据和图形，进行系统分析，以充分展示工作区热储的变化情况，并实现水热耦合模拟。

利用地球化学勘查手段，可以分析热储地下水的补给、径流和排泄过程，以及地下水的循环速率。对地下水位的动态监测同样可以用于刻画地下水循环速率。通过地球化学温标计算，可以估算热储的温度。工作中必须结合地球化学勘查与动态监测的分析结果，以科学指导地下水渗流数值模型的建立。

5. 综合解释

在具体项目应用时，选择物探及化探手段应充分考虑到各种地球物理勘查手段的优缺点以及研究区的地质构造特征。在研究区进行地球物理勘查时，应协同使用多种物探技术，并对采集到的数据进行综合分析。在将地热地质调查成果与现有地球物理资料进行综合分析的基础上，本着提高工作精度和针对性的原则，进行优选确定。

通过对物探、化探数据的分析来确定地热井的钻探位置；反过来，地热钻井的实测结果可以指导物探数据的解释。通过综合分析地球物理勘查和地热勘探的工作成果，查明工作区热储的空间结构和主要断裂的分布。将地球化学勘查与动态监测相结合，并初步建立地热田或地热区的概念模型，以指导地热资源的勘查与开发。

6. 资源量综合评价

对目标地热矿区进行资源潜力评价是项目策划阶段最重要的环节和最终成果。地热资源量及可开采地热资源量是地热资源评价和开发的主要技术参数之一。

根据对地热资源量计算评价方法的使用条件、适用性、可靠性的综合分析，并结合国内外已有地热田评价结果，对地热资源在不同开发阶段采用的方法及其作用归纳如下：在地热田前期勘查阶段，可以采用热储法进行资源量估算；在开采初期，可以采用解析法初步评价地热资源量，作为控制开采量的依据，以防止地热资源的超采；在大规模生产开采阶段，应采用数值模拟法，并结合回灌参数进行开采量与回灌补给量的综合评价，以实现可持续条件下的地热开采评价。

7. 小结

这个阶段的工作是以收集资料和技术研究为主，并通过低成本的野外物探和化探工作投入，尽可能多地获取地热资源的赋存信息，为后续勘探井的实钻施工奠定基础。

2.2.4　项目经济性初步评估

地热供暖发电等项目在政策上有支持、需求上有保障、技术基本可行的前提下，还需要进行项目经济性初步评估，以判断项目是否值得投资，并为下一步工作明确方向。由于地热水具有水和矿物的双重属性，其开发利用不仅要考虑经济效益，还要考虑社会效益。因此，在中深层地热供暖项目的识别阶段，需要进行经济评价和财务评价。经济评价是从国家和社会的角度出发，考虑项目的经济效益；而财务评价则是从企业的角度出发，考虑项目的经济效益。

1. 中深层地热供暖发电项目经济评价需要明确的情况

（1）当地地热资源及政策情况

一是政策环境，即当地是否支持中深层地热开发，以及有哪些鼓励和限制措施；二是资源情况，包括预估地热井的深度、出水温度和水量，以及回灌难度（可实现一采几回的比例）。地热资源的情况决定了每口采水井能供暖的大致面积，以及是否适合发电、发电量的大小和效率；回灌情况则影响着回灌井的数量，如果回灌困难，那么回灌井的成本和数量将增加，相应地，总投资中的打井费用也会增加。

（2）总供暖面积及实际收费面积与发电装机容量及上网电价

总供暖面积直接决定了该项目的大致投资规模。实际收费面积：如果服务建筑是新建的，将逐年交房并逐年入住，因此实际收费面积将逐年增加，实际投入也可能逐年分摊，此时，可以估算一个逐年增长的交房率和收费率；如果服务建筑是成熟小区，则需要了解真实的收费率能达到多高，以及投资者是否具备对欠费用户实施单户切断供暖的技术条件等。

温度高于110℃的地热资源可根据需要考虑用于发电。装机容量和上网电价决定了发电项目的投资规模和发电收益。与采暖等项目不同,地热发电工程技术较为复杂,单个项目规模较小。目前,在没有发电电价补贴的情况下,单纯的地热发电很难实现盈利。然而,在当前的“双碳”目标背景下,因地制宜地开发建设地热发电项目具有深远的战略意义。

(3) 投资边界

对于常规供暖项目,投资者通常只需投资从热源到小区换热站的部分,这种情况最为简单。然而,对于某些项目,可能需要对小区及楼道内的管网,甚至居民家中的供暖末端进行改造。由于这可能涉及收费问题以及复杂的居民关系协调,在这种情况下投资需谨慎。在进行财务评价时,这里主要讨论的是常规投资边界案例。

地热发电资源多位于西部边远地区,度电成本至少在0.55元。目前,在没有电价补贴的情况下,地热发电项目难以进行商业性开发运营。地热发电项目可以与采暖、康养或其他工业项目结合,进行示范性开发建设,实现自发自用或直接向用户供电,成本在其他项目中冲抵和平衡。在政府明确地热发电电价或其他优惠条件之后,再进行规模化开发,并将发电量销售给电网公司。

(4) 当地价格条件

一是当地配套费用的水平,以及这些费用是向政府还是开发商收取的,包括收取的条件和时点;二是当地的供暖费水平;三是其他相关价格水平,如电价等,以及是否有可能为供暖争取到居民用电的价格。

(5) 其他

例如:当地的供暖时长,是否属于传统供暖区域,居民是否有供暖习惯和缴纳供暖费用的习惯;当地其他片区的供暖形式及其收费情况;当地提供的各种供暖优惠政策,以及是否有可能申请供暖补贴等。

2. 中深层地热项目经济性初步评估要素

(1) 项目投资总额

项目投资总额包括项目建设全过程所需的所有费用,例如规划、设计、可行性研究、热源系统费用(包括地热井钻探及办理探矿权、采矿权、取水证等手续费用)、资源勘探费、管线系统费用、机房土建费用、调峰系统费用(如热泵机组、燃气、太阳能调峰等)、机电费用(包括潜水泵、循环泵、发电机等)、自动控制系统及监控系统的费用等。

其中,地热井钻探及办理探矿权、采矿权、取水证等手续费用是地热能供暖和中高温地热发电均涉及的,也是区别于其他建设项目的部分。

地热井的钻探成本变化较大,这与地质条件紧密相关。不同的岩性和构造会导致钻井单位造价的显著差异,并且随着井深的增加,单位造价可能会呈几何级数增长。同时,地热资源的品质对单位热量的投资有显著影响。由于在项目策划阶段很难准确获取钻井设计图纸,因此一般情况下可以依据前文地热资源初步评估阶段所获得的地热井参数(参考周边现有井或根据地质资料推断)来预估地热井的钻探成本。根据目前的市场情况,例如深度约为 3000 米、地层条件以基岩为主的地热井,其成井成本通常在 600 万~800 万元之间。深度在 2500 米以内的井,其大致造价为 400 万~600 万元;而深度超过 3000 米的井,其造价很可能超过 1000 万元。

地热矿权办理费用因各地政策不同而存在较大差异。一般采用挂牌出让的交易模式时,其出让费用每平方千米通常在 10 万~30 万元之间;而采用拍卖出让的交易模式,出让费用则较难控制。地热资源勘查权的出让成本与资源禀赋有着必然的相关性。对于温度较高、水量较大、开发风险较小的地热矿床,政府自然会提高出让费标准;而对于勘查水平较低、资源禀赋较差、开发风险较大的矿床,矿业权的定价则会相对较低。

① 地热能供暖项目总投资

在供暖系统中,一般土建、市政、自控及监控系统以及规划设计属于常规工程,其建设成本可以估算;影响地热项目投资成本的另一个重要因素是调峰系统。调峰系统建设的目的是确保在极冷时段的安全供暖需求。是否需要调峰系统与地热资源的禀赋有密切关系。如果地热条件较好,足以满足峰值热能需求,则无须增加调峰系统;然而,当地热资源难以支撑峰值需求时,为了降低钻井成本,配置调峰系统是必要的。调峰系统可以由工业余热、燃气锅炉、热泵机组、太阳能和蓄能等不同的热源提供,应根据当地实际情况来确定。一般来说,采用热泵机组与太阳能的调峰系统成本较高,而利用工业余热、燃气锅炉等方案的相对造价较低。

总体来看,地热供暖系统的初期投资总额有一定的经验数据可供参考,例如北京地区的投资大致在 200~300 元/平方米,天津地区大致在 150~200 元/平方米,河北、河南、山东地区大致在 100~150 元/平方米等。

② 中高温地热发电的总投资

可用于发电的中高温地热田的生产井井筒内通常存在碳酸钙结垢问题。解决结垢问题的方法会影响到地热电厂运行的稳定性和经济性。

采用空心锤机械捅井的方法，在捅井过程中会减少生产井的流量，并可能对井筒造成破坏。采用井下泵加压阻垢的方法，但井下泵的耗电量较大，且井下泵的不稳定性会增加维修工作量和可能导致电厂停产。采用井下闪蒸面下加注化学阻垢剂的方法，运行稳定性较好。在电厂投产时，若使用进口阻垢剂，将构成电厂运行成本中的较高部分。目前，阻垢剂正在逐步实现国产化，成本已降低一半以上，运行的经济性也在不断提高。

为保证电厂的稳定运行，生产井的主阀和关键部位的阀门应选用膨胀闸阀，而不宜使用易被卡塞并导致泄漏的普通楔形闸阀。这一点对于自喷生产井尤为重要，因为自喷生产井更换主阀的压井成本同样很高。

中高温地热田的地热流体因含有 H_2S 气体而具有不同程度的腐蚀性。根据腐蚀性的高低，关键设备如分离器和换热器应采用不锈钢材料或碳钢内衬不锈钢材料。

发电设备的选择同样重要。中国可用于发电的地热田热储温度超过 250℃ 的并不多，以水热型热田为主，因此应采用双循环（有机朗肯循环，organic Rankine cycle，ORC）机组进行发电。目前，进口设备的成本较高，国内也在研发双循环地热发电机组，但都还处于起步阶段。容量大、稳定性好的机组仍需一段时间进行改进，这需要国家政策的支持。

对于温度高于 250℃ 的热储，闪蒸后的蒸汽占比相对较高，可以采用闪蒸蒸汽直接推动蒸汽轮机组进行发电，而闪蒸分离后的热水则可用于双循环机组发电。目前，在国际高温地热领域，直接用蒸汽发电的汽轮机市场基本上被日本企业所垄断。对于温度超过 300℃ 的深部热储，可以采用蒸汽轮机直接发电，或采用蒸汽轮机与双循环机组联合循环发电的方式。

目前地热开发利用必须做到利用后的热水 100% 回灌，以保证地热田的永久持续开发利用和环保要求。回灌方式有加压回灌和重力回灌。加压回灌需要消耗一定的电量，增加厂用电。目前羊易地热电站加压回灌的耗电量占厂用电的 30%。如果回灌井的位置和深度适当，可以实现重力回灌，这样电厂就不需要使用回灌泵。这不仅消除了对回灌泵的维修需求，而且还能增加上网电量。为保证电厂的稳定运行，应选择国际一流品牌的控制系统和仪表。

在国内，地热电厂的投资成本在 20000～30000 元／千瓦，但随着国内产业装备的成熟和产业队伍的完备，电厂的投资成本有望降至 10000～20000 元／千瓦。电厂的投资成本也会因区域不同而存在较大差异。

（2）投资补贴政策

从中央到各级地方政府总体上对地热供暖发电项目持积极鼓励和大力支持的态度，并出台了一系列激励性政策。例如，2021年9月10日，国家八部委联合发布《关于促进地热能开发利用的若干意见》（国能发新能规〔2021〕43号），北京市颁布了《关于北京市进一步促进地热能开发及热泵系统利用的实施意见》（京发改规〔2013〕10号）；河南省于2019年7月18日发布了《河南省促进地热能供暖的指导意见》等。然而，由于地方发展情况的不平衡，鼓励政策之间存在较大差异，标准也并不统一。在项目策划阶段，除了计算项目投资总额外，还需调研相关政策。政策的影响对总投资及投资回收情况具有重大影响。

例如，北京的政策是对地热供暖项目的初期投资提供30%～50%的投资补贴；河北省针对农村“煤改气”“煤改电（包括煤改地热）”项目，给予每户初装费85%的补贴，但补贴金额不超过7400元，同时，河北省对新建地热集中供暖项目还可以收取40～50元/平方米的接口费；山东省的补贴政策与河北省相似，并且还提供了电费优惠政策，即城乡居民住宅小区使用热泵利用地热能采暖的（非经营性），用电价格按照居民合表电价执行；河南省除了提供电价优惠外，还在集中供暖管网建设方面给予政策支持，并提供绿色融资服务。这些政策均直接影响到项目的总投资。

然而，在地热发电领域，截至目前尚未出台具体的支持政策，导致目前唯一商业化运行的羊易地热电站的上网结算电价为0.25元/千瓦时，年亏损高达5300万元。

（3）项目运营收益

地热供暖项目的主要收益来源于供暖费的收取。全国范围内的收费标准并不完全统一，在民用供暖领域，基本上是参照燃气集中供暖的标准。例如，东北地区一个供暖季的收费标准为40～50元/平方米（以建筑面积为基准核算），北京地区为30元/平方米，天津地区为20～25元/平方米，河北地区为16～24元/平方米，河南和山东地区为14～20元/平方米。也有一些地区实行按热流量计费的机制，但这一模式在全国范围内大规模推广仍存在难度。

地热供暖项目还可以提供一项附加服务，即供应生活热水。随着生活水平的提高，人民群众对更舒适、更多元化的服务需求日益增长，因此生活热水的供应也成为不可或缺的服务之一。

因此，不同区域的运营收益存在较大差异，在项目决策阶段需要充分考虑这些因素。根据不同的情况，对地热供暖项目的运营收益进行详细计算。

并网发电的地热发电项目收益取决于电网公司的上网电价和补贴政策。例如，西藏羊易地热电站的上网结算电价为0.25元/千瓦时，目前电价补贴政策尚未落实，年营业收入约为2500万元。全国可用于地热发电的资源大多分布在偏远地区，虽然各省、市、自治区的上网电价各有不同，但若仅有电网公司的上网结算电价，而没有电价补贴或其他优惠政策支持，地热发电在近期内将不具备商业开发的价值。

（4）运营成本

地热供暖项目在运营期间的主要成本包括：动力费（主要是电费）、燃料费（如燃气）、水费、工资及福利费用、固定资产折旧费、维护维修费、管理费用、财务费用等。鉴于地热能属于可再生能源，且供暖工程关乎民生，国家因此给予了一定的税费优惠政策。

在成本构成中，动力费用占据了主要份额。动力费用主要是指电费，其消耗量与地热资源的禀赋有直接关系。对于水温较高、水量较大、埋藏较浅且易于回灌的地热资源，所需的电量一般较少；反之，则电量需求增加。特别是对于那些需要使用热泵进行调峰的项目，由于耗电量增加，运行成本也会显著提高。除了用电量之外，电价也是影响运营成本的关键因素。在大多数地区，地热供暖项目被视为商业项目，因此其电价标准也按照商业用电价格执行。目前，在社会各界的持续呼吁下，各级政府逐渐认识到地热能供暖项目的重要性，电费标准开始有所调整。部分省市政府已将地热供暖项目的电价降至居民用电标准。众所周知，居民用电价格与商业用电价格之间存在超过一倍的差异，因此电价的降低对于地热供暖项目的快速推广具有深远而现实的意义。

单位供暖效率的用电量和电价是控制运营成本的两个主要因素。

3. 财务初步评价指标

项目财务评价（或财务分析等）是项目前期工作的重要组成部分。它是在当前国家政策、财税制度、价格体系等前提条件下，编制报表、量化分析项目的财务数据，从投资者的角度分析项目带来的效益及风险，是投资者进行项目决策的重要依据之一。

1）项目财务评价的主要作用及意义

（1）分析项目的盈利能力和投资风险，为项目决策提供依据。在满足投资方向、地域、投资规模、基准收益要求等门槛条件的情况下，投资者可以根据各项目的量化财务指标进行优选。具体项目的不同技术、实施方案、资金筹措方式等在财务评价中有所体现,有助于投资者选择最优方案。

(2) 有利于项目全生命周期,尤其是建设期的资金筹措及安排。除非投资者全部自筹资金建设,否则建设期资金筹措是项目落地实施的关键。项目的投资规模、投资构成、运营期现金流情况等财务预测数据,对前期资金筹措方案有重大影响。在资金成本可控、项目自身可支撑的情况下,投资者通常希望减少资本金出资比例,财务评价过程有助于投资者对项目筹资方案有更清晰的预期。

2) 财务评价主要过程及重要指标

财务评价基于确定的投资构成、资金方案、运营方案等,预测项目存续期内的逐年财务数据,并编制各类基础报表,如投资估算表、现金流量表、利润表、借款还本付息估算表等,以评价项目的投资可行性。

常规情况下评价项目投资可行性的指标主要有 6 个,其中 2 个是静态指标,4 个是动态指标。

静态指标:静态投资回收期(PP)、投资收益率(ROI)。

动态指标:净现值(NPV)、净现值率(NPVR)、获利指数(PI)、内部收益率(IRR)。

在项目策划阶段,由于尚未达到施工图纸的深度,经济性评估通常停留在初步评价阶段,一般选取静态指标的"投资回收期"作为判断依据。在项目决策阶段,项目大致设计方案和投资总额及收益额度基本确定,应采用动态指标,特别是"内部收益率"和"净现值"来评价项目经济可行性。

(1) 投资回收期:对于投资者来说,无论是央企、国企、混合所有制企业、外资企业、合资企业还是民营企业,任何项目是否能够投资立项,其投资回报情况都是最重要的考量因素。不同项目的性质、风险、政治意义等因素会影响投资者对回报的期望。在项目策划阶段,虽然技术方案已基本确定,但设计图纸尚不完善,无法达到项目可行性研究阶段的工作深度。因此,这个阶段的经济性评估通常只是初步的,为了简便和实用,一般采用"投资回收期"作为判断依据。

投资回收期是指通过净现金流来抵偿全部投资所需的时间,它是衡量项目在财务上的投资回收能力的主要评价指标。投资回收期可以通过现金流量表来计算,即当现金流量表中的累计净现金流量由负值变为 0 的时点,就是项目的投资回收期。投资回收期越短,说明项目的盈利能力和抗风险能力越强。投资回收期分为静态和动态两种,如果考虑资金的时间价值,则为动态投资回收期。在初步评估时,通常只考虑静态投资回收期。

在使用投资回收期法时，投资者需要先确定一个标准年限或最低年限，然后将项目的回收期与这一标准进行比较。如果项目的回收期短于标准年限，则认为项目是可行的；如果长于标准年限，则认为项目不可行。对于地热供暖项目而言，由于初期投资较大，且地下风险难以控制，项目对政策支持的依赖性较强。因此，在项目策划阶段，控制的最低回收年限一般不宜超过6年；在项目可行性研究阶段，最低回收年限一般不宜超过9年。

（2）内部收益率：是指使净现值等于零的折现率，它反映了项目所占用资金的盈利率，是衡量项目盈利能力的主要评价指标。通过将计算得出的财务内部收益率与设定的基准收益率进行比较，如果内部收益率高于基准收益率，则认为项目的盈利性达到了要求。项目的内部收益率分为全投资内部收益率和资本金内部收益率两种。全投资内部收益率是在假设没有负债融资的情况下，即投资全部由投资者直接投入且不需要支付利息时的盈利性指标。资本金内部收益率则是用来评估项目资本金税后收益水平的盈利性指标。由于利用了金融杠杆，资本金内部收益率通常高于全投资内部收益率。在初步评估时，通常只需考虑全投资内部收益率。

（3）净现值：是指按照基准折现率将项目计算期（包括建设期和运营期）内各年的净现金流量折现到期初的现值之和。它反映了项目在满足按设定折现率要求的盈利之外所获得的超额盈利的现值。当财务净现值不小于0时，表明项目的盈利能力达到了或超过了所设定的要求。

通常情况下，投资回收期越短、内部收益率越高，项目越优质。在同等投资规模的情况下，净现值通常也会更高。因此，在评价一个项目的盈利能力、比较投资规模相当的项目，或比较同一项目的不同实施方案时，内部收益率和投资回收期指标往往被更加重视。

2.2.5 项目建议书（预可研报告）编写

将2.2.1节至2.2.4节的分析研究成果进行汇总，形成具有逻辑结构关系的初步结论，这便构成了识别阶段的项目建议书或预可行性研究报告。项目建议书的目的在于，通过前期的低成本、短周期工作投入，从政策环境、技术条件、经济评估、实操规划等方面对项目进行较为全面的初步判断，从而为项目决策和后续工作提供基本依据。同时,建议书中应包含一个章节,详细阐述下一阶段工作的主要技术设计、工作方法、注意事项以及其他相关工作建议。

常规项目的建议书通常非常注重篇幅的丰富、文字的优美、格式的规范等,以满足专家评审和决策的需求。然而,对于地热供暖项目来说,笔者更加重视调研资料的真实可靠性、分析方法的严谨性、分析结论的客观性等方面。这是因为地热项目存在特定的技术风险(当然,任何项目都会有一定的风险),由于地下资源的不确定性,以及所需的大额资金投入,且涉及民生工程,一旦出现重大偏差,可能会影响到周边居民的正常生活,轻微情况下可能导致经济索赔,严重时甚至可能引发社会不稳定,后果极为严重。因此,地热项目的建议书显得尤为重要。在项目建议书的数据筛选和结论制定过程中,应倾向于保守,避免为了追求项目数量而草率启动。

在项目策划阶段(前期勘查阶段)以及项目建议书的编写过程中,笔者建议应由专业的地质勘查单位来承担此项工作。虽然目前国家相关法律法规对地勘行业的资质和门槛有所淡化,但对于地热地质勘查项目来说,技术力量、专业仪器设备、丰富的工作经验仍然是地热供暖项目成功不可或缺的条件。

2.3　项目策划阶段决策

在项目策划阶段,尽管已经完成了大量工作,包括收集了大量资料,进行了野外实地调查、野外物探和化探工作,利用专业工具和方法进行了分析评估,并得出了初步分析结论,但这些工作仍属于间接性质,尚不能准确掌握地热资源的赋存状况。为了获得地热资源更精确的技术参数,必须通过钻探作业才能实现。项目预可研阶段所进行的工作,正是为了为钻探工程立项提供必要的技术基础。当然,如果在前期预可研阶段,项目目标区域内已经存在一定数量的现有地热井,并且这些井满足规范要求,那么可以通过对现有井进行资源分析,计算资源潜力并设计未来的开采方案。在这种情况下,可以跳过后续的某些环节,直接进入项目可行性研究阶段。

如前文所述,一口地热井(无论是勘探井、开采井还是回灌井)的钻探成本动辄数百万元,是前期预可研费用的十倍以上。此外,勘探井的布设数量和密度还需符合地热勘查的相关规范要求。因此,即便是在资源勘查阶段,也需要较大额度的资金投入。而且,地下钻探工程存在一定风险,因此有时地热资源的钻探勘查阶段也被俗称为“风险勘探”阶段。在这个阶段,立项决策尤为重要,对于任何投资者或建设单位（无论其身份是央企、国企、混合所有制企业、民营企业、外资企业还是合资企业），都应当进行慎重考虑和科学决策。

1. 决策依据

决策的主要依据是项目策划阶段的工作成果——项目建议书。

2. 决策方法

决策方法包括专家评审、内部审核以及领导集体决策等几个环节。

（1）专家评审：报告提交后，应尽快组织外部专家进行客观公正的评审。专家范围应涵盖地质、地热、能源、市政、经济等各相关专业。评审应保持良好的工作氛围，确保专家们能够独立、公平、客观地表达意见。外部评审应更多关注技术、资源潜力方面的可行性结论。

（2）内部评审：由建设单位内部的投资、财务、技术、管理、运维等部门组成。在专家评审的基础上，结合本单位的战略方向、财务状况、项目管理、风险管理等方面进行实际操作性的评估。内部评审应更多得出项目实际操作的可行性结论。

（3）领导集体决策：由于涉及项目投资，对任何性质的机构来说都属于重大事项。应根据机构自身的管理制度（如企业章程、“三重一大”方案等）按程序合法合规地进行项目决策。在决策时，既要符合流程，更要统一思想、形成共识。鉴于风险勘查是一个漫长且存在风险的历程，可能会遇到许多难以预料的困难，只有思想一致，才能增强信心、克服困难，实现项目投资的成功。

3. 决策结论

经过上述决策过程，最终形成“可行”或“不可行”的结论。如果结论为“不可行”，则项目终止；如果结论为“可行”（或者“修改后可行”），则应正式进行“风险勘查阶段项目立项”，并尽快制定下一阶段的工作方案。下一步工作主要是在前期工作的基础上进行勘探井钻凿施工，以更准确、更直接地探明地热资源赋存状况。同时，还应制定勘查完成时对于风险的承受方案，即如果结果未达到预期目标，项目将如何善后。

4. 资金安排

投资者应根据项目预算安排凿井所需的资金。

5. 勘查手续办理

凿井施工前，应办理相应手续，即地热资源勘查许可证（探矿权）的办理。

6. 施工单位选择

这个阶段的主要施工任务是地热井钻凿，因此选择一支优秀的地热井施工单位对项目的成败至关重要。近年来，随着中央简政放权的实施，行业主管部门对自然资源系统逐渐淡化资质要求，放宽准入门槛，已取消地质勘查类的资质要求。但是，由于勘查行业的专业性和特殊性，施工经验、技术装备水平、管理能力、履约能力、资金能力仍然是选择施工队伍时的优先考虑条件。市场上可供选择的钻探队伍较多，包括传统的地勘单位、石油、煤炭、水利等行业的施工单位，以及新兴的民营企业和合资企业等。主要的钻探工艺和装备也在不断进步，从传统的正循环泥浆钻进工艺发展到反循环清水钻进工艺，甚至引进了更先进的全液压风动潜孔锤钻进工艺。不同的工艺在适用条件、速度、造价方面都有较大差异，应根据勘探井的设计和地质条件来择优确定。

至于确定施工单位的流程，需要根据建设单位的资金性质和具体规章制度来定。例如，纯国有资金投资的，一般按要求选择公开招标模式；混合所有制企业投资的可以采取邀请招标模式；民营资本为了提高效率，可以采取比选模式确定施工队伍。通常情况下，公开招标流程长、费用高、效率低。有些有经验的建设单位为了缩短流程、提高效率，会建立自己的合格分包资源库，这样可以减少资格预审环节，大大缩短招标周期。

2.4　小结

同其他建设项目相比，地热供暖、发电等项目由于存在地质方面的风险性、审批流程的复杂性、建造过程的漫长性以及项目初始投资较大等特殊情况，需要在正常的可研立项前增加项目策划阶段的管理内容。用地质勘查行业术语来说，即“项目预可研工作”或“地质风险勘查阶段工作”。其目的在于尽可能在项目立项前，以最小的成本代价和最短的勘查周期摸清地热资源的地质条件和资源禀赋，为项目正式立项奠定科学论证的技术基础。同时，在项目策划阶段技术工作开展的同时，分阶段办理地热资源开发所必需的探矿权、土地使用权等行政许可手续，为后续工作的顺利进行创造基础条件。

项目策划阶段的工作有一套比较严格、固定的基本程序，这是经过行业多年实践总结出来的。在实施过程中，应遵循这样的程序开展工作，以确保工作质量和目标的达成。早期的项目立项单位一般为政府机构，因此预可研工作成果的提交对象也是各级政府部门，成果编制的格式往往偏向于行政化。近年来，随着经济社会的发展，地热供暖发电等项目的投资主体发生了很大变化，地方政府也倾向于吸收社会资本共同投资开发。许多项目采取 EPC+F、BOT、EMC、PPP 等新型开发模式，投资主体和建设主体已明显趋向于社会化、多元化。因此，未来在勘查成果编制方面也应与时俱进，随着社会进步进行优化调整。例如，语言措辞应更加通俗化，篇幅格式应更加图表化和可视化；报告内容应从以传统的技术研究为中心转变为以风险管理为中心的模式；合作模式上也应从传统的委托方式向风险共担、利益共享的方式转变。

总而言之，项目识别在地热资源开发项目中占有十分重要的位置，是不可忽视且不可或缺的环节。任何投资者都应给予足够的重视，并在实践中不断根据自身条件进行总结提高，增强项目策划阶段的管理水平。

第 3 章

地热能项目立项阶段管理

3.1 项目立项管理概述

项目立项是指企业为推动项目审批建设,根据规划、政策、市场等内外部条件,提出具体项目建议文件,在获得内外部审批机构的审议批准后,将项目列入企业开发或建设计划的过程。一般而言,项目立项建议书中应包含项目初步方案、技术和经济可行性及必要性分析等内容。

项目立项管理是为了加强项目立项过程中的进度和成本控制力度,明确费用来源,保障项目投资得到有效控制的一种管理手段。在项目立项过程中,除了需要重点关注进度管理和成本管理外,还需特别注意质量管理问题,尤其是对于地热能项目。地热能项目具有初始投资大、项目生命周期长等特点,且大部分投资集中在地热井的钻探过程中。由于地热井位于地下,不易检修,因此质量管理显得尤为重要。

地热项目的立项是整个项目全面启动的起点,其目的是系统性地检查项目前期工作的准备情况,制定科学可行的技术和经济方案,通过论证及时发现项目潜在风险,并最终确定完整可行的项目实施路径。立项流程是项目开展过程中的必经环节,立项项目应当清晰明确,原则上应遵循一事一立项的原则。

项目立项阶段的管理包括项目可行性研究、项目立项审批、项目公司组建、项目合规性管理、项目立项阶段信息管理等内容。

与传统项目立项相比,地热能项目的立项相对更为复杂。地热能项目既具有一般项目的特点,又因其涉及地热矿权办理,而各地的行政管理方式不同,所需的审批环节也存在一定差异。在我国许多地区,如山东、河北等地,地热水具有“水资源”和“矿产资源”双重属性。因此,开采地热水必须先向水行政主管部门申请办理取水许可,然后依规向自然资源部门申请办理采矿许可手续。而在部分地区,如河南省,开采地热水仅需向水行政主管部门申请办理取水许可即可。不同地区的不同政策为地热项目立项标准化增加了难度。

根据《中华人民共和国刑法》规定,未取得采矿许可证擅自采矿,擅自进入国家规划矿区、对国民经济具有重要价值的矿区和他人矿区范围采矿,或者擅自开采国家规定实行保护性开采的特定矿种的行为,将被定性为非法采矿罪。相关责任人可能面临刑事责任。因此,在地热能项目立项过程中,一定要充分考虑到地热能项目的特点,并严格按照国家法律和地方行政法规的要求开展项目立项工作(图 3－1)。

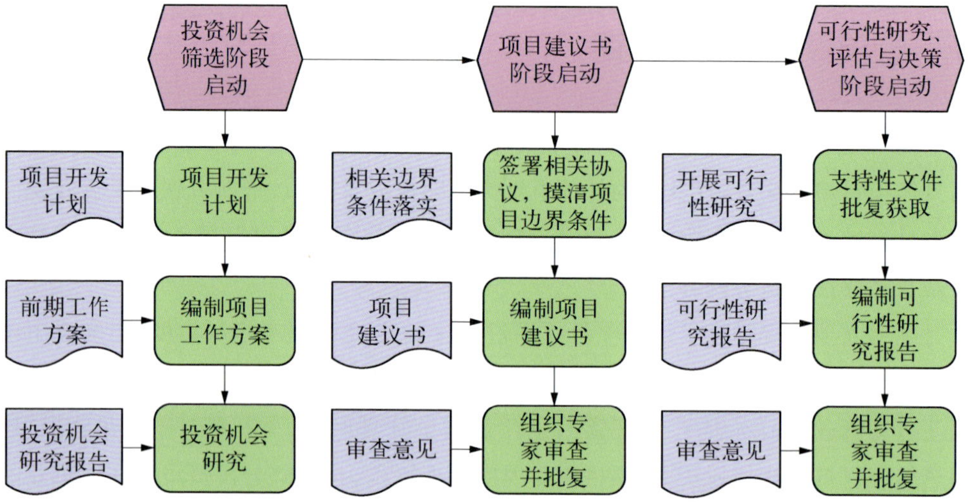

图3-1 项目立项阶段审批流程图

3.2 项目可行性研究内容

地热能开发利用项目可行性研究的目的在于,在论证需求和地热资源的前提下,探讨项目建设的必要性和可行性。主要论证内容包括:项目建设是否符合国家长远规划、地区和行业发展规划、产业政策,以及生产力布局的合理性。同时,需进行全面的市场调查和竞争力分析,通过技术经济分析确定项目方案;依据建设方案和国家法规、政策、标准以及定额来计算项目工程量;通过分类估算项目总投资、资金来源和筹措方案,对项目的经济效益和社会效益进行初步分析,以此作为项目业主和管理部门决策、审批的可靠依据。

项目可行性研究报告的编制应在前期基础条件调查、地热勘探和技术方案比选的基础上进行。

3.2.1 地热勘探井储量初步评估

在项目可行性研究阶段,首先应对项目识别阶段所获得的资源评价成果进行核实和修订,如有必要,可开展补充工作,以进一步完善地热资源储量的初步评估。以目标区块作为评价对象，利用地热勘探井及物探勘查等成果，开展微观尺度与宏观尺度相结合的热储特征研究及预测，从而确定地热资源的可采量及可采热量，为地热能项目开发方案的制定提供依据。

1. 地热资源评价

按照《地热资源地质勘查规范》（GB/T 11615—2010），依托项目区域已完成的地热资源评价报告、地热勘查井的完井报告、测井数据等成果，开展地热资源评价，初步评估地热资源储量。

主要针对以下方面进行整理和评价：

（1）项目所属区域的区域构造特征、二级构造带的分布特征，项目所处的大地构造位置，以及地层发育特征。

（2）对储层的构造特征、沉积类型、岩性类型、物性特征进行评估，并对储层的导热性、导水性进行评价，预测热储平面及空间分布，建立热储地质模型。

（3）明确热储层的地层压力、压力梯度及压力系数，确定热储层的压力系统。

（4）描述地热水的矿化度、类型、离子成分、硬度、pH、水质类型等，对地热水的质量、腐蚀性、结垢性和用途进行分析和评价。

（5）确定热储层厚度、温度、有效空隙率、岩石密度、岩石和水的平均热容量、基准温度、压缩系数、回收率等参数，采用热储法计算地热资源量和地热流体资源量。

（6）分别计算热储中的地热流体可开采量和可利用的热量。利用理论计算、地热勘查井的测井数据或已有地热井的井口出水测量资料，预测地热井井口出水温度和地热井产水量。

（7）说明回灌目标层的基本情况，包括岩性特征、物性特征、透水性能，预测回灌压力、回灌比例。

综合以上论述，对储层的特征、地热流体可开采量和可利用的地热资源量等进行总结归纳，明确地热资源量及其是否满足需求。

2. 热源分析

依据地热资源评价结论，选定地热流体单井的设计流量和温度，结合应用工艺，估算单井的供热能力，并根据热需求量确定地热开采井的数量。同时，依据地热资源评价中的回灌条件，以科学开发、可持续利用为目标原则，确定地热回灌井的数量。按照相关部门的政策规定，一般情况下，应根据回灌能力来确定资源的开采量。

3.2.2 技术方案比选

1. 设计方案评价和比选的原则

地热能开发利用建设项目的可行性研究阶段,应对设计方案进行系统的设计分析,计算项目的效益和费用,对项目的建设必要性、技术可行性、经济合理性、投资风险性等进行全面的评价,并通过多方案比选推荐最佳方案,以此作为寻求合理的经济和技术方案的必要手段。设计方案的评价和比选应以资源为基础、以市场需求为导向、以环境为制约,从而选定合理的方案,并应遵循以下原则:

(1) 地热能开发利用建设项目的设计方案评价和比选,应协调好技术先进性与经济合理性的关系,即在满足设计功能和采用合理先进技术的前提下,尽可能降低投入。

(2) 地热能开发利用建设项目的设计方案评价和比选,除了考虑一次性建设投资的比选外,还应考虑项目运营过程中的费用比选,即进行项目全生命周期的总费用比选。

(3) 地热能开发利用建设项目的设计方案评价和比选,应兼顾近期与远期的要求,即建设项目的功能和规模应根据国家和地区远景发展规划,适当留有发展余地。

(4) 地热能开发利用建设项目的设计方案评价和比选,应参照当地环境政策的相关要求,严格确保设计方案与环境保护政策相适应。

2. 设计方案评价和比选的内容

地热能开发利用建设项目设计方案比选的内容,在宏观层面包括建设规模、场址选择、系统设计、供能方案等方面;在微观层面包括项目总平面布置、主体工艺流程选择、主要设备选型等方面;在细节层面则包括工程设计标准、构筑物的结构形式、工艺流程等方面。在设计方案评价和比选过程中,一般应以实际建设工程为对象,通过对比主要技术经济指标,确定合理的设计方案。

3. 设计方案评价和比选的方法

地热能开发利用建设项目的多方案整体宏观评价和比选,通常从技术和经济两个主要方面进行。

1) 技术评价和比选:一般应成立技术比选小组或专家组,从技术的可行性及安全性方面进行比选、评价。技术可行性主要包括技术先进性、环境适应性和方案、设备的可控性等方面。技术先进性的评价和比选主要从工艺系统设计理念的先进性、主要设备的先进性以及控制系统的先进性等几个方面进行,通常采用定性分析和定量分析相结合的方法。环境适应性和设备的可控性主要从工艺系统及主要设备的适用情况、控制系统与主要设备的匹配情况、辅助系统的设计等方面进行,结合项目的实际情况通过定性分析和具体的定量计算,判断设计方案的适用性。

2）经济评价和比选：主要采用投资回收期法、计算费用法、净现值法、净年值法、内部收益率法,或同时使用上述几种方法。地热能开发利用建设项目本身的局部多方案的评价和比选,除了可用上述宏观方案比较方法外,一般还采用价值工程原理或多指标综合评分法(对参与评价和比选的设计方案设定若干评价指标,并按其各自在方案中的重要程度给定各评价指标的权重和评分标准,计算各设计方案的加权得分的方法)进行比选。

在项目设计阶段,多方案比选多属于项目本身的局部方案比选,或者是更具体且更小的方案比选。一般采用造价额度法、运行费用法、净现值法、净年值法进行比选。对于极特殊、复杂的方案比选,则采用综合的财务评价方法。

下面简单地介绍造价额度法、运行费用法、净现值法。

(1) 造价额度法：甲方案工程造价为 A,乙方案工程造价为 B;如果 $A>B$,则选择乙方案。

(2) 运行费用法：甲方案年运行费用为 A,乙方案年运行费用为 B;如果 $A>B$,则选择乙方案。

(3) 净现值法：甲方案工程造价为 A、年运营费用为 N、年销售收入为 P;乙方案工程造价为 B、年运营费用为 M、年销售收入为 Q,计算期为 n 年。

$$\text{甲方案的净现值} = -A + \sum (P - N)/(1 + i)^n \tag{3-1}$$

$$\text{乙方案的净现值} = -B + \sum (Q - M)/(1 + i)^n \tag{3-2}$$

式中,i 为折现系数。

假定,投资于期初发生,第一年即可实现收入,如果乙方案净现值<甲方案净现值,则选择甲方案;如果乙方案净现值>甲方案净现值,则选择乙方案。

4. 设计方案评价和比选应注意的问题

对设计方案进行评价、比选时需注意以下几点：

（1）工期的比较。工程施工工期的长短涉及管理水平、投入劳动力和施工机械的配备情况，因此应在相似的施工资源条件下进行工期比较，并应考虑施工的季节性。由于工期缩短使得工程提前竣工交付使用所带来的经济效益，应纳入分析评价范围。

（2）采用新技术的分析。设计方案采用某项新技术，通常在项目早期经济效益较差，因为生产率的提高和生产成本的降低需要一段时间熟悉新技术后方可实现。因此，在进行设计方案技术经济分析评价时，应预测其经济效益，不能仅因当前的经济效益指标较差而限制新技术的采用和发展。

（3）对系统功能的分析评价。对系统功能的分析评价是技术经济评价内容中不可或缺但又常常被忽视的一个指标。必须明确，比较对象应在相同功能条件下才具有可比性。当参与对比的设计方案功能项目和水平不同时，应对其进行可比性换算，使之满足以下几个方面的可比条件：① 需求可比；② 费用消耗可比；③ 价格可比；④ 时间可比。

5. 设计方案评价和比选对工程造价确定及控制的影响

地热能开发利用建设项目受资源、市场、建设条件等因素的限制，拟建项目可能存在建设场址、建设规模、系统设计方案、所选用的工艺流程等不同的多个整体设计方案。在一个整体设计方案中，同样可能存在场地总平面布置、建筑结构形式、系统设计形式等不同的多个设计方案。显然，不同的设计方案在工程造价及运行成本上各不相同。利用价值工程的原理对多个不同设计进行全面的技术经济评价分析，可以为项目投资决策者提供比选意见，帮助他们选择最合理的设计方案。这样，才能确保项目在经济合理的前提下实现技术先进、经济合理，为合理确定和有效控制工程造价提供前提和条件，最终达到提升项目建设投资效果的目的。对于已确定的设计方案，造价工作人员可以依据相关技术经济资料进行评价，提出优化设计的建议与意见。通过优化设计和深化设计，可以使技术方案更加经济合理，确保工程造价得到合理的确定和有效的控制。

3.2.3 项目详细财务评价

在这个阶段，投资方已经对项目进行了细致考察，已经签署了意向协议或正式协议。项目的边界和细节已经非常明确，技术方案也已经确定，或者需要通过详细财务评价,从不同的技术方案中选出最优方案,已经具备了进行详细财务评价的条件。

详细财务评价是将初步评价的内容进一步细化,用确定的数据替代前期的粗略估算。通过编制的财务报表,可以得到更准确的财务评价数据,进而分析项目的盈利能力、偿债能力和财务生存能力等。

财务评价中最重要的报表是现金流量表,它反映了计算期内的真实现金流情况。大多数经济指标的计算都以现金流量表中的净现金流量为依据,这是项目投资方在决定是否进行项目投资前最应关注的内容。根据现金流量表,项目投资方可以清晰地规划资金筹措,确保项目建设、运营期间不会出现资金链断裂的风险。同时,对于项目债权融资方来说,首先关注的也会是现金流量表,因为债权期间还本付息的具体方案设计,都需要基于项目运营期的现金流来制定。

其他财务报表大多直接或间接地辅助现金流量表。例如,投资估算表和利润表,投资估算表详细说明了建设期总投资的具体构成,而利润表则阐述了运营期的收入、成本、净利润和纳税情况。还有一些更为辅助性的财务报表,例如成本费用表,它用于详细说明利润表中的成本构成;借款还本付息估算表则用于支持计算资本金经济性指标时所需的财务费用,以及资本金现金流量表中的筹资流出等数据。在项目较为简单的情况下,一些辅助性的财务报表可以合并。

全投资现金流量表(表 3－1):(2.1)项投资一般是建设期一次性支出,大致对应投资估算表中的总投资。需要注意的是,如果建设期延长,可能会延续到运营期,并产生持续的支出。(1)项现金流入应考虑项目的实际现金流情况。在某些地区,可能会出现配套费用及补贴拖欠的情况,因此应考虑实际到账时间。此外,对于供暖项目的运营期收入和成本,需要仔细考虑用户的入住率和缴费率。对于新交房的居民小区,应设定合理的入住率逐年上升的速度。(2.2)项经营成本可与单独的成本费用辅表相对应,包括运营期的各项实际支出,如水电费、人工成本、日常维修费用、地下水资源使用费等相关矿产资源费用等。需要注意的是,这里不包括折旧摊销(非实际现金流出)和财务成本(因为全投资现金流量表不考虑融资)。(2.3)项增值税及附加,由于供暖属于民生行业,可能会有国家和地区的增值税及附加税减免优惠政策。(2.4)项所得税,也可能享受地区减免优惠政策,这一项对应利润表中的所得税支出。全投资现金流量表不包含与还本付息相关的支持信息,不考虑融资方案,主要是用于独立评估项目自身的财务状况。

表 3-1 全投资现金流量表

序号	名　称	建设期	运　营　期			
		0	1	2	…	30
(1)	现金流入	0	(1)=(1.1)+(1.2)+(1.3)+(1.4)			
(1.1)	供暖费收入					
(1.2)	配套费收入					
(1.3)	补贴收入					
(1.4)	其　他					
(2)	现金流出	(2)=(2.1)	(2)=(2.2)+(2.3)+(2.4)			
(2.1)	投　资					
(2.2)	经营成本					
(2.3)	增值税及附加					
(2.4)	所得税					
(3)	净现金流	(3)=(1)-(2)				
(4)	累计净现金流					

资本金现金流量表(表 3-2)用于评估股东实际投入资本金的盈利能力。与表 3-1 相比,有以下几点差异:(2.1)项仅代表资本金流出部分,这通常占项目总投资的 30%左右;(2.2)项经营成本中包含了利息支出等财务成本;现金流出还应包括债券还本的(2.5)项。

利润表(表 3-3):成本费用除经营成本外,还包括财务成本和折旧摊销。利润表主要用于计算(7)项所得税[对应表 3-1 和表 3-2 中的(2.4)项],并附带计算(2.4)项增值税及附加[对应表 3-1 和表 3-2 中的(2.3)项]。增值税及附加有时会通过单独的辅表计算得出,这是考虑了增值税进项与销项抵扣后的净支出。

表 3－2　资本金现金流量表

序号	名　称	建设期	运　营　期			
		0	1	2	…	30
(1)	现金流入	0	(1)=(1.1)+(1.2)+(1.3)+(1.4)			
(1.1)	供暖费收入					
(1.2)	配套费收入					
(1.3)	补贴收入					
(1.4)	其　他					
(2)	现金流出	(2)=(2.1)	(2)=(2.2)+(2.3)+(2.4)+(2.5)			
(2.1)	资本金支出					
(2.2)	经营成本					
(2.3)	增值税及附加					
(2.4)	所得税					
(2.5)	债券还本					
(3)	净现金流	(3)=(1)-(2)				
(4)	累计净现金流					

投资估算表(表 3－4)：主要根据实际情况预估总投资的各个细分部分的金额。与其他供暖形式相比,地热项目由于需要打井,其建筑工程费用所占比例较高。

通过现金流量表的逐年净现金流,可以计算出内部收益率、投资回收期、净现值等基本的财务评价指标。其他不确定性分析、敏感性分析、偿债能力分析等,也都可以基于表中的数据方便地进行。

表3-3 利润表

序号	名称	运营期			
		1	2	…	30
(1)	收入	(1)=(1.1)+(1.2)+(1.3)+(1.4)			
(1.1)	供暖费收入				
(1.2)	配套费收入				
(1.3)	补贴收入				
(1.4)	其他				
(2)	成本费用	(2)=(2.1)+(2.2)+(2.3)+(2.4)			
(2.1)	经营成本				
(2.2)	财务成本				
(2.3)	折旧摊销				
(2.4)	增值税及附加				
(3)	营业利润	(3)=(1)-(2)			
(4)	营业外收入				
(5)	营业外支出				
(6)	税前净利润	(6)=(3)+(4)-(5)			
(7)	所得税	(7)=(6)×所得税率			
(8)	税后净利润	(8)=(6)-(7)			

表3-4 投资估算表

序号	名称	建筑工程费用	设备购置费用	安装工程费用	其他	合计
(1)	工程费用					
(1.1)	井					

续表

序号	名　称	建筑工程费用	设备购置费用	安装工程费用	其他	合　计
(1.2)	换热站					
(1.3)	管网					
(1.4)	……					
(2)	其他费用					
(2.1)	土地					
(2.2)	工程设计咨询					
(2.3)	监理					
(2.4)	生产准备费					
(2.5)	……					
(3)	不可预见费用					
(4)	总投资					(4)=(1)+(2)+(3)

3.3　项目立项和审批

3.3.1　项目立项报告编制要点

在地热产业项目开发过程中，应及时进行立项报告的编制工作。立项报告应主要包括以下内容：建设项目概况、建设必要性、地热资源评价、需求分析（供热或电力）、合规性文件、自然环境条件（地形、交通、气象、水文）、技术方案（地热井及工艺系统）、投资估算、经济性分析等方面。在完成前期地热资源勘查后，地热能项目应先行编制勘查实施方案，然后再据此进行立项报告的编制。

1. 建设项目概况及建设必要性

建设项目概况主要包括项目的建设依据、建设目标以及建设内容与规模等信息，以提供一个全面的项目总体概述。

建设必要性的分析主要从项目所处的环境（例如行业政策、清洁能源需求）和项目开展的必要性（例如促进环保低碳发展、满足能源需求、改善民生）等方面进行。重点应当是对项目内外部环境的影响进行深入分析与论证，阐明项目建设的经济效益和社会效益。对于地热发电和地热供暖项目，应分别从以下方面进行分析。

（1）地热供暖项目

① 项目所在地区的经济社会发展状况：应从地区经济增长、人均生产总值、规模以上工业增加值、城镇及农村居民可支配收入、常住人口等方面详细阐述当地的经济社会发展状况。

② 项目所在地区集中供暖现状：需要分析当地是否属于强制供暖区，区域内的城镇集中供暖规模、主要供热企业、主要热源形式，以及未来可能的新增供暖需求等方面。

③ 项目所在地区的气候、地形、交通条件：应从气候、地形、交通等条件出发，阐述当地开发建设地热供暖项目的可行性及其有利因素。

④ 项目所在地区城市发展规划或城镇化建设规划：根据当地近期的城市发展规划或城镇化建设规划，研究并分析未来可预期的新增供暖需求以及由此带来的项目潜在规模。

⑤ 产业配套政策环境：应梳理并分析项目所在地区的城镇集中供热管理条例或管理办法中与供热项目相关的要求，以及地方政府对于开发清洁供暖项目的政策支持情况。特别是当地的集中供暖配套费及供暖费价格政策，这些因素对项目经济性分析具有重要影响。同时，也需要关注当地对于地热资源开发、矿权办理等方面的管理方式及要求。

⑥ 经济效益与社会效益：应从实现绿色发展、低碳发展的需求出发，科学合理地开发利用地热资源，并从建设能源基础设施服务于经济发展、社会民生等方面，详细阐述项目建设的必要性。

（2）地热发电项目

① 项目所在地区经济社会发展状况：应从地区经济增长、人均生产总值、规模以上工业增加值、城镇及农村居民可支配收入、常住人口等方面，详细阐述当地的经济社会发展状况。

② 电力供求现状：需要从近三年地区用电量情况、电力负荷分布以及区域电源供应状况等方面，研究分析当地电力供求现状。在此基础上，分析研究新增电力需

求,并预测未来可预期的电力需求增长情况。

③ 项目所在地区的气候、地形、交通等情况：应从气候、地形、交通等方面的条件出发,阐述当地开发建设地热发电项目的可行性及其有利因素。

④ 产业配套政策：应梳理和分析国家及当地政府关于可再生能源电力的扶持和消纳的配套政策或管理办法。这包括具体的可再生能源开发投资财政补贴、电价补贴等配套扶持政策。同时,也要关注项目所在地对于地热资源开发、矿权办理等方面的管理方式及要求。

⑤ 经济效益与社会效益：应从实现绿色发展、低碳发展的需求出发,科学合理地开发利用地热资源。同时,从建设能源基础设施服务于经济发展、社会民生等方面,详细阐述项目建设的必要性。

（3）勘查实施方案的编写

地热资源勘查实施方案是申请地热资源探矿权新立、延续、变更(如扩大勘查范围、变更勘查矿种)的重要依据。报告内容应在充分论述地热地质条件、勘查工作部署、工作方法手段、技术要求等基础上,明确提出经费预算、保障措施和预期成果等。勘查实施方案应包括以下内容：

① 绪言：主要编写项目的基本概况、勘查目的和任务、勘查区的地理位置、交通及经济情况等。

② 勘查区以往工作情况：主要编写勘查区以往的地质工作和地热勘探成果,包括已完成的勘查工作和取得的成果。

③ 勘查区地质情况：主要编写区域地质及构造背景、勘查区所在区域的构造与地层特征、勘查区的地热地质条件、物探工作及其解译成果、地热井成井的可能性及风险性、拟定井的地质参数等。

④ 勘查工作部署：主要编写总体工作部署、年度工作安排、地热井施工设计及布局等。

⑤ 主要工作方法手段及技术要求：主要编写施工场地及机械设备、地热井钻探施工、地质录井、下管技术要求、固井方法及技术要求、洗井方法及技术要求、地热流体与岩土实验分析、地热井产能测试、施工质量要求等。

⑥ 经费预算：主要包括预算编制的依据和凿井预算的明细。

⑦ 预期成果：主要为地热井勘查成果、勘查报告及其附图、附件。

⑧ 保障措施：包括组织管理及人员组成的分工、经费保障措施、质量保障措施、

安全保障措施。

⑨ 结论、风险及建议：报告的结论部分应总结勘查工作的主要发现和建议，同时评估潜在风险，并提出相应的建议。

报告主要附图包括：勘查区构造纲要图、勘查区地质图、勘查区实际材料图、勘查区工作成果图、拟定井孔位布置图、施工现场工程布置平面图。

报告主要附表包括：施工组织进度计划表、地热钻井设计书、地热勘查委托书、资信证明、编制单位技术审查表。

2. 地热资源评价

对于拟开发的地热资源，应当做好目标区域的资源分析评价。这需要从区域地质背景、地形地貌、地质构造特征、水文地质情况、储层参数、资源可开采量以及回灌可行性等方面，对地热资源进行分析评价，以此作为项目立项的重要技术依据。同时，应重点关注储量、水温、水量、矿化度和回灌难度等关键点。应尽可能搜集项目所在区域已有地热井的技术资料，通过这些资料来分析判断区域的地热资源情况，以降低项目开发的盲目性。此外，根据项目的实际情况，适当考虑开展一定的勘查投资，通过地表勘查和试验井（探采结合）的方式，进一步判定资源情况，以作为项目立项的依据。

3. 需求分析

（1）地热供暖项目

地热供暖项目的直接收益来源于供暖市场，因此，对供暖市场用户侧的分析是项目立项的关键。近年来，随着人民生活水平的不断提高，冬季供暖已成为我国北方大部分地区的普遍需求。结合市场开发经验，用户侧分析应主要关注以下内容：

① 项目所在区域

我国北方传统集中供暖区域的居民有长期冬季用热的习惯，该区域居民已将冬季用热视为生活必需服务之一，缴费习惯良好，同时相关政策配套较为完善。近年来，受城市供热热源缺口限制，该区域部分新建建筑无法接入供热系统，但居民用热的需求依然强烈。

除传统供暖区以外的部分地区（如河南、山东南部、江苏北部、浙江、湖南、四川）冬季气温较低，城市居民对冬季供暖的需求日益增长。然而，由于这些地区无供热传统，居民建筑内普遍没有安装供热末端，居民用热习惯和缴费习惯需要一定时间培养，政府相关配套政策也需要逐步完善。在这些地区的项目应重点关注用户的实际情况。

② 用户实际情况

居民：需要关注居民建筑物的节能情况、小区公共设施配套费用的缴纳情况、小区入住率、居民户内供热末端的安装情况等。对于非集中供暖区的居民用户，还需关注小区大部分业主的收入情况、过往的用热意向等。

公建：应关注公建单位的性质、改造及用能费用的资金计划及来源、单位的决策体系、是否已签署意向协议等因素。

（2）地热发电项目

对于拟开发的地热发电项目，需要梳理和分析项目所在省份的电力基本情况，包括电网主干线路情况、现有电力装机情况、上一年度的电力生产情况及未来电力需求的预测分析、电源建设规划情况等，通过对地区经济发展情况的分析和预测，可以判断未来区域电力需求的增长情况，为项目立项提供依据。

4. 合规性文件

由于项目建设类型的不同，各地方政府在产业配套政策上会有所差异，项目技术方案的不同也会导致发电和供暖项目在合规性要求上有所区别。以下是两类项目应取得的合规性文件的具体内容：

（1）地热供暖项目（一般涉及市政管线）应取得的合规性文件包括但不限于：

① 企业投资项目备案证明；

② 项目环境影响评价报告；

③ 供暖许可/特许经营权或其他政府允许供热文件；

④ 水资源论证报告；

⑤ 项目用地预审意见、用地规划、用地协议等；

⑥ 市政工程施工许可证；

⑦ 项目管线路由规划许可等。

（2）地热发电项目应取得的合规性文件包括但不限于：

① 企业投资项目备案证明；

② 项目环境影响评价报告；

③ 接入系统及并网意向协议文件；

④ 项目选址、用地预审意见、用地规划、用地协议等；

⑤ 水资源论证、水土保持方案等；

⑥ 地质灾害、压覆矿产评估等；

⑦ 地震安全性、雷击风险评估、航空影响、军事设施影响等；

⑧ 节能评估、职业病危害评价、安全预评价等。

5. 自然环境条件

自然环境条件的分析应详细阐述拟开发项目所在区域的环境适宜性。需要从地形、交通、气象、水文等方面，评估当地的自然条件是否满足地热产业项目开发所需的相关基础条件，并说明当地条件的现状及其对项目的影响。

6. 技术方案（地热井及工艺系统）

在地热产业项目的开发立项过程中，技术方案是一个关键部分，需要详细论述。这包括地热井的勘探方案、井位布置、钻井方案、回灌方案、运行监测以及发电和供暖的工艺系统方案等内容。

7. 投资估算

项目投资估算部分应从工程费用、工程建设其他费用、财务费用等三个方面进行投资估算分析，从而得出项目的投资总额以及设计、建设、运营等分阶段的投资额，为项目的经济性分析提供依据。

8. 经济性分析

在用户需求、技术方案、运营方案、投资估算等均已明确的前提下，应按照《建设项目经济评价方法与参数》的规范要求，进行项目的经济性分析测算。评价期限通常为20~30年，需要从收入测算、成本测算、贷款利息、应纳税额、设备折旧以及管理费用等多个方面，进行项目的财务评价分析。此外，还应包括盈亏平衡分析、敏感性分析和国民经济评价，以全面评估项目的经济效益。

3.3.2 项目立项审批

项目立项审批分为内部审批和外部（政府）审批。

内部审批一般应由企业内专业的团队或人员开展，必要时可委托第三方咨询机构进行项目评审，为项目立项决策提供支持。

外部（政府）审批是依据《中华人民共和国行政许可法》《企业投资项目核准和备案管理条例》等相关法律法规进行审批、核准或备案。审批类一般指政府投资的项目和使用政府性资金的企业投资的项目；核准类一般指企业不使用政府性投资的重大项目和限制类项目；备案类一般指企业投资的中小项目。地热投资项目应根据项目性质、投资主体、使用资金性质等因素综合确定项目所属类型。

项目立项审批过程中，应重点关注项目建设的必要性、资源情况、技术可行性、收益测算模型的边界条件等方面。

1. 建设必要性

项目建设必要性主要从企业战略发展、项目经济效益、项目社会效益等角度综合考虑。需要特别注意的是，地热项目具有前期投资大、后期现金流稳定的特点。针对地热项目的这一投资特点，在项目立项审批时，应充分考虑企业未来发展规划及预测企业未来一段时间内的现金流状况，确保项目投资与公司整体经营和发展情况相适应、匹配，尽量避免超前投资与无效投资。

2. 资源情况

与石油、天然气、煤炭等化石资源相比，地热资源的后期收益与前期需投入的勘查费用比值远不及化石资源。在资源勘查过程中，应尽可能利用现有资料，尽量减少资源勘查的投入。同时，应利用多种方法，努力探明热储层的厚度、热储层的温度、地热流体的可回收率等关键指标。

3. 技术可行性

地热项目开发作为一种新兴的能源利用方式，具有投资数额大、投资风险高的特点。因此，在技术选择上，应充分选择现有且成熟的技术。除非是具有推广或研究意义的示范项目，一般情况下不宜采用尚未得到工程验证的技术方案或设备。

4. 收益测算模型的边界条件

地热能开发利用的最终商品是热能或电能。商品价格和销售渠道是最难以确定的条件，也是影响项目收益率测算准确性的最关键因素。以地热能供暖项目为例，地方政府是否出台过清洁能源供暖的相关优惠政策、政策的落实情况、当地居民和用户的用热习惯、当地政府确定的供暖价格及其确定方式、当地的城市化水平等，都是需要详细落实的边界条件。在立项审批阶段，应做好这些功课，以避免因预测不准确而导致项目产生误判。

3.4　项目公司组建

项目公司是为了项目建设和生产经营而由项目发起人注册成立的独立经营、自负盈亏的经营实体。一般而言，项目公司直接参与项目投资和项目管理，直接承担项目债务责任和项目风险。通过项目公司的设立,可以有效地隔离投资及建设运营风险,确保投资人的资金安全和建设运营的稳定。一般来说,各地方政府对于项目投资,尤其是能源类项目投资,有较为明确的设立属地化项目公司的要求。独立的法人结构和属地化的管理方式可以便捷地在地方开展工作,有助于降低项目管理和运营成本,从而有效地促进地方经济发展和增加地方税收。

3.4.1 项目公司设立

1. 项目公司设立所需材料

(1) 公司登记(备案)申请书;

(2) 公司章程(全体股东签名或盖章),集团有限公司还需提交集团章程(集团成员企业签名或盖章);

(3) 公司法定代表人、董事、监事、经理的任职证明;

(4) 公司住所使用证明;

(5) 企业名称预先核准通知书;

(6) 股东会决议(全体股东签名或盖章)、董事会决议(全体董事签名)、监事会决议(全体监事签名)。

注:对于法律、行政法规规定必须报经审批的项目或内容,需准备相关其他资料。

2. 项目公司设立办理流程

(1) 确定项目公司名称后,前往市场监督管理部门进行核名,检索是否有重名。若无重名,可领取“企业(字号)名称预先核准通知书”。若注册名称有特殊要求,应前往有权机关办理。

(2) 通过租房或购房等方式取得合法稳定的居所,并办理合法住所(经营场所)使用证明。注意,住所使用期限不得少于一年。

(3) 编写并确定“公司章程”,公司章程应由所有股东签名。

(4) 前往银行开立公司验资账户,进行验资。

(5) 注册公司时,需前往市场监督管理部门领取并填写公司设立登记的相关表格。市场监督管理部门受理后 3 个工作日可领取营业执照。

(6) 凭借营业执照,前往公安局指定的刻章社制作公司公章、财务章等。

(7) 办理企业组织机构代码证、开设银行基本账户、办理税务登记、申领发票。

（8）开始营业，并定期向税务机关申报纳税。

项目公司设立后，即可以项目公司名义开展各项项目准备工作。一般应重点关注项目特许经营权的签署以及项目融资方案的设计工作。

3.4.2　项目特许经营权签署

特许经营权是指由权力当局授予个人或法人实体的一项特权，本书主要指由政府机构授权，准许特定企业使用公共财产，或在一定地区享有经营某种特许业务的权利。

2004 年发布的《市政公用事业特许经营管理办法》明确指出，城市供水、供气、供热、公共交通、污水处理、垃圾处理等行业，依法实施特许经营的，适用本办法。为鼓励和引导社会资本参与基础设施和公用事业的建设和运营，国家发展和改革委员会等六部委于 2015 年颁布了《基础设施和公用事业特许经营管理办法》（以下简称《管理办法》）。《管理办法》明确，县级以上人民政府有关行业主管部门或政府授权部门可以根据经济社会发展需求，以及有关法人和其他组织提出的特许经营项目建议等，提出特许经营项目实施方案。县级以上人民政府应当授权有关部门或单位作为实施机构，负责特许经营项目的实施工作，并明确具体授权范围。实施机构根据经审定的特许经营项目实施方案，应当通过招标、竞争性谈判等竞争方式选择特许经营者。对于特许经营项目建设运营标准和监管要求明确、相关领域市场竞争比较充分的，应当通过招标方式选择特许经营者。实施机构应当在招标或谈判文件中明确是否要求成立特许经营项目公司。

实施机构应当公平、公正地选择具有相应管理经验、专业能力、融资实力以及良好信用状况的法人或其他组织作为特许经营者。鼓励金融机构与参与竞争的法人或其他组织共同制定投融资方案。实施机构应当与依法选定的特许经营者签订特许经营协议。若需要成立项目公司，实施机构应当与依法选定的投资人签订初步协议，约定其在规定期限内注册成立项目公司，并与项目公司签订特许经营协议。

特许经营协议应当主要包括以下内容：

（1）项目名称和内容；

（2）特许经营方式、区域、范围以及期限；

（3）项目公司的经营范围、注册资本、股东出资方式、出资比例、股权转让等事项；

（4）提供的产品或服务的数量、质量和标准；

（5）设施权属，以及相应的维护和更新改造责任；

（6）监测和评估机制；

（7）投融资的期限和方式；

（8）收益获取方式，价格和收费标准的确定方法及调整程序；

（9）履约担保措施；

（10）特许经营期内的风险分担机制；

（11）政府的承诺和保障措施；

（12）应急预案和临时接管预案；

（13）特许经营期限届满后，项目及资产的移交方式、程序和要求等；

（14）变更、提前终止及补偿条款；

（15）违约责任规定；

（16）争议解决机制；

（17）需要明确的其他事项。

一般而言，供热项目的特许经营协议经营期限不超过30年。特许经营可采用多种模式，较为常见的有BT（建设-移交）、BOT（建设-经营-移交）、BOOT（建设-经营-拥有-移交）等。

3.4.3 项目融资方案设计

项目资金的筹措通常在项目立项阶段就开始考虑，并贯穿项目开发投资的全过程。

项目的全投资由资本金和债务资金两部分构成，资本金一般占20%～30%，有时甚至更高，而债务资金通常占70%～80%。例如，对于一个总投资为1亿元的项目，理想情况下资本金应为2000万～3000万元，债务资金则为7000万～8000万元。资本金是由股东实际出资并注入项目公司的，而债务资金则是债权方以一定的风险控制条件贷款给项目公司的。

1. 项目债权融资

供暖类项目的主要债权融资渠道包括银行、融资租赁和信托等，各种融资渠道各有优势和劣势。债权方通常会从项目本身、母公司以及实际控制人等多个角度，进行全面的风险控制评估，以判断项目的可融资性。不同债权方的关注重点略有不同，但普遍需要对项目的合规性、现金流风险、母公司的经营和负债状况、实际控制人的背景等信息进行细致考察，以对风险进行综合把控，并制定相应的风险控制措施。常见的融资门槛包括实际控制人具有良好的诚信记录、无失信行为、无涉足高利贷等不良行为；母公司成立三年以上、运营状况良好、财务健康、无金融纠纷、无重大诉讼案件、主营业务清晰等；项目公司需具备完整的合规文件，融资额度应在母公司及实际控制人的承受范围内等。常见的风险控制措施包括对项目公司的股权、收益权、资产等进行抵押或质押，以及要求母公司及实际控制人提供连带责任担保等。

银行贷款的最大优势在于成本较低，但其风险控制较为严格，对项目的审批要求较高。取得建设期项目贷款的流程周期较长，可能会出现贷款审批时间不可控、影响工程进度等问题。对于供热类项目，银行较为常规的支持方式是在项目建成运营一段时间后，以项目的收益权等为质押提供贷款。

融资租赁是一种匹配项目自身资质和资金需求的融资方式。当项目自身风险可控、投资主体资信较好时，即便是中小型民营企业，也能在建设期完成项目的债权融资。通常，融资租赁的期限以 3~6 年为主，这基本上能与投资回收期相匹配，还款方式与时间相对灵活。一般会设定为按季等额本息还款，同时需要根据项目自身的现金流情况来确定还款时限。例如，对于供暖项目，由于每年只在供暖季有现金流入，可以设置在供暖季多还款、非供暖季少还款或仅还利息；如果项目有配套费用，还可在前两年安排 1~2 次较大额的集中还款。融资租赁的审批时间较短，通常在两个月左右。融资租赁的可融额度较高，一般可达总投资的 70%左右。融资租赁已成为供暖项目中较为常见的融资方式之一。其缺点是资金成本较高，综合年化成本普遍比银行贷款高出 3%~5%。

表 3-5 展示了供暖项目建成稳定运营后，租赁公司提供的典型回租方案。该项目的基本情况如下：某民营供暖公司负责为某县城的特定区域供暖，并拥有特许经营协议。总供暖面积为 100 万平方米，全投资额为 1 亿元，已稳定运行 3 年。固定资产净值为 7000 万元，配套费用已全部收取，供暖季的运营净现金流约为 1000 万元。短期内预计无新增供暖面积，公司希望融资后用于其他项目的建设。

表 3－5　某典型项目融资方案

融资主体	项　目　公　司
额　度	4000 万元
资金用途	用于建设新项目
年　限	5 年
成　本	名义利率 6%~9%；适当收取保证金、服务费等
还款方案	不规则还款方式：按季还本付息，供暖季多还，非供暖季少还
担保措施	项目公司股权、收益权质押，设备抵押；母公司及实际控制人夫妇担保

实际上，项目真正缺乏资金的时间是建设期，但地热供暖项目在建设期的融资租赁存在两个难点，这使得建设期的融资并不常见。第一，融资租赁的标的通常是设备资产，而地热项目的投资中有 50%甚至更多是用于打井工程，纯设备投资的比例相对较低。因此，债权方要么等待项目建成后再针对整个供暖系统进行融资，要么在建设期提供的融资额度较低，这无法满足项目的资金需求，使得融资方案缺乏吸引力。第二，地热项目的经济性能否达到预期，取决于开采井的出水能力和回灌井的回灌能力是否与预期相符，而这些信息只能在成井之后才能最终确定。也就是说，在建设期存在明显的建设效果不达预期的风险，这种风险是债权方不愿承担的。

2. 非上市民营主体融资建议

央企、国企以及上市公司在市场上的认可度较高、融资渠道畅通，它们通常能够依靠自身主体从银行、二级市场等渠道获得成本较低的债权资金，因此也是金融机构主动寻求合作的对象。

非上市民营企业进行融资时则会面临更多挑战，例如担保能力较弱、财务管理不规范、实际控制人对融资的理解和认识不足等问题。即便融资成功，也可能因为项目风险控制不力、自身实力较弱而面临还款困难，甚至出现实质性逾期的情况。

对于非上市民营企业投资供暖等能源类项目，建议最好拥有稳定经营的设备销售板块、工程建设和施工（EPC）板块等，以提供现金流支持。在常规业务板块运营正常的情况下，可以先利用自有资金投资几个小规模的供暖运营项目，从而深入理解此类项目的风险和难点，并逐步建立运营团队。在此基础上，再逐渐投资规模较大的项目，并尝试进行项目债权融资。对于债权方而言，此时介入相对较为容易，因为投资方已经具备项目开发、建设、运营的经验和团队，同时拥有其他稳定的业务板块作为现金流支撑，能够承担该项目发展不如预期时的风险。

另有一些民营企业专注于投资和运营类项目。对于背景不够深厚、实力较弱的民营企业来说，通常需要股东自行筹集资金来完成项目的开发，并稳定运营多个项目至少 2~3 年后，再通过存量项目贷款来盘活存量资产，将融得的资金投入新的项目中，待公司规模扩大后再尝试突破项目建设期的融资难题。

总之，非上市民营企业的发展和对外融资，应首先追求稳健，做好自身的风险控制，确保融资规模与公司的发展规模和发展速度相匹配，能够承受项目未能达到预期时的现金流断裂风险。只有这样，才能借助外部资本的力量实现快速、健康且可控的发展。

3.5　项目合规性管理

3.5.1　地热资源矿权办理

地热资源是指能够经济且合理地开采出来的那部分热能，这种热能储藏于地球内部，存在于岩石和地下热流体（包括液态和气态）中。根据地热在地下存在的形式，可将其分为热水型、蒸汽型、地压型、岩浆型和干热岩型五种。其中，我们常见的热水型地热资源约占地热能量的 20%，地下热水中的水仅是地热能的载体。根据《中华人民共和国矿产资源法实施细则》，地热资源属于能源矿产类别。

根据《中华人民共和国宪法》和《矿产资源法》的规定，矿产资源属于国家所有。因此，若要开展地热资源的勘探和开采活动，必须依法取得相应的勘查许可权证（探矿权）和开采许可权证（采矿权）。在地热资源风险勘查阶段，需要取得的主要是探矿权。

依据《矿产资源法》、《矿产资源法实施细则》（国务院 152 号令）、《矿产资源勘查区块登记管理办法》（国务院 240 号令）、《探矿权、采矿权转让管理办法》（国务院 242 号令）等文件的要求，探矿权可通过以下方式获得：直接向国家申请；参加招标、拍卖、竞价等方式；市场转让行为。

1. 直接向国家申请获得

一般来说,在地热资源勘查空白区(即从未进行过勘查工作,且地表没有地热显示的区域,也被称为地热勘查盲区),勘查活动存在较大的风险和不确定性。在这种情况下,可以采取直接申请的方式获得探矿权。申请流程见图3-2。

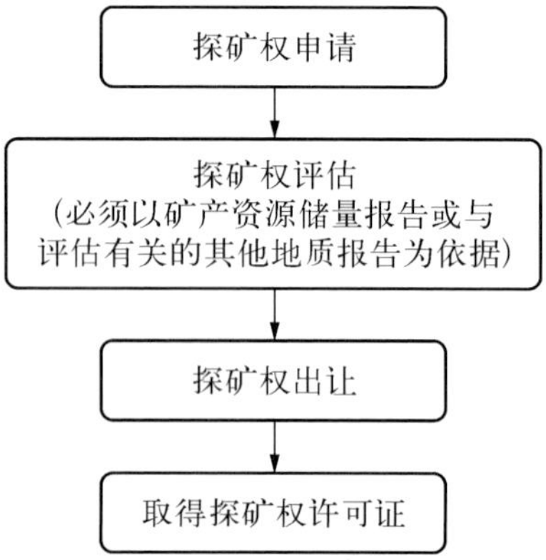

图3-2 直接向国家申请获得探矿权流程图

(1) 批准申请(申请在先)方式:这是矿产资源法律、法规明文规定的一种方式。它适用于政策规定的勘查风险较高的矿种,以及不适合通过协议和招标拍卖挂牌方式出让的矿业权。其特点是没有市场竞争,只依据申请的先后顺序,先申请者获得(探矿权转为采矿权可直接申请获得)。

(2) 协议出让方式:这种方式适用于政策规定的因特殊原因不适宜通过招标拍卖挂牌方式出让的矿业权。一般情况下,要求进行集体会审、严格掌握,出让价款不得低于类似条件下的市场价。其特点是虽然没有市场竞争,但采取一对一谈判,兼具批准申请与市场交易的成分。

2. 通过参加招标拍卖竞价获得

根据原国土资源部《探矿权采矿权招标拍卖挂牌管理办法(试行)》的规定,国家出资勘查并已探明可供进一步勘查的矿产地、探矿权灭失的矿产地,以及国家和省两级矿产资源勘查专项规划划定的勘查区块的探矿权,需要通过参加招标拍卖竞价的方式取得。

(1) 招标出让方式:这种方式适用于政策规定的大型、复杂的矿产地或者环境敏感地区。要求开发者不仅要有足够的资金保证矿业开发的最低投入,而且需要具备较高的资质以满足矿业开发的特殊要求。其特点是存在市场竞争,采用综合考评、资质优先的原则择优选择中标人。

(2) 拍卖出让方式:这种方式适用于政策规定的矿产品市场活跃、竞买者众多且无特殊要求的矿业权出让。其特点是市场竞争激烈、价高者得。

(3) 挂牌出让方式:这种方式适用于矿产品市场不太活跃,预测竞买人数不会太多的矿业权出让。其特点是有市场竞争,竞买人数可多可少、价高者得。

3. 通过市场转让行为获得

根据《探矿权采矿权转让管理办法》(国务院令1998年第242号)的规定,"探矿权人在完成规定的最低勘查投入后，经依法批准，可以将探矿权转让他人。”“已经取得采矿权的矿山企业，因企业合并、分立，与他人合资、合作经营，或者因企业资产出售以及有其他变更企业资产产权的情形，需要变更采矿权主体的，经依法批准，可以将采矿权转让他人采矿。”

3.5.2　项目土地使用权属办理

在探矿权申请阶段，需要提交项目用地使用权证明资料。在此之前，必须完成项目土地使用权的办理。具体的地热能项目土地使用权办理流程需要咨询各地的土地主管部门。

根据《中华人民共和国土地管理法》的规定，出让的国有土地使用权可以依法进行转让、出租、抵押和继承；而划拨的国有土地使用权在依法报批并补缴土地使用权出让金后，也可以进行转让、出租、抵押。

3.5.3　项目规划手续办理

地热能项目通常需要在地表或地下建设能源站或井房。如果这部分建设作为新建建设项目的一个分部工程，可将这些建设内容纳入整个工程项目的规划条件中；如果它是一个单独的改扩建项目（例如煤改地热供暖工程），那么在立项阶段就需要办理新的规划条件，并根据建设用途申请或变更规划土地性质。

对于地热能项目，尤其是煤改供暖项目，具体的规划手续办理需要咨询项目所在地的规划主管部门。

3.5.4　项目运营收费权限办理

地热能项目在为居民、企事业单位提供供暖服务时，可以参照《基础设施和公用事业特许经营管理办法》（发改法规〔2015〕1508 号）的规定，申请基础设施和公用事业特许经营权。特许经营期限应根据行业特点、提供的公共产品或服务需求、项目生命周期、投资回收期等综合因素来确定，最长不超过 30 年。

基础设施和公用事业特许经营可以采取以下几种方式：

（1）在一定期限内，政府授予特许经营者投资新建或改扩建、运营基础设施和公用事业的权限，期限届满后移交给政府；

（2）在一定期限内，政府授予特许经营者投资新建或改扩建、拥有并运营基础设施和公用事业的权限，期限届满后移交给政府；

（3）特许经营者投资新建或改扩建基础设施和公用事业，并在移交给政府后，由政府授予其在一定期限内的运营权；

（4）国家规定的其他特许经营方式。

特许经营权的授予和管理由项目所在地的县级以上地方人民政府的发展改革、财政、国土、环保、住房和城乡建设、交通运输、水利、价格、能源、金融监管等有关部门根据职责分工负责实施和监督。具体项目的特许经营权手续办理需要咨询项目所在地的县级以上地方主管部门。

对于并网发电的项目，应按照当地人民政府关于上网电价的规定，与电网公司签订并网协议和购售电合同，并按照合同规定进行电费结算。如果存在电价补贴，应按照电网公司的结算电量另行处理。

对于直接向用户供电的地热发电项目，应与用户直接协商签订售电合同，并按照合同约定的条款收取电费。

对于自发自用的地热发电项目，企业可内部自行定价并进行电费结算。如果有余电上网，则需要与电网公司签订购售电合同。

对于并网发电的项目，在项目核准（备案）前，需聘请有资质的第三方编制接入系统报告，并组织审查，待电网公司同意后才能进行建设。在项目建设阶段，项目方需确保由电网公司备案的监理公司对送出工程进行监理。项目完工后，应对送出工程进行验收，验收合格后方可并网运行并办理发电许可证。

3.5.5 环境影响评价

根据《中华人民共和国环境影响评价法》（根据 2018 年 12 月 29 日第十三届全国人民代表大会常务委员会第七次会议《关于修改〈中华人民共和国劳动法〉等七部法律的决定》第二次修正）要求，建设项目的环境影响评价文件未依法经审批部门审查或者审查后未予批准的，建设单位不得开工建设。

为了确保地热能项目的顺利开展，业主单位需完成建设项目环境影响评价文件的编制及报批工作。若地热能项目作为新建建设项目的一个分部工程(例如北京延庆世园村能源站工程),则无须单独编制环境影响评价文件,而应在整个项目的环境影响评价文件中进行相应论述。相反,如果地热能项目是作为一个独立的改扩建项目(如煤改地热供暖工程),则需单独编制环境影响评价文件。

关于地热能项目的建设项目环境影响评价文件的具体类别,应参照《建设项目环境影响评价分类管理名录》(2017 年 6 月 29 日环境保护部令第 44 号公布,根据 2018 年 4 月 28 日公布的《关于修改〈建设项目环境影响评价分类管理名录〉部分内容的决定》修正),其中,跨行业、复合型建设项目的环境影响评价类别,应按其中单项等级最高的来确定。

3.6　小结

项目立项阶段立项报告的编制、立项审批、项目公司组建以及项目合规性管理,均为必须完成的工作。

与其他项目相比,地热能项目在立项阶段,除了公司组建之外,还需考虑地质风险和投资风险。同时,需办理相关探矿权和采矿权手续,并完成项目立项的相关内容审批,以在地质、资金、政策等方面为后续工作的开展奠定基础。

第 4 章

地热能项目设计阶段管理

地热能项目设计不仅是施工前的准备工作，而且贯穿工程建设的全过程。建设项目在资源综合利用和选定的设计标准方面是否科学合理，工程的布局是否紧凑适度，生产组织是否科学严谨，技术、工艺流程是否先进合理，设备选型是否恰当且相互匹配，以及是否能够以较少的投资实现产量高、质量优、消耗低、成本低、效益高的综合效果，在很大程度上都取决于项目设计的质量。

建设地热能项目的业主单位应对工程设计过程进行管理，主要涉及对设计的目标、内容、质量、进度和投资等的全面控制。

4.1 地热能项目设计管理概述

地热能项目设计管理是项目全生命周期中极为关键的一个环节。它基于前期策划和设计准备阶段，通过设计文件将项目的定义和策划的主要内容具体化和明确化，并作为下一阶段建设的具体指导性依据。

地热能项目设计管理是一个集社会、经济、技术和管理于一体的复杂且特殊的系统性生产过程。它不仅仅依赖设计单位的个体创造，而是业主单位、设计单位、政府主管部门以及其他项目参与方共同参与和协作的结果。地热能项目设计管理的核心不在于监督设计单位的工作，而在于建立一套沟通、交流与协作的系统化管理制度。这套制度旨在帮助业主和设计方解决设计阶段中，设计单位与业主、政府建设主管部门、承包商以及其他项目参与方之间的组织、沟通和协作问题，以实现项目建设的艺术性、经济性、技术性和社会效益的平衡。

4.2 设计委托/招标

在地热开发应用中，通过设计委托或招标的方式选择设计单位，负责项目设计文件的编制，并控制设计进度及质量。这一过程需遵循国家和地区的相关法律法规及规定，以确定是采用委托还是招标的方式。项目招标的目的是保护国家利益、社会公共利益，以及招标投标活动当事人的合法权益，同时提高经济效益，确保项目质量。

对于采取招标的项目，需根据相关的招投标规定来确定招标范围、招标组织形式和招标方式。在经过相关部门核准后，应严格遵守执行。

项目设计招标的依据包括《中华人民共和国招标投标法》、国家发展和改革委员会等八部委联合发布的《工程建设项目勘察设计招标投标办法》、原国家计委等七部委联合发布的《评标委员会和评标方法暂行规定》、建设部发布的《建筑工程设计招标投标管理办法》以及《中华人民共和国招标投标法实施条例》(以下简称《招标投标法实施条例》)和地区制定的《招标投标条例》等相关法律法规和规定。

4.2.1 总则

1. 项目概况及设计委托/招标范围

(1) 项目概况

本部分应详细说明设计委托/招标项目的位置、周边环境、地质与地貌特征、气候与水文条件、道路交通状况、电力供应、电信设施、上下水管道、热力供应、天然气等市政基础设施条件,以及拟建项目的性质、内容、建设规模、投资额、项目批准单位及资金来源等关键信息。

(2) 设计委托/招标范围

包括项目的初步设计、施工图设计以及施工期间的配合服务等内容。

2. 资格合格的设计委托/投标人

(1) 设计委托/投标人须在中华人民共和国境内登记注册,具有法人资格,有能力提供委托/招标项目的设计及其服务,并具备承担设计委托/招标范围的设计资格以及类似项目的设计业绩。

(2) 资格审查可采用资格预审或资格后审的方式。合格的设计委托/投标人必须通过报名,并向相关部门登记备案。

3. 预备会议及现场踏勘

(1) 招标人应在规定的时间和地点召开预备会议。会议的目的是澄清疑问,解答设计委托/投标人提出的问题。

(2) 招标人应组织设计委托/投标人在规定的时间和地点对项目现场及其周围环境进行踏勘,以便设计委托/投标人获取现场的相关资料。

4.2.2　设计条件及技术要求

1. 项目概况

（1）项目名称；

（2）项目位置；

（3）项目投资；

（4）建设内容。

2. 设计原则及设计须知

（1）设计依据；

（2）中华人民共和国和地区现行建筑法律、规范、条例等。

3. 设计范围

包括项目的初步设计、施工图设计。

4. 设计周期

应明确设计周期的时间要求。

5. 市政配套条件

（1）电力条件；

（2）用水条件；

（3）交通运输条件；

（4）用地、排水、燃气、热力、绿化、卫生、工业垃圾处理等条件。

6. 设计总体要求

电站/供热站的建设规模应与地热储量及其在生命期内的稳定供应能力相匹配，并依据可采地热储量确定。设计应遵循节约资源、确保安全、提高质量、利于运行和降低造价的原则，确保设计技术可行、经济合理。应因地制宜，充分考虑地域环境条件，减少对周围环境的损害，并充分协调周边建筑景观的关系。应节约用地，减少建设过程和维护过程的能源消耗，建成后降低管理和维护费用，确保工期合理，符合设计标准、规范的要求等。

7. 设计文件内容、编制深度及成果要求

设计成果应按要求分阶段编制，包括但不限于以下内容：设计说明、地热及热需求分析、主要工程数量表、平面设计图、系统图、管线平面图、管线剖面图、地热井示意图等。每个阶段的设计成果都应达到规定的编制深度和质量要求。

4.3 地热能项目设计文件编制原则及要求

4.3.1 项目初步设计

初步设计文件应当满足编制施工图设计文件的需求,同时应符合初步设计审批的要求。项目的初步设计是基于已批准的可行性研究报告编制的设计文件,它是工程设计的关键组成部分,并为编制施工图设计、订购设备和安排年度投资计划提供依据。通过进行项目的初步设计,可以更有效地控制整个项目的质量,确保设计朝着预期的方向发展,从而避免施工图与方案之间存在过大的差异。

1. 初步设计的一般要求

(1) 设计总说明

工程设计依据:

① 政府有关主管部门的批文,如项目的可行性研究报告、工程立项报告、方案设计文件等审批文件的文号和名称;

② 设计所执行的主要法规及采用的主要标准(包括标准的名称、编号、年号和版本号);

③ 工程所在地区的气象、地理条件,以及建设场地的工程地质条件;

④ 公用设施和交通运输条件;

⑤ 规划、用地、环保、卫生、绿化、消防、人防、抗震等相关要求和依据资料;

⑥ 建设单位提供的有关使用要求或生产工艺等资料。

(2) 地热供热设计说明

① 在进行地热供热工程设计前,必须搜集和调查工程场地及周边状况的相关资料;

② 地热供热工程的设计应基于地热资源勘查部门提供的资源可采储量及地热井参数,主要参数应包括地热流体在稳定条件下的温度、流量、压力或水位;

③ 地热供热设计需确定地热供热的负荷、调峰负荷、供热工艺流程以及地热井泵的选型;

④ 地热供热系统设计与能源配置应考虑以下措施:采用地热梯级综合利用形式,

设置调峰系统，采用蓄热储能系统，配备自动控制装置，使用低温高效的末端装置；

⑤ 对于中低温地热田供热工程的设计，地热资源可开采量的保证程度应按现行国家标准《地热资源地质勘查规范》（GB/T 11615—2010）的相关规定执行。

（3）地热发电设计说明

① 电站的建设规模应与地热储量及其在电站生命期内的稳定供应能力相匹配，并依据可采地热储量来确定；

② 地热电站的单机容量应根据地热储量和地热流体参数，由用户与制造厂共同商定，并应尽可能与汽轮发电机容量系列相匹配；

③ 地热电站的设计寿命宜为 30 年；

④ 地热电站的建设规模应与当地电力系统的规划相适应；

⑤ 地热井出口流体的温度在 90℃及以上时，方可用于地热发电；

⑥ 地热发电方式的选择应基于技术、经济比较后确定。

2. 设计范围

（1）根据设计任务书和相关设计资料，明确地热井系统设计所承担的设计范围和分工（如存在其他单位共同参与设计的情况）；

（2）为未来发展和扩建预留的设计考虑；

（3）对于改建、扩建工程，应详细说明对原有建筑、结构、设备等的利用情况；

（4）包括节能、环保、消防、安全等措施的设计内容；

（5）在设计审批过程中需要解决或确定的主要问题，应当提请审批方注意。

3. 设计图纸

应包括地热井、回灌井和监测井的单井设计及其分布位置，供暖机房、室内外管网的设计。如果项目需要通过热泵提取热能，则应提供热泵系统图、机房电气图等。

4. 主要设备表

列出主要设备的名称、性能参数、规格型号和数量等，对于热泵设备还应注明其技术参数。

5. 计算书

对于水量、主要管道管径、主要设备选择等方面，应进行初步计算。

6. 初步设计文件的编排顺序

（1）封面：明确标注项目名称、编制单位、编制年月；

（2）扉页：明确标注编制单位法定代表人、技术总负责人、项目总负责人和各专业负责人的姓名，并由上述人员签署或授权盖章；

（3）设计文件目录；

（4）设计说明书；

（5）设计图纸、主要设备表、计算书（可单独成册）；

（6）概算书（应单独成册）。

4.3.2 项目施工图设计

施工图设计是在初步设计和技术设计两个阶段之后进行的。这一阶段主要通过图纸将设计者的意图和全部设计结果表达出来，作为施工制作的依据，它是连接设计与施工工作的桥梁。对于工业项目而言，施工图设计包括建设项目各分部工程的详细图纸、零部件和结构件的明细表、验收标准和方法等。民用工程施工图设计应包含所有专业的设计图纸，包括图纸目录、说明以及必要的设备、材料表，并需按照要求编制工程预算书。施工图设计文件应满足设备材料采购、非标准设备制作和施工的需求。

在施工图设计阶段，地热系统设计文件应包括图纸目录，设计说明、施工说明与运行控制说明，地热井设计图纸，其他图纸，设备及主要材料表，以及计算书等。

1. 图纸目录

先列出新绘制的设计图纸，随后列出选用的标准图、通用图或重复利用的图纸。

2. 设计说明、施工说明与运行控制说明

（1）设计说明

① 列出设计依据，若施工图设计与初步设计存在较大变化，应说明原因及调整的内容。

② 概述系统设计，并列出技术指标。技术指标应包括项目概况、设计容量、运行介质参数、地热井的产热量、水电用量、末端装置、发电方式等。

③ 明确设计所采用的图例和符号。

④ 节能设计，在节能设计部分应阐述设计采用的节能措施，包括符合节能标准和规范中的强制性条文，以及“必须”“应”等规范用语规定的非强制性条文的要求。

⑤ 绿色建筑设计要求的具体措施（当项目设计遵循绿色建筑标准时）。

⑥ 环保、消防及安全措施。应具体说明减震、降噪等各项措施。在设计说明中，若

涉及法规、技术标准中的强制性条文，应使用“必须”“应”等规范用语来表述其内容。

（2）施工说明

① 本工程采用的施工及验收标准、规范和依据。

② 设备安装：明确设备安装应与土建施工相配合，设备基础应与到货设备核对尺寸。在设备安装过程中，应避免设备或材料集中放置在楼板上，以防止楼板超载。使用梁柱起吊设备时，必须对梁柱的强度进行复核。

③ 安装较大型设备时，应提出预留安装通道的具体要求。

④ 系统成孔、下管、回填等施工要求。

⑤ 管道安装：包括系统管道的管材及附件的选择，管道的连接方式，管道的安装坡度及坡向，管道弯头的选用，管道的支吊架安装要求，管道的滑动支吊架间距表，管道的补偿器等，以及管道施工中与土建配合预留的埋件、孔洞、套管等要求。

⑥ 明确各系统的工作压力和试压的具体要求。

⑦ 防腐、保温、保护、涂色：详细说明设备、管道的防腐措施、保温材料的选择，以及设备、地热井沉管系统、管道的保护和涂色要求。

⑧ 图中尺寸、标高的标注方法和精度。

⑨ 图例和符号解释。

（3）监测和控制系统说明

① 地热发电系统

a. 地热田（包括生产井和回灌井）、汽轮发电机组应采用集中控制方式，并设置集中控制室。集中控制室应是地热田和所有机组的监视、控制和管理中心。

b. 集中控制室的位置应综合考虑防爆、运行检修等因素确定。

c. 地热蒸汽-低沸点工质联合循环发电机组应分别按地热蒸汽循环发电机组和低沸点工质循环发电机组设置就地控制室。

d. 在地热蒸汽循环发电机组、低沸点工质循环发电机组等区域，应设置闭路电视监视摄像头，并将视频信号传送至集中控制室。

e. 采用分散控制系统（distributed control system，DCS）时，不应再设置常规显示、记录、报警等仪表。

f. 在集中控制室内进行监视和控制时，应满足以下要求：在就地人员的巡回检查和少量操作配合下，实现地热电站机组的启停；实现运行工况的监视和控制；实现异常工况的报警和紧急事故处理。

② 地热供热系统

a. 地热井井泵和循环泵应采用变频控制装置。

b. 地热供热系统应在便于观察的位置设置监测仪表，并监测以下重要参数：地热井供回水温度和循环供回水温度；地热流体侧流量和循环水侧流量；地热供回水压力和循环供回水及补水压力；地热井的水位。

c. 地热供热系统宜采用集中监控系统。

d. 流量、温度、压力传感器的测量范围和精度应与二次仪表匹配。

e. 地热井的水位监测可采用自动水位监测仪，或采用人工的导线电阻测深方法。

f. 井下自动水位监测仪的测试探头应安装在井泵的吸入口以上 5 m 处。信号线的保护套应固定在泵管上，且信号线出井口处必须密封。

3. 地热井设计图纸

地热井设计图纸应包含以下内容：

（1）系统图

表示出地热井介质循环系统；标明图例符号（也可以在设计说明中添加）、管径、介质流向。

（2）地热井平面布置图

绘制建筑红线范围内的总平面图，包括建筑物、构筑物、道路、坎坡、水系等，并标注名称、定位尺寸或坐标；标注指北针；标注设计建筑物室内±0.000 相对标高和室外地面主要区域的绝对标高。绘制地热井的平面图，注明埋管定位尺寸及编号。

（3）管道布置图

绘制管道平面图，注明支架的安装位置及一次测量仪表位置，标明各种管道的尺寸及安装标高、坡度及坡向。当管道系统不太复杂时，管道布置图可与地热井平面布置图绘制在一起。

4. 其他图纸

根据工程具体情况绘制设备安装详图、非标准设备制作图等。

5. 设备及主要材料表

应列出设备、地热井换热系统及主要材料的名称、性能参数、规格型号和数量、备用情况等。

6. 计算书

（1）地热井的换热量计算；

（2）管道的管径及水力计算；

（3）管道固定支架的推力计算；

（4）水和电的消耗量计算；

（5）架空敷设及地沟敷设管道的不平衡支架受力计算；

（6）直埋敷设时管道对固定墩的推力计算；

（7）管道的热膨胀计算和补偿器的选择计算；

（8）直埋供热管道进行预处理时，预拉伸、预热等计算；

（9）应包括工程所在省、市相关部门要求的节能设计、绿色建筑设计、安全、环保等计算内容。

4.4 项目设计文件编制要点

项目设计文件的编制，应立足于充分调查和预测评价，对其建设的必要性、经济合理性、技术可行性、环境影响性、实施可行性等方面进行全面、系统、综合性的分析与论证。通过这样的研究方法，对不同技术方案进行比选，最终确定合理的施工技术方案、技术标准和工程规模等。这样做可以为投资决策等各项工作提供更加科学和可靠的参考依据。

4.4.1 地热井工程设计要点

地热井的工程设计是在地质设计的基础上，根据设计目标和相关规范规程，对地热井的井身结构、施工工艺、技术要求、材料规格型号等进行详细的规划与描述，这是进行施工组织、质量和进度控制及造价管理的基础性文件。一份优秀的地热井工程设计应具备明确的目标、充分的依据、全面的内容、合理的要求和易于执行等特性，并为不可预见的特殊情况预留充分的变更余地，以便能够灵活应对。在达成设计目标和保证工程质量的前提下，地热井工程设计方案应遵循最大限度规避和减小工程风险、合理控制工程成本的原则。

地热井工程设计应包括以下要点：

1. 设计的范围和目标

根据设计任务书的要求，明确地热井工程设计的范围，以及预期出水温度、出水量或回灌量。一般来说,出水温度、出水量或回灌量等指标是由前期勘查成果或地热井地质设计提出的,其准确性有待实钻验证。因此,这类指标应理解为预期目标,工程设计应围绕达成该目标进行方案优选。只有在实钻热储条件与地质设计一致时,该指标才能作为施工质量评定的主要依据。

2. 设计依据

地热井的工程设计必须依据项目区地热资源前期勘查成果或地热井地质设计成果编制,同时须符合国家或地方有关法律、法规、标准、规范、规程要求。

3. 地热井性质

设计中应明确地热井的性质,如勘探井、探采结合井、生产井和监测井等。地热井的性质决定其用途和重点工作任务。勘探井主要以勘探为目的,主要工作任务是取得完整的地质资料。探采结合井是边探边采,探采结合,以探为手段,以采为目的。生产井是在开采阶段,地热地质条件均已确定的情况下,直接用于生产的钻井。监测井是专门用来监测水温、水位、水质及地温的井。

4. 目标热储和钻遇地层特征

依据地热资源前期勘查成果或地热井地质设计成果,确定取水的目标热储层,详细阐述钻遇地层的埋深、厚度及岩性等特征。

5. 井位坐标、设计井深及井身结构

明确地热井位的具体坐标,根据设计目标及地热地质条件,设计合理的井深及井身结构。在确定设计井深时,应根据项目区的地热地质复杂程度和勘查研究程度,适当预留一定的余量。井身结构设计包括钻井的开孔次数、各次开孔口径及深度、套管的规格型号、固井(止水)方式及井段、目的层井段是否下入滤水管及其规格型制等。

6. 钻井施工工艺

钻井施工工艺包括钻进工艺和成井工艺等。钻进工艺可选择泥浆正循环、气举反循环、取芯钻进、冲击钻进等工艺。成井工艺一般包括下管工艺、固井工艺、洗井工艺等。

7. 工程技术要求

地热井工程设计中,应对各项施工工序和环节提出具体的技术要求,如材料规格及质量要求、井深及井斜要求、地球物理测井要求、下管与固井要求、洗井要求、地质观测与编录要求、测试与试验要求以及技术资料编制要求等。

8. 施工风险提示

工程设计中,应根据地热地质条件的预判,对实钻过程中可能遇到的造成钻井事故和障碍或影响工程质量的特殊地质现象进行提示，以指导钻井安全施工，避免发生事故，如防斜、防塌、防缩径、防漏等。

9. 施工难点专项措施或方案

针对钻井工程中可能遇到的施工难点，提出可供选择的专项技术指导建议，如防斜措施、泥浆专项方案等。

10. 基本工程预算

根据相关预算标准、定额及人工、材料市场价格，对设计范围内的工程编制合理的预算清单，作为项目招标和造价管理的依据。目前，普遍采用的预算标准是国家发展计划委员会、建设部发布的《工程勘察设计收费标准》(2021 年出版)。

4.4.2　管网工程设计要点

地热井管网工程设计必须依据项目自身环境条件、项目应用需求、地热水水量、输送距离、运行压力、水质情况等参数进行设计计算，同时须符合国家或地方有关法律、法规、规范、规程、标准要求，从而确定管网的类型、布置原则、敷设方式、管道材质、管径大小、补偿、支架、保温、防腐措施及相关配套设施等设计指标。

1. 管网设计标准

(1) 地热供热管网的设计和施工应按现行行业标准《城镇供热管网设计规范》(CJJ/T 34—2022)和《城镇供热管网工程施工及验收规范》(CJJ 28—2014)的规定执行；

(2) 地热供热管道宜采用直埋敷设，并应符合现行行业标准《城镇供热直埋热水管道技术规程》(CJJ/T 81—2013)的规定；

(3) 地热水输送管道应根据地热流体的化学成分，按其腐蚀性、结垢等特点，选用安全可靠的管材，并应符合国家现行标准的规定。

2. 地热水供应

(1) 城镇区域性地热水供应系统的设计应根据当地地热资源的情况，并结合城镇的发展规划进行；

(2) 地热水供应系统的设计内容应包括地热水的利用方式、供应范围、供应规模以及系统设施的布置等；

(3) 地热水宜就近利用，地热水输送时的温降不应大于 0.6℃/km；

(4) 地热水供应宜采用直供系统；

（5）地热水直接供生活用水时，水质应符合国家现行相关标准的规定；

（6）生活热水或其他热水供应系统的设计应符合现行国家标准《建筑给水排水设计标准》（GB 50015—2019）的规定；

（7）当地热水中含有 H_2S、CH_4 等有毒、可燃、易爆气体时，必须进行气水分离处理，并应加强室内的通风；

（8）对于区域性地热水供应系统，应设置保温调节池；

（9）地热水供应系统的调节池、泵站及其附属设施应符合现行国家标准《室外给水设计标准》（GB 50013—2018）的规定。

3. 地热管网系统防腐与防垢

（1）一般规定：① 地热供热工程防腐设计必须依据国家认定部门检测的水质全分析报告；② 地热流体的腐蚀性和结垢性应依据水质分析报告或进行试验确定，并应符合规范要求。

（2）设备和管道的外防腐应按现行行业标准《化工设备、管道外防腐设计规范》（HG/T 20679—2014）的有关规定执行。

4. 防腐措施

（1）当地热流体具有腐蚀性时，应采取防腐措施；

（2）与有腐蚀性热流体直接接触的管道或容器，宜采用非金属材料；

（3）当采用间接供热系统时，换热器前与地热流体直接接触的管道或设备，应采取隔绝空气或采取井口充氮气的防腐措施；

（4）受流体高速冲击、易磨蚀的部件和转动的部件，其金属表面不应采用涂敷防腐涂料的防腐方法；

（5）严禁采用在地热流体中添加防腐剂的防腐处理方法；

（6）当地热供热系统采用金属材料时，防腐设计应符合相关规范要求。

4.4.3 供暖机房系统设计要点

依据业主的供热需求，结合项目自身的环境条件及其他基础资料，在满足国家或地方有关法律、法规、规范、规程、标准要求的基础上，做好供暖机房的设计工作。供暖机房工程设计主要包括以下方面：规划选址、供热系统选择、水处理、供暖设备、换热设备、运行参数设定、监测与控制、维护与检修、管道设计、保温措施、支架设置、防腐处理、预留预埋、土建工程、电气工程、给排水系统、采暖通风系统、环境保护(包括排水)、消防设施等。

1. 供暖机房规划及建筑设计要点

(1) 地热供热站应靠近用热负荷中心,这样可使供热距离缩短,减少热损失,降低运行电耗,便于管理。其位置选择、总平面布置和建筑设计应满足以下要求:

① 应符合城镇规划和小区总体规划的要求;

② 应设有维修场地,并具备良好的通风和采光条件;

③ 地热尾水(废水)应有妥善的排放途径;

④ 应符合现行国家标准《建筑防火通用规范》(GB 55037—2022)和《声环境质量标准》(GB 3096—2008)的规定。

(2) 地上式供热站的建筑与结构设计应满足以下要求:

① 平面布置需满足工艺流程的需求;

② 功能分区应清晰,便于管理;

③ 设备间地面应设置排水明沟;

④ 外墙上应预留大型设备安装和维修时用的哑口;

⑤ 当地热流体含有有毒气体时,应安装机械通风装置。

(3) 地下式或半地下式供热站的建筑与结构设计应采取以下措施:

① 设备间排水明沟的末端应设置集水坑,并配备自动潜水排污泵;

② 进出供热站的各种管道和电缆应预埋穿墙防水套管;

③ 出入通道及屋顶设备吊装孔的尺寸应满足设备最大组件的运输要求;

④ 对于自流井,供热站应与井口泵房隔离,两者之间不得设置连接通道和开放型连接管道,也不得共用排污沟。

2. 供暖机房系统设计要点

供暖机房系统设计应符合现行国家标准《建筑给水排水与采暖工程施工质量验收规范》(GB 50242—2022)及《锅炉房设计标准》(GB 50041—2020)的规定。

(1) 换热器的选用应满足以下要求:

① 应具有良好的传热性能、较小的流通阻力、耐腐蚀性,且在使用压力和温度下安全可靠。

② 应根据地热水温和水质进行换热器的选型和材料选择。

③ 地热供热系统建议选用板式换热器,而在高温、高压的地热供热系统中,应采

用管壳式换热器；板式换热器的密封垫圈应正确安装于密封槽中，并确保其具有良好的弹性。橡胶材质的密封垫圈除需具备耐腐蚀、耐温性能外，其硬度、压缩永久变形量、抗拉强度、伸长率等指标也应符合相关规范要求。

④ 在换热器进口处应安装过滤器。

（2）热泵的选用应满足以下要求：

① 热泵机组的选型应基于工艺要求；热泵机组包括压缩机、蒸发器、冷凝器、调节阀门和自控设备。在选择热泵机组时，压缩机的质量尤为关键，优质压缩机在运行时应具有较小的振动和噪声，且使用寿命较长。

② 针对具有腐蚀性的地热流体，可选用耐腐蚀材料制造的热泵机组换热设备，或采用换热器将热泵机组与地热流体隔开的工艺流程。

③ 热泵机组应配备用于控制低温热源进水温度的自动控制装置。

（3）储水装置的设计应满足以下要求：

① 根据工艺要求和场地条件，可以选择水箱、水罐或蓄水池；

② 在选材时，应考虑地热流体的温度和腐蚀性；

③ 储水装置应采取有效的保温措施；

④ 储水装置应设有溢流、泄水和放气口，并应安装温度及液位传感器；

⑤ 在地下式或半地下式供热站中，储水装置必须设有直通室外的排气通道，避免将气体排放至供热站内部；

⑥ 储水装置应配备自动补水功能和水位高低限报警系统。

3. 供暖机房电气选型要求

（1）地热供热系统配电设备及配电线路的选择与安装，应按现行国家标准《低压配电设计规范》（GB 50054—2011）和《通用用电设备配电设计规范》（GB 50055—2011）的规定执行；

（2）地热供热站及地热井泵房的防雷设计，应按现行国家标准《建筑物防雷设计规范》（GB 50057—2010）的规定执行。

4.4.4 发电工艺系统设计要点

地热发电是指利用地热流体所携带的热能转化为电能的发电方式。地热电站的规划、设计各阶段应与现行国家标准《地热资源地质勘查规范》（GB/T 11615—2010）中规定的地热田勘查研究程度和储量级别相匹配,并符合《地热电站设计规范》(GB 50791—2013)中的相关规定。

电站建设规模应与地热储量及其在电站寿命期内的稳定供应能力相匹配,并依据可采地热储量确定。

地热电站单机容量应根据地热储量和地热流体参数来确定。

地热电站的地热尾水应进行回灌处理,同时也应考虑综合利用。

凡接触地热流体的设备、管道、阀门等,均应根据其工作温度、压力等环境条件,合理选择过流部件的材质,必要时应选择合适的过流部件防腐涂层。过流部件材质不宜采用铝、铜、铝合金及铜合金。

1. 地热发电工艺的技术路线

根据地热发电机组的技术路线,可分为单级或多级闪蒸发电、双工质发电、全流发电、卡琳娜循环发电和热伏发电。其中,闪蒸和双工质发电技术是全球地热发电采用的最主要技术。

2. 地热发电技术的选择

地热发电方式的选择主要取决于地热流体的温度、压力和焓值,在进行经济性比较后确定。当地热流体的温度达到 200~220℃或以上时,宜采用闪蒸发电工艺。当地热流体温度在 130~200℃区间时,宜采用双工质发电工艺。对于温度超过 250℃的高品质地热资源,也可采用闪蒸-双工质混合技术,以实现对地热资源较为充分的利用。

3. 设计所需的热储资源参数

地热电站单机容量的确定应基于地热储量和地热流体参数。这些参数包括地热流体的温度、压力、总质量流量、干度、焓值、地热蒸气中不可凝气体的组分和比重,以及发电厂所在地的常年平均气温。

4. 地热发电工艺设计应达到的要求

(1) 热储

地热流体的特征将直接决定最终采用的地热发电工艺技术路线及其最终的发电效率。根据目前国内外已建成的地热发电工程,主要热储参数包括以下几方面:

① 热储温度

一般来说,在年均环境温度为 15~20℃的条件下,建设地热发电工程的地热流体温度不应低于 130℃。当环境温度较低时,用于发电的地热流体温度下限可适当降低,但不宜低于 110℃。无论是采用单级或多级闪蒸,还是采用双工质路线的地热发电技术,其基本特征都是热储温度越高,地热发电的热电转换效率也越高。这就要求在热储开发过程中,尽量选择深部高温地热流体的上升通道作为钻井的靶区,并且在钻井设计和施工过程中尽可能排除浅部冷水的混入,从而从本质上提高地热电厂的生产效率。

② 热储压强

在传统的闪蒸地热电站中,热储的压力对电站装机规模是一个决定性的指标。由于闪蒸电站依赖汽水分离后的地热蒸气来推动透平机做功,热储的压力越高,可供发电的蒸气量也就越大。通常情况下,闪蒸电站的进厂地热流体压强一般不低于 6~8 bar(1 bar = 10^5 Pa)。对于较高压强的地热田,还可以设置多级闪蒸的工艺,以实现对地热资源的充分利用。

相较而言,在近年来国际上较为流行的双工质电站中,地热流体先通过换热器将热量传递给异戊烷、异丁烷等有机工质,工质受热蒸发后变成气态再推动透平机做功。因此,双工质电站的装机容量主要受到地热流体的温度和流量影响,热储压强的影响不大。

③ 持续稳定的流量

地热发电工程中,必须保证地热田能够在每天 24 小时、全年 365 天源源不断地向电厂提供稳定的地热流体。而且地热流体的温度和流量在长达 10~20 年的电厂运营周期内,都不能发生明显的衰减。以一个 4 MW 的双工质地热发电站为例,假如热储侧生产的地热流体温度为 130℃,那么维持稳定发电的地热流体循环流量需要达到 500 t/h。

④ 干度(汽水比)

地热流体的干度,指的是在进入电厂的总质量流量中,蒸汽所占的比例。例如,某地热电厂井口生产的地热流体在 160℃条件下汽水分离后,得到 450 t/h 的地热卤水和 50 t/h 的蒸汽。在此条件下,地热流体的干度为 50/(450+50) = 0.1,即在总的地热流体中,有 10%是蒸汽而剩下的 90%是地热卤水。

为什么干度是一个重要的设计指标呢?我们可以从能量的角度来分析。上文中汽水分离器处的温度为 160℃,那么查询蒸汽表可知,该温度条件下的饱和地热水的焓值约为 675.6 kJ/kg,而对应的地热蒸汽焓值约为 2757.4 kJ/kg。也就是说,同样 1 kg 的地热蒸汽所携带的能量,是 1 kg 地热卤水的 4 倍多。如果忽视对干度的测量，那么进厂的地热流体到底携带了多大的能量，就存在很大的不确定性。因此，在建设地热电厂前，必须通过汽水分离法，准确测量地热流体的干度和焓值。

⑤ 不可凝气体含量

另一个常常被忽视的工艺参数是地热流体中的不可凝气体含量。这些不可凝气体主要是 CO_2、N_2、H_2S 等组分。一方面，这些不可凝气体的含量多少，会决定电厂中排气装置的规格设计；另一方面，CO_2 和 H_2S 组分的比例多少，会影响地热卤水的结垢和腐蚀特性。因此，在建设地热电厂之前，需要在汽水分离器的气相出口处采样，测定不可凝气体的组分和百分比，作为后期电厂设计时的重要依据。

（2）地热水回灌

① 地热回灌的位置、深度、压力、温度、回灌量等参数，应通过回灌试验获得；

② 地热回灌水源来自发电后的地热尾水，根据回灌条件，应将地热尾水进行回灌，回灌方式应通过技术经济比较后确定；

③ 地热水回灌系统的布局设置，应结合地热田构造特点来设置回灌井，以及回灌水的收集、存储、水处理和测控装置，以确保不影响电站其他系统的工作，并有利于回灌的目的；

④ 在地热田条件允许的情况下，应尽可能地实现 100%的回灌率。

（3）对关键工艺参数的要求

① 年并网小时数（等效可用系数）

年并网小时数（或等效可用系数）是评价地热电站经济技术性能的首要决定性指标。对于以售电为主要收入来源的地热电站，一般需要稳定满负荷年并网达到 7000 小时（等效可用系数约为 0.8）才可实现商业上的盈亏平衡。

② 热电转化效率

热电转化效率通常与地热流体的温度、焓值及环境温度有关。地热流体的温度和焓值越高，环境温度越低，热电转化的效率就越高。

③ 单机毛发电功率

通常来说，闪蒸电站的发电功率较大，中等规模的单机规模在 10～20 MW 的区间。电厂的总发电功率可以达到 50～80 MW。双工质电站的可调节范围较宽，单机功率可以在 1～10 MW 的区间内调节。通过两台汽轮机共轴带动一台发电机的方式，电厂的发电功率一般在 10～20 MW 的区间。

④ 厂内用电率

为了确保地热电站的连续运行，厂内一般配备有地热水回灌泵、工质循环泵、空压机组和自控设备等用电设备。因此，地热电站中汽轮机和发电机产生的电力并不能全部出售给电网，需要扣除一定比例的厂内用电。通常，双工质电站的规模较小，厂内用电率在 12%～15%；而闪蒸电站的规模相对较大，厂内用电率约为 10%。

5. 发电工艺的经济性要求

在进行地热发电站的初步设计时，通常需要对不同的技术路线和设计方案进行比较。对企业而言，虽然技术的先进性是一个重要的考量因素，但更关键的是发电技术是否与地热资源相匹配。至于最终采用哪一种技术路线，都需要落实到可量化的经济指标上。

在电厂的初步设计阶段，业主首先应获取热储的相关参数。在此基础上，根据选定的工艺路线，初步计算出电厂的毛发电功率和热电转化效率。在扣除厂内用电部分之后，将电厂的可售电功率与年并网时数相乘，以计算出该厂的年售电量。根据计算出的预计售电量，业主应在电厂开始建设之前，与当地电网和能源主管部门就售电价格和售电量达成协议。依据售电价格和年售电量，业主方应对电厂的年现金收入进行估算。在扣除电厂日常运维成本后，业主方应依据地热井、管道、厂房和发电机组的不同折旧年限，进一步计算资本回报率等经济性指标。以上内容不仅是地热电厂经济可行性分析报告的重要组成部分，也是决策是否推进地热发电工程的关键依据。

4.4.5 监测系统设计要点

地热监测系统设计应遵循项目特性，依据设计目标和相关规范标准进行，确保系统符合规定标准，能自动收集、处理数据，并具备展示功能，为地热能项目管理及预测提供指导。监测系统设计要点如下。

1. 监测范围与目标

(1) 明确监测范围

地热监测系统的设计应首先明确监测的范围和指标。监测范围包括地热井、地热田、供热站等，监测指标涵盖水温、水质、水量、水位等。

（2）设计目的与意义

地热监测网的建设旨在自动采集、传输、存储相关数据；自动整理数据，实现数据可视化；自动分析数据，进行趋势预测。其对于地热资源的开发利用和管理监督具有重要的意义，是实现地热资源可持续利用和保障项目正常运行的关键措施。通过分析地热开采利用对地热地质条件，尤其是水位和地温梯度的影响，确定合理的开采量，以保障地热资源的可持续开发。远程监控地热井的开采量，实现自动报警，有助于企业控制开采量，便于管理部门进行监管。此外，实现对地热资源开采的全过程监控、分析和研究，所获得的数据对地热开发具有重要的理论意义和科研价值。

2. 设计依据

地热监测系统设计须依据项目区地热地质状况、地热资源开发利用现状、地热井分布等，进行监测系统设计。地热资源前期勘查成果或地热井地质设计成果编制，须同时符合国家或地方相关法律、法规、规范、规程、标准要求。

3. 监测网建设的必要性与重要性

（1）必要性

2017 年 1 月，国家发展和改革委员会、国家能源局、国土资源部发布了《地热能开发利用“十三五”规划》，规划中指出以“加强信息监测统计体系建设”为重点任务，“建立浅层及水热型地热能开发利用过程中的水质、岩土体温度、水位、水温、水量及地质环境灾害的地热资源信息监测系统”。

为了满足利用地热能进行冬季供暖的地区建设的需要，利用地热资源就需要开展地热资源的监测，掌握相关动态；资源可持续及有序开采的需要，建设地热监测网，将所有地热井纳入监测范畴，合理监控地热资源的开采和回灌，掌握地热资源利用及地热地质条件变化的动态，及时调整开发强度或限制开发，以保证资源的可持续及有序开采；政府合理有效管理的需要，地热水具有水资源和矿产资源的双重属性，政府需要对地热资源的开发利用实行合理有效的管理。地热监测数据的获得，都需要通过地热监测网来采集、整理；通过对以上数据的分析预测，制定相应的政策，来保证资源的合理、可持续利用。因此，进行地热监测网建设是十分必要的，而且是十分迫切的。

（2）重要性

地热资源是位于地下的资源，无法直接观察开采过程中的情况，因此在开发过程中，需要设置合理的监测系统。对地下的地质、地热状况，以及开发对地下环境的影响进行监测，得到可靠的技术数据，保障获得实时动态资料；掌握温度和水质等实时动态数据，并进行分析，及时掌握其天然动态和开采动态的变化趋势，从而更好地指导地热资源的开发利用；地热监测平台实现办公和监测一体化，可视化展现地热开发利用动态数据，便于企业进行管理、维护，便于政府进行管理；实时掌握地热开发利用动态数据，实现分析和预测功能，为决策提供依据。

4. 监测网建设的任务

根据地质情况及相关要求，建立地热水自动监测站网，最终实现布局合理、功能完善、内容广泛合理的地热水监测站网格局，以适应地热资源可持续发展、能源供给安全及最严格的环境保护制度的需要。实现地热资源与环境信息共享，为政府及相关主管部门对地热水管理、保护提供技术支撑，为企业开展生产提供管理平台。具体任务如下：

（1）建设地热水监测站网

在工作区范围内，开展地热资源及地热井开发现状调查，依据地热地质开发利用和保护原则，建立工作区地热动态监测网络。监测范围涉及工作区所有地热田及地热井。

（2）建设地热水信息采集系统

在工作区范围内，对所有开采井和回灌井安装全自动水表、一体化压力式水位计、温度计和相应的传输设备，对选定的观测井安装水位自动监测和传输设备，建设地热水信息自动采集系统。

（3）建设地热水信息管理系统

地热水信息管理系统主要由服务器、支持软件、网络及终端显示系统等构成，以实现地热监测数据的整理、分析、预测。

通过分析地热动态监测数据，制定相关政策，限制或鼓励开采地热水。

同时可远程充值供热费，可远程控制地热井允许取水和禁止取水，实现节水、节能、收费的目标。

5. 监测内容与井型

地热监测网需监测开采井、回灌井和观测井。其中，开采井的监测内容包括地热流体的温度、压力（水位）、流量、化学成分；回灌井的监测内容包括回灌水的温度、压力（水位）、回灌水量及化学成分等；观测井的监测内容包括地热流体的压力（水位）。

地热流体的流量：需要监测开采井的开采量和回灌井的回灌量。

温度：需要监测开采井、回灌井和监测井的井口温度，以及观测井的地温梯度。

地热流体的压力（水位）：需要监测开采井和监测井的动态水位情况。

地热流体的化学成分：需要选取井，进行采样，对水质分析结果和水质动态变化情况进行分析。一般对地热水进行 52 项水质全分析。

6. 监测网布局原则

地热监测网的布局对地热监测系统设计至关重要。

（1）地热监测井布设原则

为了能够更加准确地监测地下水位、水温、水质的变化情况，同时准确掌握抽水和回灌情况，需要科学、合理地布局监测网，尤其是设置专门的监测井。监测井的布置需要满足如下原则：

① 控制性原则：地热监测井的部署应该能够控制区域水位、水温、水量、水质的变化，实现监测井的全面布设及重点区域加密。

② 代表性原则：不同区域（如区县）、不同类型地热田（地热带）、不同地热储层均需设置监测井，以实现监测井布局合理、避免重复、分层监测。

③ 科学性原则：依据工作区地热资源特点、历史开采情况及现今开采情况进行布局。

（2）水质采集井布设原则

水质采集井均选用开采井。

① 控制性原则：不同地热储层、不同地热和构造单元均需布设。

② 合理性原则：采集井应选取地热水流动方向的下游的地热井。

（3）系统设计原则

系统设计原则是整个系统建设在满足用户需求的前提下，为了提高系统的各项性能指标所应遵循的规则。遵循这些规则不仅可以提高系统整体性能，还能延长整个系统的使用寿命。

① 标准统一原则：应遵循行业规范进行系统的设计和开发，数据库及信息编辑、查询、基础数据维护等子系统的建设应按《系统开发规划和需求》的要求执行。

② 稳定性原则：系统要有实用性、可靠性和稳定性；系统正式投入使用后故障率要低；系统运行发生故障不影响已有数据的安全；系统应有完善的系统维护功能。

③ 实用可靠原则：应以实际业务需求为出发点，结合建设单位的工作方式、业务流程，进行系统建设；应选用当前成熟、实用的方法和工具进行系统开发的设计，尽量

采用通用的技术及产品进行系统软件开发。

④ 技术先进原则：系统开发的软件，应在实用的前提下力求技术方向的高起点和先进性，并适应技术发展趋势，以保证系统具有开放性、可扩充性和较长的生命周期。

⑤ 结构开放原则：充分利用现有的数据和应用系统资源，采用开放式的结构进行系统的设计和开发；在具有可扩充性的软硬件环境下，系统能在运行过程中不断地添加新的操作功能和加入新的信息。

⑥ 可扩展、可维护原则：随着管理工作的深化，系统的扩展将是不可避免的，保护投资是系统设计需要考虑的。系统设计要充分考虑整个项目信息化建设的需要，强调系统的可扩展性、对应用发展的适应性。

（4）分析、预测、管理功能建立原则

系统的设计不但要符合标准，系统实现的功能还需要满足用户目前和长远发展的需求，实现数据的可视化、分析和共享。分析、预测、管理功能建立原则如下：

① 科学准确原则：系统的分析、预测、管理功能需要满足科学准确原则，预测、分析、管理的方法要科学，求得结果要准确。

② 可视化原则：分析、预测和管理功能的表现形式，要实现可视化，方便一目了然查询分析结果。

③ 分类管理、多方合作、资源共享原则：分析、预测、管理功能的建立，需要实现分类管理的功能，将工作按照不同类型进行管理。同时在系统的管理功能中，实现多方合作，政府、企业、科研机构都能利用相关数据，并实现资源共享。

以上原则为监测井布设原则。由于地热井的成本一般较高，专门施工地热监测井难度较大，可以选择不开采井和回灌井作为监测井。为了监测项目区地热资源开发利用的影响，在项目区外围也应适当布置监测工作。总之，地热动态监测要依据实际情况确定。

4.5 项目设计进度及质量管理

项目设计进度及质量管理是为了确保项目质量的要求而开展的项目管理活动，其目的是保障最终交付的产品能够符合项目质量的要求，不仅满足项目业主和其他相关利益者的需求，也实现对项目产出物质量和项目工作质量的全面管理（表4-1）。

表 4-1　设计进度及质量管理

设计进度及质量管理	责任人	工　作　内　容
接收人	项目负责人	掌握项目情况
		分析设计要求
		明确设计周期
		熟悉项目特点
编制设计任务书	项目负责人	明确设计任务
		组织设计人员
		制定设计计划
		核对设计方案
互提专业资料	各专业设计人	准确提供专业需求
		说明该项目重点注意事项
		提交资料存档
		协调产品样本
图纸设计	设计人	按照国家法律法规、规程规范、技术标准和公司要求进行设计
		采用正确计算方法、计算公式及选用的系数
		选用的技术资料齐全、正确，原始资料和数据使用无误
		采纳的设计步骤正确，计算数据无误，计量单位正确，计算成果合理
		图纸比例选用适当、清晰，高程、坐标、尺寸标注齐全、正确，必要的文字说明齐全，图纸与计算结果一致
		图纸内容完整、论据充分、结论正确，符合规定的深度要求
		计算书、图纸、完成后详细自校，确保无误后方可提交校核
		按照归档要求，对自己完成的设计产品负责
图纸校核	校核人	按照国家法律法规、规程规范、技术标准和公司要求，对基本资料、设计原则、假定条件、计算方法与成果、技术文件、图纸等方面进行全面核对

续表

设计进度及质量管理	责任人	工 作 内 容
图纸校核	校核人	经校核的产品,应消除“一般性差错”和基本消除“技术性差错”
		经校核的计算书采用的原始资料可靠,计算方法正确,计算参数合理,计算依据充分,计算数据无误,提交的成果合理
		经校核的设计文字内容完整,文字通顺,论证充分,结论正确
图纸审核	审核人	提出设计构想,指导设计人员的工作
		确定设计标准、技术原则与主要设计技术参数
		组织重大技术问题的讨论,研究优选设计方案
		审核人员应对产品的主要技术问题负责
		审核设计主要结论的正确性和设计的经济合理性、安全适用性,使产品满足相应阶段深度和内容要求
		经过审核的产品应没有技术性差错
图纸核定	核定人	核定人员对设计项目的综合性技术问题负责
		协调涉及两个及其以上专业的技术问题
		确认主要的设计原则和计算假定,促使规程规范的使用与理解正确
		对重要的基本数据的采用进行检查督促
		对重要的计算方法、设计文件中的重要技术论述及表达方式与结论进行定论
		对设计项目的阶段产品和最终产品的技术质量负责
图纸批准	批准人	批准人员对产品的技术水平、安全性、适用性和总体质量负全面责任
		批准设计产品的设计标准与等级
		保证技术方案合理、可靠,技术经济指标良好,符合国家各项技术经济政策和有关规程规范、技术标准
		保证设计产品质量合格,工程安全、实用
图纸归档发放	归档人	加盖“施工图纸专用章”“日期章”后有效

续表

设计进度及质量管理	责任人	工　作　内　容
图纸交底	项目负责人	使施工人员领会设计人员思路
		设计人员熟悉施工人员工艺
		填写图纸交底记录
竣工验收	设计人员	总结设计不足
		纠正施工的错误
		填写竣工验收单
跟踪售后服务数据	设计人员	分析售后服务数据
		总结设计工作

项目设计进度及质量管理需严格执行校审制度，严把图纸质量关，确保图纸能够指导工程施工。具体措施如下：

（1）会同方案设计方和建筑、结构、水电暖通的工程师进行方案设计的定案工作。特别关注地热资源与利用方案的合理匹配，为后续施工图设计提供技术准备。

（2）在项目实施的各个设计阶段，明确各阶段的设计质量和周期，控制设计成本。阐述项目概况、建设要求，明确设计依据，提供各专业的设计原则和控制进度。

（3）根据编制的设计进度，明确质量策划的内容。若有特殊质量要求，应制定专项质量控制计划。

（4）依据批准的设计进度开展具体的设计作业。在设计过程中，重视工序管理和接口控制，做好各专业间的组织协调，严格控制互提资料质量，确保成品校审会签完整。

（5）确保各级设计岗位人员具备相应资质和技能，明确职责。采用专业间相互会签制度，有效控制设计质量。

（6）通过设计校核和验证，及时解决设计过程中出现的质量问题。若设计文件提交后发现质量问题，应及时修改或返工，并采取纠正和预防措施，验证各项措施的实施效果。

（7）各专业应进行多方案技术经济比较，选择最优方案和最佳设备，确保精心设计，以质量为先。

4.6 项目设计审查

设计图纸审核是项目建设过程中的关键环节,通过对设计图纸的审核,可以避免由于设计失误给项目建设带来的损失,甚至可能造成的安全隐患。此举旨在消除影响项目建设进度、安全和质量的因素,从而节约项目建设成本。

4.6.1 说明

(1) 审查要点应列出与工程设计相关的建设标准,包括国家标准、行业标准中的强制性条文规定,以及部分带有“严禁”“必须”“应”“不应”“不得”要求的非强制性条文规定的内容。

(2) 审查要点所列的审查内容是确保工程设计质量的基本要求,并不代表工程设计的全部内容。

(3) 在系统设计过程中,应全面遵守工程建设标准、法律法规以及政府发布的规范性文件的规定。对于未在本审查要点中列出的内容,也应予以执行。

4.6.2 审查要点

1. 初设阶段

初步设计是基本建设项目中最为重要的设计文件,同时也是建设实施过程中必须遵循和执行的技术依据(表4-2)。初步审查应包含以下内容:

(1) 设计依据是否充分、内容是否完整;文件标识是否齐全、规范。设计深度是否满足相关规定要求。

(2) 各专业设计是否符合工程建设标准的强制性条文和其他相关的工程建设强制性标准。

(3) 方案比较是否充分、合理,是否明确了工程规模;推荐方案是否合理,是否能够有效控制投资。

(4) 可行性研究或方案阶段是否获得了政府相关部门的批复文件。

(5) 设计是否充分考虑并符合公众利益。

表 4－2　初设阶段主要校核内容

序号	主　要　校　审　内　容
1	初步设计文件应齐全：设计说明书、设计图纸、主要设备表、计算书
2	设计依据：与本专业设计有关的批准文件和规范性资料；其他专业提供的本工程设计资料；采用的主要法规和标准
3	设计范围和内容：根据设计任务书和有关设计资料，校对审核本专业设计的内容；改建、扩建工程，应说明对原有建筑、结构和设备等的利用情况；节能、环保、消防、安全措施等
4	工艺：校对审核地热生产井口、回灌系统及设备；站址选定是否综合考虑了负荷、环境、安全、电力等因素；噪声的防治措施；需给建筑、结构、电气专业提供的资料是否齐全，专业矛盾是否已解决
5	管网：各种介质负荷与参数；管道走向及敷设方式；主要管材的选用；保温防腐、防护方式和保温材料的选择
6	主要设备表：是否已完整、正确列出主要设备名称、规格型号、技术参数、单位和数量
7	计算书是否齐全、正确

2. 施工图阶段

施工图设计文件是编制施工图预算、安排材料采购、设备订货以及非标准设备制作，并用于施工、安装和工程验收等工作的依据。因此，施工图设计文件的质量直接影响到建设工程的整体质量。通过对施工图设计文件进行审查，不仅可以对设计单位的设计成果进行质量控制，还能纠正参与建设活动的各方，尤其是建设单位的不规范行为。

在施工图设计阶段需完成以下内容，见表 4－3：

表 4－3　施工图阶段主要内容

序号	主　要　内　容
1	设计说明和施工说明应包括：当施工图设计与初步设计有较大变化时应说明原因及调整内容；设计、运行介质参数（如压力、温度等）、系统运行的特殊要求及维护管理，需要特别注意的事项；管材及附件的选用，管道连接方式，管道安装坡度及坡向的一般要求；设备和管道防腐、保温要求。设备和管道与土建各专业配合要求；对施工安装质量及安全规程标准与设备、管道系统试压要求；安装与土建施工的配合及设备基础与到货设备尺寸的核对要求；设计所采用的图例及遵循的有关施工验收规范等

续表

序号	主　要　内　容
2	主要校审内容：图面表达是否满足出图深度；采用的主要法规和标准有无错误；设计说明及施工说明有无漏项或特别注意的事项；水泵的流量、扬程是否准确。 系统：系统的流程是否合理、正确，配管是否恰当；管路的附件和仪表是否配齐（包括压力表、温度计、安全阀等）；是否设有监测安全及经济运行参数仪表。 其他：设备周围的操作距离、检修通道是否符合规定；需给建筑、结构、电气专业提供的资料是否齐全，专业矛盾是否已解决；最大设备搬运件安装是否考虑了留洞；所有设备及管道相对位置自身有无矛盾或不符合规范，与其他专业间有无矛盾

4.7 小结

地热能项目的设计管理主要涉及将项目的前期策划和可行性研究具体化，包括项目设计委托/招标、项目设计文件编制的原则和要求、项目设计文件的编制要点、项目设计进度及质量管理、项目设计审查，以及项目设计信息的管理。本章详细介绍了这些环节的具体内容和基本要求，旨在为地热能项目的设计工作提供指导。

第 5 章

地热能项目建设阶段管理

5.1 项目建设阶段管理概述

项目建设是指具有独立的行政组织机构,并实行独立的经济核算,拥有设计任务书,并按照一个总体设计组织施工的一个或几个单项工程所组成的建设工程。建成后,该工程具有完整的系统,能够独立形成生产能力或使用价值的建设工程。

项目建设阶段是一个具有规定开始和结束时间的、为完成一定规定任务的活动。在这个阶段中,需要使用一种或多种资源,包含许多为完成该项目(或任务)所必须完成的相互独立、相互联系、相互依赖的活动。项目建设阶段是地热能项目能否成功实施的关键过程,其建设阶段能否成功将直接影响地热能项目的实施进度、质量和可持续性,以及能否达到预期的社会效益和经济效益。

地热能项目在项目建设阶段主要分为项目招投标、项目施工、项目验收、项目资料整理及政府手续办理等几个基本程序。

其中,项目招投标是在公平、公正、公开的原则下,为了确保工程质量、降低工程项目成本,通过科学合理的资金、人员和材料投入,以实现工程项目最大的经济效益和社会效益。建设单位(或委托招标代理机构)通过招投标来确定本工程项目的总承包单位、专业承包单位、监理单位及相关顾问单位。上述单位相互配合、相互监督,按照项目设计共同完成地热能项目的具体施工。

在项目的具体实施阶段,施工单位应根据本地热能项目的具体设计要求和国家相关规范,结合项目各阶段的具体工作内容、工作时间及各活动之间的衔接关系,编制科学合理的工程项目实施方案。该方案应确定详细可行的工程进度、成本及质量三大目标。实施方案在经过建设单位、设计单位、监理单位及顾问单位的审核并获批准后,各施工单位方可依据此实施方案开展具体的施工工作,并要严格按照实施方案中各工序的具体要求进行施工,取全、取准各项地质数据及资料(包括各项实物地质资料)。同时,监理和顾问单位也需根据已经确认的项目实施方案及国家相关规范要求,对整个项目建设阶段进行全过程的实时监督和控制,确保项目最终目标的按期实现。

项目验收是指建设工程按照国家有关法律、法规及工程建设规范、标准的规定,完成项目设计文件要求和合同约定的各项内容。建设单位应组织设计单位、监理单位和施工单位(包括建设单位自身)共同进行项目的四方竣工验收,以检验设计和施工质量,并编制《建设工程竣工验收报告》或《建设工程竣工验收单》。项目验收不仅是项目投资成果转入生产或使用的标志，也是对前期勘探成果、投资效益进行全面考核的重要环节。

针对地热资源为国家所有的液体矿产的特性，在地热能项目的具体建设过程中，建设单位、监理单位及施工单位应根据国家有关法律法规、工程建设规范标准，以及地热主管部门的规定和要求，及时记录、留存、编录、取全、取准各种地热地质资料及文件，确保这些地质资料和文件的真实性与准确性。建设单位和监理单位需将在项目建设过程中所取得的各项地热地质资料和文件，按照国家相关规范所要求的时间节点和阶段及时上报给政府地热主管部门。同时，需及时办理地热能相关的探矿权、采矿权及用水许可证，并积极获取根据政府鼓励政策可以得到的优惠或补贴，以完善整个地热能项目的合规性和合法性，为地热能的科学合理和可持续开发利用奠定坚实的基础。

5.2 项目招投标

5.2.1 项目招投标方式核准

1. 公开招标和邀请招标

《中华人民共和国招标投标法》规定，招标分为公开招标和邀请招标。

（1）公开招标

公开招标是指招标人通过发布招标公告的方式，邀请不特定的法人或者其他组织参加投标。根据《中华人民共和国招标投标法》的规定，对于依法必须进行招标的项目，其招标公告应当通过国家指定的报刊、信息网络或其他媒介进行发布。

（2）邀请招标

邀请招标是指招标人通过发送投标邀请书的形式，邀请特定的法人或者其他组织参加投标。《中华人民共和国招标投标法》规定，招标人采用邀请招标方式的，应当向三个以上具备承担招标项目的能力、资信良好的特定法人或者其他组织发出投标邀请书。

2. 总承包招标和两阶段招标

（1）总承包招标

根据《招标投标法实施条例》，招标人可以依法对工程以及与工程建设相关的货物、服务进行全部或部分的总承包招标。如果总承包范围内的工程、货物、服务达到招标的范围和规模要求，并且以暂估价形式出现，则应当依法进行招标。所谓暂估价，是指在总承包招标时，由于无法确定具体价格，招标人在招标文件中对工程、货物或服务的金额进行暂时估定的做法。

（2）两阶段招标

针对技术复杂或难以精确制定技术规格的项目，招标人可以采用两阶段招标程序。第一阶段，投标人根据招标公告或投标邀请书的要求提交不包含报价的技术建议书，招标人根据这些技术建议书来确定技术标准和要求，并编制招标文件；第二阶段，招标人向在第一阶段提交了技术建议书的投标人提供招标文件，投标人需按照招标文件的要求提交包含最终技术方案和投标报价的投标文件。

3. 可以不进行招标的项目

《中华人民共和国招标投标法》规定，涉及国家安全、国家秘密、抢险救灾，或者属于利用扶贫资金实行以工代赈、需要使用农民工等特殊情况，不适宜进行招标的项目，按照国家有关规定可以不进行招标。《招标投标法实施条例》进一步规定，有下列情形之一的，也可以不进行招标：

（1）建筑造型有特殊要求的设计；

（2）采用特定专利技术、专有技术进行的勘察、设计或施工；

（3）停建或者缓建后恢复建设的单位工程，且承包人未发生变更的；

（4）施工企业自建自用的工程，且该施工企业资质等级符合工程要求的；

（5）在建工程追加的附属小型工程或主体加层工程，且承包人未发生变更的；

（6）法律、法规、规章规定的其他情形。

此外，对于依法必须招标的具体范围和规模标准以外的建设工程项目，可以不进行招标，而采用直接发包的方式。

5.2.2　项目招标工作

1. 招标代理机构

招标代理机构是指受招标人委托，代为从事招标组织活动的中介服务机构。为充分发挥代理机构在招标投标过程中的作用，促进其健康快速发展，《中华人民共和国招标投标法》第十二条第一款规定，“招标人有权自行选择招标代理机构，委托其办理招标事宜。”需要强调的是，“自行选择”意味着招标人在代理机构的选择问题上有绝对的自主权,不受其他组织或个人的影响或干预。任何单位和个人以任何方式为招标人指定招标代理机构的,招标人有权拒绝。因此,本条款最后特别强调:“任何单位和个人不得以任何方式为招标人指定招标代理机构。”

招标代理机构必须满足以下设立条件:

(1) 无论是哪种组织形式的代理机构都必须拥有固定的营业场所,以便开展招标代理业务;

(2) 拥有与其所代理的招标业务相适应的能够独立编制有关招标文件、有效组织评标活动的专业队伍和技术设施,包括有熟悉招标业务所在地热能领域的专业人员,有提供行业技术信息的情报手段,以及有一定的从事招标代理业务的经验等;

(3) 应当建立依法可以作为评标委员会成员人选的技术、经济等方面的专家库,其中所储备的专家均应当从事地热能领域工作 8 年以上并具有高级职称或者具有同等专业水平。

2. 总承包单位

建设单位在采用工程总承包模式招标前,应当做好工程项目前期工作,自行或委托设计咨询单位对工程项目建设方案进行深入研究。在可行性研究、方案设计或初步设计完成后,在项目范围、建设规模、建设标准、功能需求、投资限额、工程质量和进度要求确定后,才满足了以工程总承包模式招标的条件,可以采用工程总承包模式进行招标。

工程总承包企业应当具有与工程规模相适应的工程设计资质或施工资质,具备相应的财务、风险承担能力,同时拥有相应的组织机构、项目管理体系、项目管理专业人员和工程业绩。也就是说,根据相应的工程规模,施工总承包企业或设计单位,或者由上述单位组成的联合体,都可以承担工程总承包项目。

3. 地热专业承包单位

地热专业承包单位一般应具备地热工程勘察的相关能力和丰富的业绩。根据地热项目的不同阶段,还应具备钻探、工程物探、建设项目水资源论证、工程咨询等能力和业绩。应持有安全生产许可证、机电安装资质等证书,同时具备职业健康安全管理、环境管理及质量管理体系认证证书。

项目主要负责人一般应具有注册岩土工程师、注册咨询工程师、一级建造师,以及地质勘探、水工环、物探及暖通等专业工程师资格,并具有相关工程的经验和业绩。

4. 监理单位

地热钻井工程应借鉴土建施工和石油钻井第三方监管的工作方法,制定并实施一套适合地热钻井工程的监督管理办法。建议由地热资源行业主管部门或地质勘查单位联合社会资源，组织一支地热专业知识强、施工经验丰富、有一定组织协调能力的专业监理队伍。监理单位应具备独立法人资格，能够承担相应的法律责任，并向建设单位提供第三方监理服务，即对项目施工全过程的安全、质量、工期、资金等方面进行全方位监管，同时接受建设单位和地热资源行业主管部门的监督。在当前的地热钻井市场环境下，完善第三方监管是推动地热钻井工程规范化不可缺少的一个重要环节。

（1）工作特点

地热资源的开发主要通过地热钻探实现，而地热钻井工程的监督与一般建筑工程的监督有所不同，它是一项具有较强技术性和特殊性的专业监督工作。这种监督服务于地质勘探类探索科学，区域地质环境的差异以及新老构造活动的漫长演变历史，决定了地质条件的复杂性和各向异性，因此地热勘查钻井的过程及其成果具有显著的不确定性特点。

（2）工作范围

地热勘查钻井工程监督涵盖施工阶段的整个过程，包括对地质设计的验证、工程结构的配合以及预期成果的实现。主要任务是对照预测勘查目标和实施方案进行监督，以判断钻井技术工作的合规性和合理性，确保所获取资料数据的科学性和可靠性，这属于为地质勘查活动和建设方投资回报把好质量关的技术质量监督行为。

（3）工作流程

地热钻井施工阶段质量技术监督工作流程见图 5－1。

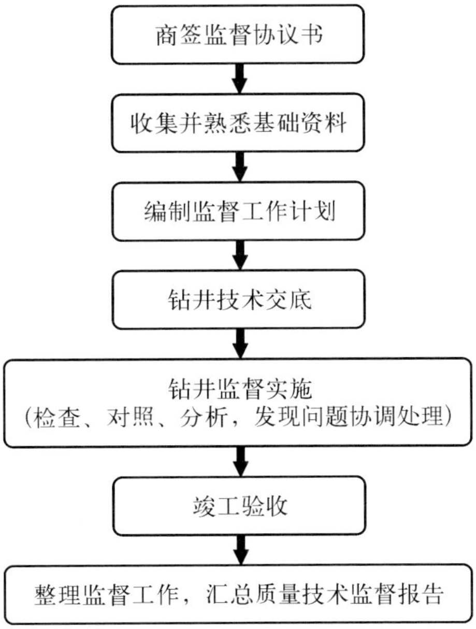

图 5－1　地热钻井施工阶段质量技术监督工作流程

5. 专业顾问单位

选择专业顾问单位，也可以由业主组织顾问组。地热资源的勘查和评价是最复杂的地质工作之一，专家的理论水平、经验以及综合分析和判断能力在地热井的设计、施工各环节以及资源计算评价方面具有重要意义，这在很大程度上有助于避免资源风险。地热项目不同于一般建设项目，尤其是地下地质情况具有不可预见性，在地质条件复杂或地勘单位经验不足的情况下，往往会出现设计与施工成果不符的情况。在这种情况下，聘请相关专业的顾问单位或专家显得尤为关键。

顾问单位在地热开发领域应具有良好的业绩和专业团队，所聘请的顾问专家应是在地热行业知名或具有多年地热工作经验的专业工程师。当遇到地质问题时，建设单位应及时组织设计单位、施工单位、监理单位和顾问单位（专家）召开技术研讨会，共同商讨应对措施，确保地热项目的顺利进行。

5.3 项目建设过程管理

5.3.1 项目施工管理

5.3.1.1 地热钻探施工管理

1. 地热钻探施工管理方法

1）制定地热钻探管理制度

（1）对项目经理实施责任制。项目经理是整个钻井工程的核心指挥者，在钻井工程开始之前，项目经理应组织所有施工人员召开施工会议，对施工管理人员进行重点施工内容的分配，并确保每个管理人员明确自身的岗位目标和职责。建立工程项目奖罚制度，以充分调动所有技术人员的积极性，保障整个工程的顺利进行。

（2）制定有关钻井工程质量的管理制度。采用科学手段，将工程质量目标置于首位。在钻井工程施工过程中，应配置质检工程师来监督工程质量。在进行地热钻井工程的测量工作时，需准确测量井温、井径和电阻率等参数，利用科学的检测手段确保工程设计的严密性。在施工过程中还需准备发电设备，以防止因突发断电而导致的安全事故。同时，可以采用新的施工技术和工艺来提升整个工程的质量。

（3）地热钻井施工设计必须符合要求。在地热钻井工程中，若出现突发状况，应立即上报，并由项目经理组织临时会议讨论应对方案。施工结束后，应对施工中的技术资料进行分析和汇总，并编写汇总报告。

2）实施钻井设备准入制度

实施钻井设备准入制度主要针对的是地热资源较为丰富且管理规范的地区。对设备进行编号并进行分类注册，只有注册后的设备才能用于钻井工程。通过注册建立数据库，可以清晰掌握钻井设备的动态情况。面对钻井工程设备标准不规范的问题，钻井设备准入制度能有效改善这一局面，迅速淘汰老化、施工能力弱的设备，确保钻井设备及时更新，从而保障地热钻井工程的规范化和标准化。

3）规范地热钻井场地

在设计钻井场地时，应结合场地大小和设备特点进行规划，并实施封闭式管理，除了车辆和人员的出入口外。场地内道路若崎岖不平，将影响整个钻井工程。因此，地热钻井场地内应对道路进行硬化处理，并对场地进行分区管理。在施工重点位置设置标语提示，并对施工中使用的材料采取防护措施，以避免施工过程中发生安全事故。

4）钻井人员持证上岗

钻井人员职业技能培训主要由地热行业主管部门负责，对所有施工人员进行统一培训。培训结束后，需参加考核，考核合格者颁发上岗证书。只有持有上岗证书的施工人员才能参与钻井工程，对无证上岗者将予以处罚。推行持证上岗制度，可以确保地热钻井工程管理的规范化和标准化，保障钻井工程的顺利进行。

2. 地热钻探施工技术管理

1）管理范围

本范围规定了地热钻探设备选择、钻探工艺、成井工艺、工程质量、安全施工、职业健康及环境保护等工作的技术要求，可作为地热钻探管理的依据。

2）规范性引用文件

下列文件对于本节的应用是必不可少的。注明日期的引用文件，若已有最新版本，其最新版本适用于本节。

《地热资源地质勘查规范》（GB/T 11615—2010）；

《地热钻探技术规程》（DZ/T 0260—2014）；

《供水水文地质勘察标准》（GB/T 50027—2024）；

《管井技术规范》（GB 50296—2014）。

3）术语与定义

（1）地热钻探：指以勘探或开发地热蒸汽和地热水为目的的钻探工程。

（2）地热井成井：又称完井，指钻孔达到预定深度并实现预期目的而结束钻进之后，为满足开采地热蒸汽和地热水的要求而进行的井下作业，包括冲孔、换浆、安装井管、填砾、止水固井、洗井和抽水试验等工艺过程。

（3）井身结构：指井眼直径和井内套管直径随井深变化的层次。井身要素包括开孔直径、终孔直径、各孔段直径、深度，以及下入套管的直径和深度等。

（4）套管程序：指一口井的套管层数、下入深度及各层套管的直径，相应各井段的井眼直径。

（5）表层套管：指为防止地表以下浅部地层坍塌和流体侵入而下入的第一层套管。

（6）技术套管：指为隔离不同地层孔隙压力层或易塌、易漏等复杂地层而下入的套管。

（7）固井：指在套管柱与井壁的环状空间注入水泥浆，使其固结封闭的工艺过程。

4）总则

（1）基本要求

地热勘探钻井应按照勘探开采结合的原则进行工程设计。地热勘探孔有条件成井的，应按地热生产井技术要求成井，在取得各项钻井地质及地热参数资料后转为生产井利用。勘探井口径应满足取样、测井及完井后安装抽水设备要求。

地热开采井一般应按地质勘探井的技术要求进行钻井施工，全面、准确地获取各项钻井地质及地热参数资料，做好地质编录。

（2）地热井井身结构

常用地热井井身结构见表 5－1。

表 5－1　常用地热井井身结构

钻　井	钻孔直径/mm	下入套管规格/mm
一开	444.5	339.7
二开	311.1	244.5
三开	215.9	177.8
四开	152.4	裸眼或下入 127 mm 过滤管

5）设计要求

① 设计应在施工单位技术负责人的主持下，由地质、钻探技术人员共同编制，经单位审核后，提交任务来源单位，经评审和审批后，方可实施。

② 设计的内容应符合国家、行业及地方有关地热勘探开采的要求和规定。

③ 收集已有及周边地质资料为设计提供依据。

④ 收集井场调查资料（自然环境、地形地貌、交通、土壤情况等）和相邻井钻井资料。

⑤ 应根据钻井深度和井径，合理选择钻井设备。

⑥ 井身结构应满足钻井、成井取水及获取地热资源参数的需要。

⑦ 套管程序应备用一级口径。

⑧ 钻井液性能应有利于保证钻井过程顺利、安全。

⑨ 钻井工艺选择应有利于保护热储层，避免或减少对含水目的层的污染。

⑩ 应优先使用环保装备和材料。

⑪ 有关内容应以图表形式表述。

⑫ 设计与实际情况不符时，应及时变更设计并报批。

6）开工前准备

（1）设备选择

钻机主要根据地质情况、钻进工艺方法和设计井深、井身结构等条件，结合设备实际状况进行选择和配套使用。

（2）井场布设

① 尽量避开在易滑坡、易坍塌和泥石流发育的地段施工。

② 井场地基修建时，应保证钻孔边缘距地下动力电缆、线路、高压输气管道等水平距离大于 5 m，距地下通信电缆及构筑物、给排水管道等水平距离大于 2 m。

③ 井场地基修建时，应确保井架在安装过程中或工作时，井架主体及附属的绷绳、避雷器等设施与场地上空的高压输电线路的安全距离符合《地质勘探安全规程》（AQ 2004—2005）的要求。

④ 进出井场的道路及井场内地基必须坚固，能保证重载车辆、作业吊车的安全通行与作业。

⑤ 工作场地布置应符合安全施工、文明施工及环保要求。

⑥ 井场安全设施包括消防器材、避雷器、绷绳、皮带防护罩、钻井液池护栏、动力机灭火罩及安全标识、标牌等。

（3）开工检查

① 施工方对施工井场的安全设施及装备，应按安全规范要求进行检查。

② 施工方应对施工井场的废渣处理与堆放、废浆处理方案与布置的合理性，堆放

场地的容量等进行检查。

③ 施工方检查合格后,报工程建设方或监理机构复检或验收。

④ 验收合格后,由建设方或监理机构签发工程开工令。

7）钻探及成井工艺质量要求

（1）地热井的钻探施工与成井工艺须按照勘查实施方案或施工组织设计实施,若不一致须提供设计变更及方案。

（2）地热钻探孔设计、施工及钻进中的地质编录,以及完井后的各项测试,应能够满足查明地热田的地层结构、地质构造、岩性、地温变化、热储渗透性、地热流体压力及其物理性质和化学组分的需求,以获取代表性的计算参数。

（3）对拟投入开发利用的地热钻井,应对钻井的表层套管和技术套管进行严格固井。表层套管下入深度和口径应满足抽水泵外径和地热井长期开采的要求,固井水泥应上返至井口;下部技术套管下至热储一定深度内,固井水泥应填满套管与孔壁间的环状间隙,以保持套管稳定并严格封闭热储以上的含水层位,防止不同水质储层相互串层沟通而造成污染。对于技术套管超过 1000 m 且地层比较稳定的情况,固井水泥填入高度可小于技术套管长度,但不得小于 500 m,并须在其顶部再压入水泥,其垂向厚度不少于 100 m;为保证成井质量,管材宜采用石油用无缝钢管,钢级应为 J55 以上,须出具套管质量证明书(材料质量检验单)。固井须采用 42.5#以上水泥,并须出具生产厂家的质量检验报告(材质单)。

（4）除专门设计的定向井外,地热钻井应保持垂直。相应深度的井斜控制为:深度 300 m 内(开采井泵室段)不大于 1°,1000 m 内不大于 3°,2000 m 内不大于 7°,2000 m 以上终孔不大于 10°;井深误差不大于 1/1000。

（5）在已有取芯钻孔控制的地区,地热钻井一般采取无芯钻进,但应做好全孔岩屑录井与地质编录,岩屑录井样品采集间距 2~5 m;对代表性井段应采取岩石磨片样和化学分析样,进行室内鉴定和准确定名;对中、高温地热田,还应特别注意水热蚀变岩芯或岩屑的采样和鉴定。对尚无取芯钻井控制的地区、代表性井段或地层判别有疑难的地区,应适当取芯。此外,每个地热田都应根据地热田的规模建立代表性的地热钻井地层实物地质资料标准剖面。

（6）地热钻井过程中应合理使用冲洗液,盖层可根据地层情况采用不同密度、黏度、失水率的泥浆作为冲洗液,钻遇热储层后宜采用清水或无固相稀泥浆作为冲洗液。考虑热储层的压力条件,尽量采用近平衡钻进,以防堵塞和污染热储。

(7) 地热钻井在下管前和完钻后,应进行地球物理测井,不得漏测井段。测井项目应包括电阻率、自然电位、天然放射性、井温、井径、井斜、声波(密度)等;钻遇热储层顶、底板及终孔时,应进行测温,测温前停钻时间不少于 24 h。严重漏失井段测温的停钻时间应适当延长。

(8) 地热钻井的地质观测与编录

采集岩屑或岩芯样品,应仔细观测记录其岩石成分、不同成分岩屑所占比例及其随钻进深度的变化,判定地层的岩石名称及变层的深度并保留代表性岩屑样品。

在钻进的目的层段,应注意观测冲洗液性能及漏失量变化、详细记录钻进过程中的涌水、井喷、漏水、涌砂、逸气、掉块、塌孔、放空、缩径等现象及出现时的井深和层位,测定涌水、井喷的高度、涌水量、温度及冲洗液的漏失量等,对井段的热储特性、地热流体赋存部位进行预估。

应系统测定井口冲洗液出口和入口的温度变化并做好记录,对储、盖层界面进行判断。

(9) 对用于开采(回灌)的地热井,完井后,应做好井口保护,完善井口装置。

(10) 地热井完井后应进行产能测试,测试前应做好洗井工作。洗井应依据热储渗透条件及埋深、孔内情况,采用适宜的机械或化学方法清除孔内及热储层段井壁的泥浆、岩屑、岩粉等堵塞物,达到流体中悬浮含量小于 1/20000(质量比),流体产量与压力下降保持相对稳定(前后比较变化小于 10%)。

(11) 地热井产能测试

地热井产能测试包括降压试验和回灌试验等,各类地热勘探孔与开采(回灌)井都应进行测试,通过测试取得地热流体压力、产量、温度、采灌量比及热储层的渗透性等参数。

对于高压自喷井的测试应采用国际上较通行的詹姆斯端压法进行放喷测试,其测试步骤如下:

井口安装主阀门、三通、测试阀、带节流阀的直管路、詹姆斯管段、消声器、堰槽等。在井口、直管段、詹姆斯管段处分别安装压力表,在直管段上安装温度计,堰槽处安装液位计。流量测试系统见图 5-2。

安装好测井装置,以及固定录井仪的装置。将配重棒放置到井底最深处,再提出。开始静态压力-压力测试,从井口开始,一直到配重棒刚触及井底最深处以上 3 m 的位置。完成后将录井仪提出井口,下载所有数据。

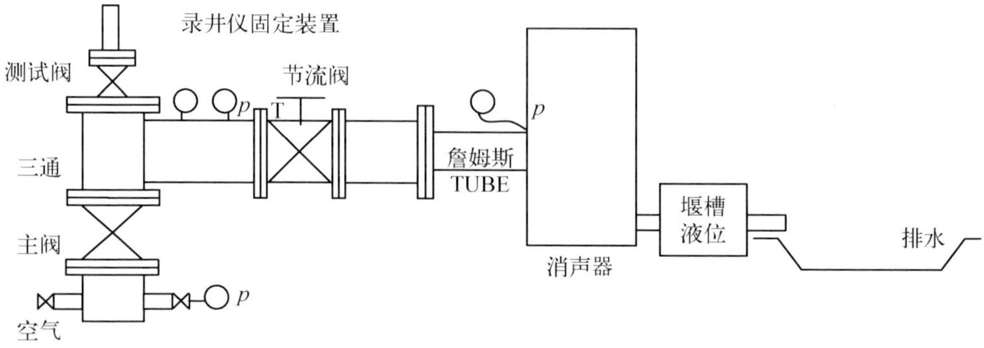

图5-2　流量测试系统图

打开阀门,放流。如果需要,使用空压机给井口加压。等几个小时,打开通向消声器的阀门。

每隔 10 min 记录井口压力、直管段压力和温度,詹姆斯端压和堰槽水位。

流量稳定后,开始动态流量-压力测试。从井口开始至配重棒触及井底最深点以上 3 m 的位置。完成后提出井口,下载所有数据。将仪器重新放下至主要生产区域的深度,固定仪器并记录压力。

流量放喷约 8 h 后,关闭节流阀,关闭流量。之后 2 h 继续记录井下压力。

从配重棒触及井底最深位置以上 3 m 处往上,记录静态压力,下载数据。

使用堰槽液位和詹姆斯端压计算流量,使用井下动态温度检验热储量。

出力=流量/(生产区域动态压力-静态压力)。

使用压力-温度分布结果确定生产区域深度,进行压力增长的瞬时分析。

① 降压试验

依据勘查的需要,分为单井降压、多井降压和群井降压试验。

单井降压试验:宜做三次降压的稳定流或非稳定流试验,最大一次降压的延续时间不少于 48 h;单位产量小于 10 m^3/(d·m)及流体压力持续下降的,应适当延长试验时间。测试资料应满足确定流体运动方程,计算储层渗透系数、有效空隙度或弹性释水系数、压力传导系数,评价单井合理产量的要求。

多井降压试验:指带有一个或多个观测孔的主孔降压试验,在地热田可行性勘查阶段中采用,宜做 1~2 次降压的稳定流或非稳定流试验,最大一次降压的延续时间不少于 120 h。试验资料除满足单井试验的各项要求外,还应能确定降压影响半径、井间干扰系数等参数。

群井降压试验：指在同一热储内，在两个或两个以上地热井中同时进行的降压试验，在地热田可行性勘查阶段或开采阶段中采用，结合地热资源开采方案进行。应做一次最大降压的稳定流或非稳定流试验，降压试验流量尽量接近井的拟开采量，延续时间不少于 240 h。试验资料要求能确定地热流体动力场的变化及其边界条件，为资源计算与评价、确定合理开采方案提供资料。

② 回灌试验

地热回灌试验在地热田可行性勘查及开采阶段中采用。试验应准确测定回灌井的回灌量、压力随时间的变化、回灌影响范围，以及影响区内热储温度、地热流体温度、压力、产量和化学组分变化等，为确定合理回灌方案提供依据。

回灌试验应布设一定数量的观测井（选择相邻地热井），试验前实测回灌井和观测井的井温，以及地热流体的温度、压力及化学组分；试验期间（包括回灌期间及停灌后）应定期监测其变化，并分析这些变化与灌（采）量变化的关系，应用无害示踪剂进行示踪试验，测定回灌流体的运移途径、速度；停灌后仍应定期监测回灌井，观测井压力、地温的变化，以及相邻开采井地热流体的温度、压力及化学组分的变化，直至相对稳定。

地热回灌试验宜与地热开发利用结合进行，在实行冬季采暖的地区，结合冬季采暖进行一个采暖期的回灌试验（不含停灌后的观测时间），以评价采灌区温度场的年际变化及其对维持采灌区持续开采的影响。

对于高温地热井，所有可以进行测试的井（包括生产井）都应该进行回灌试验。井下注入能力测试结果用于计算回灌能力。确定各口井的注入能力与生产出力的关系，压力-温度测试结果用于确定回灌区域。回灌测试则按下列步骤进行：

安装好注入泵，井口安装压力表，注入管路上安装温度计以及流量计。在井口安装好录井仪和其固定装置。将配重棒放置井底最深处。从井口开始到配重棒触及井底最深处以上 3 m 的位置，进行静态压力-温度测试；将录井仪提出井口，下载数据。再将仪器放回主要生产区域深度，固定仪器，记录静态压力。以最大进口压力的三分之一压力注入井内；持续 3 h。每 10 min 记录井口压力、注入流量和温度。以最大进口压力的三分之二压力，注入井内；持续 2 h；记录所有数据。将注入流量加至最大。等 1 h，将压力-温度录井仪放至配重棒触及的井底最深处 3 m 以上位置，然后将仪器提到水泥套管底部以上 100 m 处；再放至主要注入区域的深度，固定仪器。记录

15 min 内的压力。关泵。持续记录 2 h 的压力下降曲线,每 10 min 记录井口压力(井口压力表)。将压力-温度录井仪放至井底最深处 3 m 以上位置,记录压力-温度直至到达地面。使用注入流量和压力计算回灌指数和压力。使用压力-温度结果确定回灌区域,进行压力下降的瞬时分析。

③ 群井放喷、回灌及示踪试验

地质钻井工程的核心目的是构建一个稳定的换热循环系统。为了验证系统的可行性,需进行群井放喷、回灌及示踪试验,其具体步骤就是把前面的单井试验集中起来再做一次。

a. 所有目标生产井需按照单井放喷试验的方法进行同时放喷测试。

b. 所有目标回灌井需按照单井回灌测试时的方法进行同时回灌测试。

c. 在回灌井中投加示踪剂,并在生产井中进行取样分析。

d. 对换热循环系统是否具备长期稳定换热运行的可行性进行综合评估。

5.3.1.2 地热水管网及土建工程、供热机房施工管理

1. 工程施工管理制度

(1) 图纸会审制度

其所涉及内容为:图纸设计的合理性分析、图纸数据错漏情况检查、工程项目设计的规范满足程度,以及现阶段所应用到的施工技术满足图纸设计需求程度等。

(2) 技术核定制度

地热能工程涉及众多的城市建设与规划细则,致使工况相对复杂,这将导致部分设计内容与实施方案需要进行临时性调整。此时,便需要技术管理人员对技术内容进行准确核定,核定内容包括:具体施工工艺与技术的更改、施工成本控制措施的制定、全新工期的设定,以及人员和设备的安排等。

(3) 施工准备制度

根据合同、设计图纸的要求对工程进行准备工作,包含人力组织、材料准备、机械准备和施工方案的编制等。

(4) 施工记录及资料管理制度

施工记录及资料管理制度是施工技术管理过程中涉及的各类施工措施、施工工序及施工材料与机械设备等应用情况的记录管理制度。此类制度的制定能够确保地热能工程项目的有序实施,更便于专业人员对施工技术变更的掌握与管理。在地热

能工程施工过程中,资料管理是必不可少的一个环节,要遵照施工质量检验评定的相关标准确保工程实施的完整性和真实性。

（5）质量控制制度

施工质量控制是施工阶段管理的重点,其控制对象包括施工人员、材料设备、工艺方案和质量监督检查。

（6）工期控制制度

施工单位应根据设计图纸、工程特点及合同工期要求,编制施工进度计划,按照计划周期(季度、月度、旬)分解工程量,列清不同计划周期内人员、资金、物资、设备的需求量,上报建设单位审核,建设单位应会同监理工程师审核施工单位提交的施工进度计划。

（7）文明施工及安全施工管理制度。

2. 施工方案编制依据

（1）地热水管网市政及土建工程施工方案编制应参照依据如下规范:

《建筑给水排水及采暖工程施工质量验收规范》(GB 50242—2017);

《建筑工程施工质量验收统一标准》(GB 50300—2013);

《现场设备、工业管道焊接工程施工规范》(GB 50236—2011);

《砌体工程施工质量验收规范》(GB 50203—2018);

《给水排水管道工程施工及验收规范》(GB 50268—2008);

《工业金属管道工程施工质量验收规范》(GB 50184—2011);

《城镇供热管网工程施工及验收规范》(CJJ 28—2014)等。

（2）地热水利用机房机电安装工程施工方案编制应参照依据如下规范:

《建筑装饰装修工程质量验收标准》(GB 50210—2018);

《建筑工程施工质量验收统一标准》(GB 50300—2013);

《建筑施工安全检查标准》(JGJ 59—2011);

《施工现场临时用电安全技术规程》(JGJ 46—2021);

《建筑给排水及采暖工程施工质量验收规范》(GB 50242—2019);

《通风与空调工程施工质量验收规范》(GB 50243—2016);

《建筑电气工程施工质量验收规范》(GB 50303—2015);

《机械设备安装工程施工及验收通用规范》(GB 50231—2009);

《起重设备安装工程施工及验收规范》(GB 50278—2010);

《建筑机械使用安全技术规程》(JGJ 33—2012)等。

(3) 依据合同,设计图纸,国家现行的法律、法规、政策、规定、要求,相关施工规范、标准等进行施工方案的编制工作。

3. 地热水利用机房工程施工技术管理

地热水利用机房是整个工程能量转换的核心环节,涵盖给排水、处理过滤、供热、电气、控制等诸多方面。工程技术管理需严格参照相关设计和施工规范进行。由于地热水利用过程主要涉及能量提取和水质处理,与传统供热站房在用能取热和供热方面有所区别。

(1) 地热水利用机房内容包含水处理设备、换热设备、能量提取设备、循环泵、定压补水、管道、阀门、仪器仪表及自动化控制系统的安装等,各种设备应参照使用说明、设计图纸、相关规范进行安装,安装效果的优劣将会对机房的运行质量产生直接影响。

(2) 施工环节包含:土建施工、设备安装、支吊架安装、管道及阀门安装、仪器仪表安装、电气及自动控制系统安装、系统打压试验、系统运行调试、保温工程、系统验收、系统运行培训等方面。

(3) 由于地热水属于液体矿产,针对开发利用特性,着重强调地热水水量、利用温差的计量装置的安装,水量、水温计量仪器、仪表需参照相关规范进行安装,定期对仪器仪表进行巡检、标定、维护,发现功能异常应及时更换,以保护地热资源。

4. 市政及土建工程施工技术管理

地热水输水管网主要应用于地热水供暖及地热水供应,地热水水质具有腐蚀性高、温度高等特点。输水管道设计、施工时要优先考虑地热水的特点,根据其特点进行施工技术的管理。

(1) 根据设计文件中规定的输水管网的材料及施工方式,制定管网的施工计划。热力管网工程计划作为整个施工的重要组成部分,其准确性直接影响未来工程的质量。热力管网工程计划的要素包括工程测量、计划制定及目标实施。其中,热力管网工程测量主要涉及从干线到支线的队列测量,尤其要确保沿管道方向的定位与为测量点设置的坐标等基础数据保持一致。对于长线路,中间桩之间的距离应小于规定标准。在水准测量中,水准仪必须通过完整性测试,确保偏差在相关要求范围内。供热工程完成后,必须对工程计划中的位置和高度进行综合测量,确保其符合相关行业标准。同时超前做好整体工程计划安排,并提前组织工程实施分析与布置，确保热力工程施工有序推进。

（2）根据设计要求制定管网敷设方式、材料特性制定相关管网敷设与管路查验。首先，管网铺设在平整过程中，需要清除任何尖锐岩石和碎屑细沙，还要检查母体材料和焊接材料。由于管道是热力工程的基础，在对其进行检查时，这些材料的化学成分和力学性能必须相匹配，管材必须按照国家有关标准检验生产厂家质量证书和材料质量检验报告。其次，从管网铺设施工管理看，一方面直接埋管施工。这种安装方式与地下供热管道相同，需要配备各种补偿器、滑动支架、固定支架等管道配件。但由于土壤摩擦力较大，管道不能自由膨胀，管壁具有较大轴向温度应力。应根据强度不同，在铺设地面时安装超过设计应力的支架和补偿器。另一方面主要是在无衬垫补偿直接埋藏中，不需要安装补偿器、滑动支架、支架等管道附件进行施工，而是充分利用管道在热膨胀冷收缩过程中位移潜力，限制管道位移，即使是由于管道在管道锚固状态下摩擦。此外，在热力管网查验方面，要严格按照热力工程需求及计划严格检查验证，以保证安全高效供热。

（3）根据设计要求对管网节点进行施工管理，包括焊接、热熔、丝扣连接等方式，参照相关规范进行质量控制管理。

（4）管网密闭性试验根据管网工程设计要求，管网运行和设备必须进行强度和密封性试验，所有的试验都适用于整个设计。根据规范要求，如果密封性试验设计压力达到一定倍数，强度试验设计压力必须符合一定倍数要求，尤其是在热力管网安装管件之前，防腐、隔热施工和设备必须通过试验，同时密封性试验应在试验范围内所有管道工程安装完毕后进行。

（5）对于管网工程而言，保温材料种类繁多，必须具备质量证书。目前市场上存在各种隔热材料混合使用的情况，因此必须提交检查机构通过的检查报告。为了确保绝缘质量，规定的接口绝缘应通过管道压力测试，其主要目的是便于泄漏检查。此外，湿建筑物在使用隔热材料时可能会结冰，必须采取相应的防冻措施。

（6）管网工程验收调试是一项系统工程。在调试过程中，可能会发现诸多质量或安全隐患，因此，充分的准备工作是必要的。验收完成后，应在系统正常运行一段时间后，完成最终验收的信息记录。

（7）地热水管网因腐蚀性和水质问题会出现许多正常运转问题，因此必须采取相应的水质监测和巡检措施。

5.3.2 项目质量管理

质量是项目管理的主要控制目标之一。项目的质量控制需要系统、有效地应用质量管理和质量控制的基本原理与方法，建立并运行项目质量控制体系，明确并落实项目各参与方的质量责任，通过项目实施过程各个环节开展质量控制的职能活动，有效预防并正确处理可能发生的工程质量事故，在政府监督下实现项目质量目标。

1. 工程质量的特点

对于地热井钻探施工，几乎全部工程结构都位于地面以下，一旦成井建成，目前的探测技术手段几乎无法处理施工中形成的质量缺陷。一旦出现质量问题，将给工程质量处理造成巨大难度和损失，甚至导致井孔报废。

2. 工程质量控制阶段划分

工程项目质量控制是为达到工程项目质量要求所采取的作业技术和活动。根据施工的阶段性，质量控制可分为事前控制、事中控制和事后控制（表 5－2）。对于一个钻井工程，首先需要建立质量控制组织，并制定质量保证体系文件。由于钻探产品具有隐蔽性的特点，项目人员要认真学习设计文件，深入理解地质构造条件，并制定出合理的施工方案和方法。同时，加强对施工过程的质量控制，以确保钻探产品的质量。鉴于地质条件的复杂多变，需要加强钻探过程中的观察、测试及分析研究工作，及时、准确地实施设计变更和设计修改。钻探最终产品的形成过程，也可能对前阶段产品产生不良影响或造成损坏，因此要加强对中间产品的保护。最后，通过竣工质量检查、验收和质量评定，来最终确保钻井产品的质量控制。

表 5－2　地热井钻探施工阶段质量控制阶段划分

序号	阶段划分	质　量　控　制
1	事前控制	施工准备质量控制（质量控制系统组织，质量保证体系，项目人员，施工材料，施工方案和方法，作业环境，施工机械设备）；设计文件会审，设计技术、安全交底；审查开工申请、严把开工关
2	事中控制	施工过程质量控制（工序控制，工序之间交接检查，隐蔽工程质量控制）中间产品质量检查验收与保护；分部、分项工程质量评定；设计变更与设计修改的审查
3	事后控制	竣工质量检查验收；工程质量评定；工程质量文件审核和建档

3. 工序质量控制

工程产品是在施工过程中逐步形成的，而施工过程则是由一系列工序组成的。每一道工序都是人、机械设备、材料、施工方法和作业环境等因素综合作用的结果。因此，工序质量控制是确保工程质量的基础和核心。工序质量控制的重点在于强化对五大要素（4M1E，即人、机、料、法、环）的控制、工序活动过程及工序产品质量的控制。关键在于设置工序活动质量控制点，实施预控措施。质量控制点是指为确保工序质量而确定的关键控制对象、部位或薄弱环节。选择质量控制点的原则应基于以下因素：保证质量的难度、对质量影响的大小，以及发生质量问题时可能造成的危害程度。地热井钻探施工质量控制点的设置可参考表 5－3。质量控制点在施工质量上的重点控制对象主要包括以下几个方面：人的行为，物的状态，材料的质量与性能，关键的操作，施工技术参数，施工顺序，技术间歇，施工方法，新技术、新工艺、新材料的应用等。

表 5－3　地热井钻探施工质量控制点设置

序号	分项工程	质量控制点
1	钻机安装	井位测量定位，基础，钻台调平，绷绳
2	钻探	钻井液，测斜，钻具长度校正，取样（芯），钻时录井
3	物探测井	测井方法选择，测斜，测温，地质解释
4	下管	排管，管长丈量，下管方法，丝扣、焊接质量，井管通径
5	填砾	滤料，填砾方法，填砾高度监控
6	固井（止水）	水泥，黏土球，固井压力，初凝卸压提钻，固井质量检测
7	活塞洗井	提升速度，洗井时间
8	压风机洗井	风管深度，风量
9	化学药剂洗井	药液浓度，浸泡时间
10	酸化洗井	对碳酸盐岩热储适用，浸泡时间，盐酸浓度，添加剂
11	二氧化碳洗井	二氧化碳用量，总气阀压力
12	抽水与回灌试验	水位、水量、水温观测，含砂量观测方法，计量器具
13	水质检验	取样方法，检验单位

续表

序号	分项工程	质量控制点
14	探孔	钻具丈量，井深误差
15	工程测量	标高，轴线，基准点
16	地基、基础	尺寸，标高，土质，承载力
17	混凝土	水泥、砂石质量，配合比，钢筋品种规格，预埋件
18	井口处理	形状尺寸，防异物入井
19	水泵	泵型选择，泵管质量，螺栓
20	水处理设备安装	设备、材料选择，工艺流程

5.3.3 项目成本管理

地热工程项目成本控制，就是在地热工程项目投资决策阶段、设计阶段、发包阶段和施工阶段，将地热工程项目投资额控制在批准的投资限额以内，随时纠正偏差，以保证地热工程项目成本管理目标的实现。

1. 分阶段合理设置成本控制目标

由于地热工程项目建设周期长、投资数额大、风险因素多，项目管理者不可能在项目初期就确定一个具体明确、一成不变的成本控制目标，而只能设置一个大致的成本控制目标，即成本估算。然后随着项目的发展，成本控制目标逐步清晰、明确，从而形成设计概算、施工图预算、承包合同价等。具体来说，成本估算应是设计方案选择和进行初步设计的项目成本控制目标；设计概算应是进行技术设计和施工图设计的项目投资控制目标；施工图预算或工程承包合同价应是施工阶段控制工程成本的目标。

2. 以投资决策阶段和设计阶段为成本控制重点

地热项目成本控制贯穿于项目建设全过程，但不同阶段对项目成本影响不同。在投资决策阶段，影响项目成本的可能性为95%~100%；在初步设计阶段，影响项目成本的可能性为75%~95%；在技术设计阶段，影响项目成本的可能性为35%~75%；

在施工图设计阶段，影响项目成本的可能性则为5%~35%。因此，投资决策阶段和设计阶段为成本控制重点。

3. 采取主动控制

成本控制应立足于事先主动采取措施，尽可能减少或避免目标值与实际值的偏离。当出现偏离再采取措施时，对由于偏离或纠正偏离而造成的损失已无法弥补，这种被动控制对减少损失或避免出现更大损失虽然也有实际意义，但成本控制还是应采取积极主动的控制方法。

4. 技术与经济相结合

在我国建设领域，技术与经济严重脱节。工程技术人员与财会、预算人员往往不熟悉工程进展中的各种关系和问题，单纯从各自角度出发，难以有效地控制项目成本。因此，要将技术与经济相结合起来，通过技术比较、经济分析和效果评价，正确处理技术先进与经济合理的对立统一关系，力求在技术先进条件下的经济合理，在经济合理基础上的技术先进，将成本控制渗透到各项设计和施工技术措施中。

5. 成本控制要与质量控制、进度控制同时进行

地热工程项目三大目标是对立统一的关系，而且要同时满足建设单位的需求，在进行成本控制过程中，要协调好成本与质量和进度的关系。例如，采取限额设计进行成本控制时，要力争使实际的项目设计成本限定在成本额度内，同时又要保障项目的功能、使用要求和质量标准。

5.3.4　项目进度管理

1. 进度控制的主要任务

（1）设计准备阶段进度控制的任务

① 收集有关工期的信息，制定工期目标和进度控制决策；

② 编制工程项目总进度计划；

③ 编制设计准备阶段详细工作计划，并控制其执行；

④ 进行环境和施工现场条件的调查和分析。

（2）设计阶段进度控制的任务

① 编制设计阶段工作计划，并控制其执行；

② 编制详细的出图计划，并控制其执行。

（3）施工阶段进度控制的任务

① 编制施工总进度计划，并控制其执行；

② 编制单位工程施工进度计划，并控制其执行；

③ 编制工程年度、季度、月度实施计划，并控制其执行。

2. 缩短施工准备期

（1）尽快组织项目管理人员及其他有关人员在委托方要求的期限内进入现场，开始紧张有序的工作。进行详细的施工调查、测量、复测、三通一平等临时工程的规划和设计，人员、材料、机具设备迅速进场，施工图纸、电力尽早到位。组织生产、生活设施齐头并进，尽早开工，尽量缩短施工准备期。

（2）组织好施工机械、设备和材料的调运，急用设备在一周之内进入施工现场，以满足施工的需要。

3. 保证工期的组织措施

（1）抽调富有实践经验又年富力强的干部，施工经验丰富、战斗力强的施工队伍，迅速成立项目部；配备力量充足、结构合理的施工人员和机械设备，担任本工程施工任务。

（2）加强现场施工组织指挥，做到指挥正确、管理得力、效率高、应变能力强。决策重大施工问题，确定重大施工方案，确保施工进度质量。

（3）建立、健全岗位责任制，施工人员定岗定责，严格技术标准、工艺措施，严明施工纪律，按设计要求施工。

4. 保证工期的技术措施

（1）精心安排施工，强化管理，在深入调查，弄清设计意图的基础上，编制实施性施工组织设计。分级负责，认真实施，并在实践中不断深化。施工组织的实现关键在强化管理，要高起点、高质量、严要求。

（2）抓施工的程序化作业、标准化施工，通过合理的组织与正确施工方法，尽快形成生产能力，加快施工进度。

（3）认真做好工程的统筹、网络计划工作，科学组织、合理安排。

（4）优化施工方案，加快施工进度。牢牢抓住关键工序的管理与施工，控制循环作业时间，减少工序搭接时间，提高施工效率。

（5）注重依靠科技和技术进步。采用新技术，在关键工序采用施工效率高的机械解决影响施工进度的施工技术难题，组织攻关，充分听取各方面的合理化建议，加快施工进度。

（6）按生产计划情况编制材料供应计划，超前订货加工，近期供货，并备有足够的存量，保证工程物资供应。

（7）全面提高人员整体素质。加强技术培训，提高施工人员操作技术熟练程度，项目部的骨干要深入学习项目管理知识，规范操作行为。同时抓好后勤保障工作。

5. 提高机械设备完好率

（1）编制机械安全技术操作规程，组织专人深入现场，督促检查机械设备安全工作情况，发现问题，及时纠正，消除隐患，使机械设备安全、优质、高效、低耗地运行。严禁违章指挥、违章操作、违反劳动纪律等操作行为。

（2）机械设备在使用中不得超载作业，或者任意扩大使用范围，应严格按照机械使用说明书的规定条件使用。

（3）机械集中停放的场所，要有防火设备。

（4）加强对施工设备管、用、养、修的动态管理，积极应用现代化计算机管理，建立设备台账和技术档案，建立检测、大修、项修等计划，并定期进行维修。

6. 其他措施

（1）组织技术人员，熟悉图纸，精心编制施工组织设计，充分利用技术力量，为工程按期完成创造条件。

（2）项目部每周召开一次工程例会，平衡调度机械、劳动力、材料供应、施工配合等，确保工程按计划顺利进行。

（3）对施工现场，实行动态管理，当实际进度与计划工期节点脱节时，应分析原因、采取措施、进行调整，必要时采用滚动计划调整，以确保总工期。

（4）在进度编制时，充分考虑不可预见因素对工期的影响，对人、机、料、法、环及各工序进行合理安排，保证工程按期完成。

5.3.5　项目职业健康管理

1. 职业健康管理目标

严格按照三标一体相关文件规定，建立本项目的职业健康管理体系，保证施工人员生活及工作场所干净整洁，施工现场粉尘及有害气体不超过国家规定，劳动保护符合有关规定；防止食物中毒、传染病扩散，防止职业病、地方病发生。

健康目标：无疾病流行，无辐射损害人身健康，无职业病发生。

2. 职业健康管理制度

（1）职业健康管理体系

执行 GB/T 45001—2020/ISO 45001：2018 职业健康安全管理体系。

（2）职业健康领导小组

组长：项目经理

副组长：项目副经理

组员：各班组长

（3）分工和职责

单位工会负责人是职业健康工作的主管领导，人事部门是主管部门，主抓施工过程的职业健康工作。安保、物资、财务部门为协作部门，为职业健康提供防护和保障。职业健康安全领导小组制定各项保障措施，明确各级分工，将职业健康保障作为日常工作重点，对生活、办公及施工生产过程进行全面的职业健康检查指导，以保证员工的身体健康和防止职业病的发生。

3. 职业健康保障措施

1）职业健康设施

（1）职工生活区集中建立在避风、向阳、静僻处，与施工现场保持一定的距离，以防止施工对宿舍的污染，尽可能给员工营造一个清洁舒适的生活环境。

（2）在生活房屋、办公室内安装空调或风扇及取暖设施等，以利于夏季防暑降温及冬季保暖。

（3）在生活区设立职工活动场所，配备一定数量的运动设施，以利于职工在空闲时间锻炼身体。

（4）生活区设置足够数量的卫生设施，保持员工宿舍区内的卫生。室内外卫生经常清扫，保持地面干净，日常用品摆放整齐，保持室内通风良好，空气清新；在室外种植花草，美化环境。

（5）在生活区外围偏僻处设立生活垃圾池，生活垃圾在生活区内采用封闭式容器收集，然后统一倒入垃圾池，再按当地环保规定运至指定垃圾处理地点统一处理。严禁随地丢弃生活垃圾。

（6）生活区内设置有取暖设施的公共洗澡间，洗澡间内设置冷热水管，保证员工在工作后能洗澡，保持个人的清洁卫生。

2）劳动保护措施

（1）接触粉尘、有毒有害气体等有害、危险施工环境的职工，按有关规定发放个人劳动保护用品，并监督检查其使用情况，以确保正常使用。

（2）加强机械保养，减少施工机械不正常运转造成的噪声。

（3）对于噪声超标的机械设备，采用消声器降低噪声。

（4）在强噪声区域（噪声等效声级超过 70 dBA）工作时，现场人员应佩戴耳塞，并避免长时间连续工作。

（5）按照劳动法的要求，做好本工程的劳动保护装备工作，根据每个工种的人数及劳动性质，由物资部门负责采购、配备充足且必要的劳动保护用品。同时加强行政管理，落实劳动保护措施。

（6）劳动保护装备要符合以下要求：

① 采购劳动防护用品时，必须审核产品的生产许可证、产品合格证和安全鉴定证，确保产品的质量和使用安全。对于未列入国家生产许可证管理范围的劳动防护用品，应按照特种劳动防护用品生产许可证制度进行质量管理。

② 施工人员必须按分工和规定配齐劳动保护用品，并佩戴上岗。进入施工现场的其他人员必须佩戴安全帽，闲杂人员不得出入施工现场。

③ 由安全领导小组负责对施工人员进行劳动保护方面的检查。对漏配、缺配劳动防护用品的施工人员，应责令相关部门补发劳动防护用品。对不按规定佩戴劳动防护用品上岗的人员，应进行批评教育，并责令其改正。对屡教不改的人员，将采取罚款、停岗等措施予以处罚。

3）医疗卫生保护措施

（1）医疗保障措施

① 联系医院，全面负责医疗卫生和传染病、地方病防治的监测监督工作，落实防治措施，做好职工的健康教育工作。对项目内出现的疫情信息，及时向上一级医疗卫生机构报告。对内规范管理、对外加强协调联系，营造一个良好的内外卫生防疫工作环境。

② 夏季发放防暑药品，防止中暑；冬季发放防寒防冻药品，防止冻伤；春秋两季是传染病、病毒性疾病高发季节，医务人员需加强对职工的健康检查，做好预防接种工作，搞好环境卫生，切断蚊蝇等病媒生物孳生源，有效控制疾病的流行。

③ 在紧急救援预案中建立突发疫情应急处理方案；按照《中华人民共和国传染

病防治法》和《中华人民共和国国内交通检疫条例》的有关规定，在工地发生突发性高危疾病、人身意外伤亡事故时，启动应急预案，确保病人或伤员及时到医院就医。

（2）卫生保证措施

① 环境卫生保证措施

a. 配备一定数量的环境卫生清扫人员，每天对井场的环境卫生进行打扫，尤其是职工宿舍周围的环境卫生。每天做到场地清洁，房屋四周排水畅通，无污水、死水，无病毒滋生的腐质物堆积，生活垃圾统一装入垃圾箱并及时运往指定的垃圾场。

b. 积极开展爱卫活动，消除蚊蝇孳生源，开展灭鼠防鼠活动，同时抓好消毒、杀虫工作。

c. 保持施工场地的整洁，每天交班后，施工人员应及时对施工场地进行整理，保证做到材料分类成堆，机械设备停放有序。

② 食堂卫生保证措施

a. 设立食堂卫生监督机制，由项目综合部组织对食堂卫生进行不定期抽查，全体员工进行监督，确保食堂卫生。

b. 对食堂工作人员实行委外职业培训，学习食品卫生有关的规范和法规；食堂工作人员统一着装，保持自身的清洁、卫生。

c. 加强饮食管理，保证职工的营养供给。严格遵守《中华人民共和国食品安全法》的相关规定，认真做好职工食堂的餐饮服务工作。定期对食品加工人员进行健康检查，确保食品加工过程的安全，同时做到营养均衡。

d. 加强食品的采购和储存管理，保证食品安全、卫生；采购人员必须具备较丰富的食品卫生知识和较强的责任心，掌握食品优劣的标准。注意质量的好坏，特别是水产品和肉类，一定要新鲜，对腐败变质的食物一律不能购买。采购动物制品时，必须有动物检疫部门的检验合格证。

e. 食品的储存与保管按规定办理。

f. 为确保食品的安全与卫生，项目部将成立职业健康领导小组，该小组将不定期开展食品安全卫生检查。对于不符合卫生标准的食品，将一律予以废弃，并对相关责任人进行批评教育。对于因工作不负责任导致食品卫生问题，进而造成严重后果的情况，将依据相关规定予以严肃处理。

③ 个人卫生保证措施

a. 项目部将积极为职工创造良好的个人卫生条件，包括修建澡堂、发放劳动保护用品等措施，以提升职工的生活质量和工作环境。

b. 加强个人卫生的宣传工作，进行形象教育，促使每位职工从自身做起，在为单位树立良好形象的同时，也注重自身的卫生保健。通过这样的做法，职工能够保持良好的精神状态和强健的体魄，全身心投入工作中。

4）职业病防治措施

① 严格执行《中华人民共和国传染病防治法》《中华人民共和国公众卫生法》及所在地政府有关职业病管理与疾病防治的规章制度。

② 配备应有的设施。负责职工的疾病预防及事故中受伤职工的抢救。

③ 邀请卫生防疫部门定期对工地及生活区进行防疫检查和处理，按时接种有关疫苗，消灭鼠害、蚊蝇和其他虫害，以防对职工造成任何危害。

④ 强化施工和管理人员卫生意识，杜绝疾病的产生，对已患传染病者及时隔离治疗。

⑤ 有针对性地进行职业病的检查，发现病情时，及时进行病情分析，寻找发病根源，加强和改进施工方法及工艺，消除发病根源，防止病情的蔓延。对特殊工种进行岗前培训，持证上岗，按规定采取防范措施，按规定进行施工操作。及时发放个人劳动保护用品，并监督检查正确使用。

⑥ 加强健身运动，增强体质，提高员工的免疫力，积极开展各种文娱活动，丰富员工的业余生活，有效地消除员工的疲劳和工作压力，使员工在良好的心态下工作，有效防止职业病的发生。

⑦ 做好对员工卫生防病的宣传教育工作，针对季节性流行病、传染病等，利用板报等形式向职工介绍防病、治病的知识和方法。

⑧ 保护工作环境，有效消除或控制环境毒源，是做好自我防护工作的关键，以预防职业中毒事故的发生。施工现场的各种机械排放的废气和废物，以及材料装卸和搬运过程中产生的扬尘，一旦被人体吸收，将对健康造成严重危害。因此，在特殊工序如固井工艺中，施工人员必须佩戴适当的口罩进行自我防护。机械操作手应负责机械的维护工作，以最大限度地降低机械噪声和废气排放。在材料装卸和搬运时，应轻拿轻放，以减少扬尘对环境的污染。通过这些措施，可以有效预防职业中毒事故的发生。

⑨ 对施工场地固定的经常运转设备进行合理布置，分散安置，以分散振动和噪声源，有效避免各种振动和噪声产生共振，从而降低其危害程度。处于振动和噪声区的

施工人员，应合理佩戴手套、耳塞、耳罩等个人防护用品，以减轻振动和噪声对身体的危害。

5.3.6 项目安全管理

安全管理是项目管理重要组成部分，贯穿于施工的全过程，关系到现场施工全体人员的自身安全。

1. 安全管理目标

地热施工的安全管理目标：杜绝重大恶性事故发生，无伤亡事故，无重大交通事故、火灾事故和重伤事故，无重大设备事故。

2. 施工安全管理办法

安全标准化建设是一项系统工程，其涵盖很多内容，从地热钻井施工的特点出发，现场标准化建设应以企业标准化建设为指导，重点放在现场管理制度化、作业现场标准化、岗位操作行为规范化等方面，并持续改进。现场标准化建设，可有效控制和消除人的不安全行为、物的不安全状态，以及管理上的缺陷，确保整个施工过程中每个环节都处在安全可控状态，最终实现本质安全。

1）现场安全施工管理制度体系的建设

安全生产制度是明确安全责任、规范安全行为、维护安全生产秩序的重要保证，安全制度使得作业人员在生产过程中有章可循，权责明晰，做到现场作业人员各司其职。依照《中华人民共和国安全生产法》、《中华人民共和国劳动法》、《企业安全生产标准化基本规范》（GB/T 33000—2016）、行业安全操作规程、《职业健康安全管理体系要求》等相关要求，在安全制度管理体系文件中，至少应包含下列几个方面：岗位安全生产责任制度体系；安全作业指导体系；安全管理网络体系；安全教育培训体系；安全管理制度体系；安全生产检查制度体系；安全管理应急救援保障体系；安全生产考核与奖惩制度体系；安全生产与防护保障制度等。

2）作业程序标准化

应根据地热钻井的特点规范各项工作的作业标准，如《地热钻井施工流程图》《地热钻井施工关键环节控制手册》《地热钻探技术操作规程》《钻探设备、钻具使用维护手册》《钻探常见事故处理流程手册》《钻井液配制与维护手册》等标准及管理流程，使钻探施工中各项管理工作走向标准化、规范化，提高管理效率。

3）岗位操作标准化

应根据行业操作规程和地热施工的特点，制订各岗位标准化操作流程，如《钻工标准化作业操作流程》《泥浆工标准化作业操作流程》《架子工标准化操作流程》等，并不断组织教育培训，使各作业人员明确自己的岗位职责，以做到各司其职，密切配合。

4）地热钻井作业现场标准化

地热钻井井场的布置多延续地质勘探现场布置，《地热钻探技术规程》中没有对地热钻井的施工场地面积进行要求，但是，进行标准化设计，有助于对现场人员、材料进行统一管理，减少事故隐患，从而提高工作效率。

对地热施工现场进行统一布局，根据安全作业、环保等要求，将施工现场设置成独立区域，与外界设置围挡隔离，对井场内钻机、机电设备、钻具、材料、泥浆池、沉淀池、循环槽、排水沟、值班室、消防器材等进行合理、规范摆放，并应出台《地热钻井施工现场标准化布置图》（以下简称《布置图》），以便对现场的设备摆放顺序及位置做出统一的规定，从而使井场布置规范化。《布置图》中，应明确安全标志和警示标识的种类、数量、悬挂位置，围栏、围挡的规格和高度，现场作业人员的安全防护，也应该有统一的规定。实际实施过程中，应根据实际情况添加必要的尺寸标注及相关内容。

5）安全施工作业培训标准化

制度的执行、作业现场的布置、作业施工等，都是依靠作业人员来完成的，而教育培训的最终目的是提高现场作业人员的安全素质、操作技能、标准化水平。对于野外施工作业来说，安全施工作业培训标准化显得尤为重要。主要应从以下三个方面入手：

（1）安全制度及安全技能培训

使作业人员认真学习和掌握国家相关安全政策法规、安全规章制度，严格执行三级安全教育制度，明确自己的岗位职责，熟练掌握作业现场的危险源点及应对措施，积极参与应急预案演练，不断提升安全技能，提高自我保护能力，做到“三不伤害”，即不伤害自己、不伤害他人、不被他人伤害。

（2）施工作业流程培训

从进驻施工现场到施工结束，应制定严格的流程，精心编制施工组织计划，将入场、整备、开孔、钻进、下套管、固井、洗井、抽水等每一个作业环节都涵盖进去。按照施工作业标准化流程要求，制作工地的施工作业流程图，并做好交底工作，使作业人员全面了解本次的工作任务及本岗位职责，并突出关键点控制，做到分工明确，环环相扣，提高工作效率，降低安全风险。

（3）加强岗位操作标准化

钻探行业属于高危行业，钻井施工单位要从明确各岗位操作要求、各种工况操作要求、特殊作业操作要求入手，狠抓岗位操作标准化建设，从而实现全员、全过程、全要素的安全控制。

5.3.7 项目环保管理

1. 环境保护施工管理制度

（1）项目经理是环保施工第一责任人，负责环保施工的组织实施和目标实现，并指定环保施工管理人员和监督人员。

（2）项目总工程师对环保施工管理要素、管理方案负责。

（3）主管环保施工的项目副经理对施工现场环保施工具体实施负责。

（4）项目环保施工管理部为施工现场绿色管理体系运行的主管部门。

（5）项目部各有关部门和各专业施工单位是施工现场环保施工措施的执行者，负责各施工区域内环保施工措施的落实和具体管理工作。

（6）本工程拟编制的环保施工管理制度包括：

《施工现场环保施工管理规定》；

《施工现场个人防护用品使用规定》；

《施工现场环保施工宣传与警示管理规定》；

《施工现场环保施工培训及执证上岗规定》；

《施工现场临时访客管理规定》；

《施工现场办公室日常管理规定》；

《施工现场环保施工会议规定》；

《施工现场车辆进出管理规定》；

《环保施工风险评估和隐患治理工作规定》；

《施工分包方和采购分包方环保施工管理规定》；

《文明施工、卫生与环境操作管理规定》；

《施工现场环保施工监督、检查工作规定》；

《施工现场环保施工奖罚规定》；

《施工现场环保施工变更管理规定》；

《施工现场环保施工应急管理规定》；

《施工现场环保施工信息管理规定》；

《施工现场环保施工事故处理及上报管理规定》；

《施工现场环保施工管理总结规定》。

2. 环境保护施工管理目标

施工管理过程中应对井场实行环保优先管理，争做安全文明标化工地。

安全目标：杜绝重大伤亡、火灾、设备事故，减少一般事故，全年千人负伤率小于 3‰。

环境目标：最大限度保护生态环境，无重大环境破坏和环境污染事故，满足施工期间环境保护要求。

（1）噪声：施工期间，昼间<70 dB，夜间<55 dB。

（2）扬尘控制：现场目视无扬尘。

（3）污水排放：生活污水中的 COD 达标（COD＝300 mg/L）。

（4）废弃物管理：分类管理，合理处置各类废弃物，有毒有害物回收率 100%。

（5）室内环境控制：严格控制各项原材料中有害物质、放射性物质的含量。

（6）其他：施工现场夜间照明不影响周围社区，不产生光污染；采取措施节约水电能源，节约纸张等资源。

3. 环境保护施工管理措施

（1）扬尘污染的控制措施

扬尘污染控制是保障现场环境的重要措施。本项目将依据工程自身特点，从项目组织架构、资金保障、合同约定及过程控制等各个方面进行有效控制。

① 建立岗位责任制，对扬尘的预防和控制做到责任到人。设专人负责工地的扬尘治理工作，成立文明施工保洁队，配备洒水设备，做好压尘、降尘工作。

② 设立扬尘污染控制专项资金，并确保此项资金专款专用，用于防扬尘污染的设备、材料的购买和租赁。

③ 钻进中发现地层有可燃或有害气体，应立即采取有效措施防止井涌、井喷，并把可能产生的气体引入燃烧装置烧掉。

④ 井场内严禁燃烧可能产生严重烟雾或刺鼻臭味气体的材料。

⑤ 对产生微粒性粉尘污染的作业（注水泥、加重剂配制钻井液等），应采取有效

措施，防止粉尘污染井场空气环境。

⑥ 柴油机和井队锅炉的烟尘要符合污染物排放标准，烟尘排放不超过林格尔曼黑度一级。

⑦ 运输道路及材料堆场进行硬化处理，并每天派人打扫、洒水以保持清洁。非硬化区域采用花草绿化，尽可能减少地面裸露。

⑧ 在现场设立固定的封闭式垃圾池，并在生活区、办公区及施工区放置垃圾桶，所有垃圾当天清除出现场，并按政府规定运送到指定的垃圾消纳场。

⑨ 现场禁止燃煤及木柴或其他材料，严格执行消防管理制度，将烟尘排放控制到最小限度。

⑩ 现场供暖设施采用清洁燃料。

⑪ 工程竣工后及时拆迁现场临建，产生的垃圾、渣土确保当天清运出现场，并在拆迁过程中采用洒水、临时覆盖等有效措施防止扬尘。垃圾运输车出场前一律用毡布覆盖。

⑫ 电锤使用、切割机剔凿时尽可能边洒水边操作。

⑬ 清扫垃圾时，先洒水、后清扫。

⑭ 安装阶段，各种物体的转移、安装均轻拿轻放。

（2）噪声与振动控制措施

① 钻井作业场所的设备噪声应尽可能降至最小程度，钻机应装消音装置或采用其他减小噪声的措施。

② 噪声大的动力设备应布置在井场主导风向的下风侧，办公用房或职工宿舍应布置在主导风向的上风侧，以减小噪声的影响。

③ 水泵、振动筛等设备连接管道安装临时固定要牢靠。强噪声施工机具必须采用有效措施，如添加抑制器等。

④ 现场搬运材料等，针对不同材质采取措施，轻拿轻放。

⑤ 进场及关键过程加强控制，避免材料、设备安装时出现敲打、碰撞噪声。

⑥ 施工车辆进入现场禁止鸣笛。

⑦ 现场备用发电机房采用隔音布吸收噪声。

⑧ 尽可能改善机械维修保养工作以降低噪声，尽量以噪声小的机械取代噪声大的机械。

（3）水污染控制

① 防止含水层被地热流体及钻井液污染。

② 井场应设钻井废水循环利用系统，以便减少钻井废液的排放量。

③ 按钻前工程标准修建废液池、防渗水泥池，废液池必须进行防渗漏和防垮塌处理，经钻前验收合格后方可投入使用。

④ 施工现场污水排放应达到国家标准《污水综合排放标准》的要求。污水排放应委托有资质的单位进行废水水质检测，并提供相应的检测报告。

⑤ 工地生产、生活污水和雨水分开排放，单独设立管网；场内废污水管网、雨水沟槽要分别和市政污水管线、雨水管线接口，雨水排放口沿现场道路布置，保证一定的泄水坡度，控制好流向。

⑥ 办公区及生活区内厕所、浴室等生活废水出口应设立沉淀池，由专人负责定期清掏淤积物；沉淀处理后的废水进入室外废水管。

⑦ 运输车辆清洗处设置沉淀池。排放的废水要排入沉淀池内，经二次沉淀后，方可排入市政污水管线或回收用于洒水降尘。未经处理的泥浆水，严禁直接排入城市排水设施。

⑧ 厨房废水、设备清洗污水经隔油池沉淀后排入室外市政污水管。

⑨ 油漆油料库的防漏控制。施工现场要设置专用的油漆油料库，油库内严禁放置其他物资，库房地面和墙面要做防渗漏的特殊处理，储存、使用和保管要由专人负责，防止油料跑、冒、滴、漏，污染水体。

（4）土壤保护

① 保护地表环境，防止土壤浸蚀、流失。因施工造成的裸土及时覆盖砂石或种植速生草种以减少土壤浸蚀。对因施工造成容易发生地表径流土壤流失的情况采取设置地表排水系统、稳定斜坡、植被覆盖等措施，减少土壤流失。

② 及时清掏各类池内沉淀物，并委托有资质的单位清运，以确保泥浆池、沉淀池、隔油池、化粪池等不发生堵塞、渗漏、溢出等。

③ 施工后应恢复施工活动破坏的植被。与当地园林、环保部门或当地植物研究机构进行合作，在先前开发地区种植当地或其他合适的植物以恢复剩余空地地貌或科学绿化，补救施工活动中破坏植被或地貌造成的土壤侵蚀。

（5）施工废弃物控制

① 制定垃圾减量化计划。

② 加强废弃岩屑的回收再利用，对于废弃岩屑采用地基填埋、铺路等方式提高再利用率，力争再利用率大于 50%。

③ 施工现场办公区及生活区应设置封闭式垃圾容器,生活垃圾实行袋装化,及时清运。对建筑垃圾进行分类并收集到现场封闭式垃圾站,集中运出。

④ 钻井液药品按标准化管理妥善存放,不得将钻井液药品洒散在井场上,在装卸和使用过程中如发生洒散应及时清理回收,不得随意乱丢、乱放。

⑤ 钻井生产施工中,禁止废水、岩屑、钻井液、钻井液药品及其他废物流失和乱排乱放。井场应筑足够容量的废浆池,钻井液不得排出井场。

⑥ 对钻井液要尽可能回收利用,废弃泥浆、污水应全部进入污水池,污水经沉淀澄清后回收利用。禁止焚烧原油、废油品。

⑦ 钻井废弃泥浆及岩屑应在完井后进行无害化处理,或将剩余固废、废液拉运到当地环保部门认可的处理站达标处理。钻后固液废弃物无害化处理参考标准:《危险废物鉴别标准 浸出毒性鉴别》(GB 5085.3—2007)、《污水综合排放标准》(GB 8978—1996)一级、《地表水环境质量标准》(GB 3838—2002)。

⑧ 严禁机油、柴油等各种油料落地,擦洗设备和更换的废油品要集中到废油回收罐,如果发生外溢和散落则必须及时清理。废机油、洗件油回收率达到100%。杜绝倾倒废油品。

5.4 项目竣工验收

5.4.1 项目阶段验收

1. 地热井工程竣工验收

1）竣工验收条件

地热井工程竣工验收指施工单位(或勘查单位)按合同执行工作内容约定的单眼(或多眼)地热井钻探施工工作,主要工作包括地热井凿井、洗井及抽水试验等。地热井工程成井具备验收条件后,施工单位向建设单位提交成井质量验收书(如遇矿权争议提交预验收表)等。竣工验收条件基本要求如下:

① 完成施工合同及钻探设计约定的相关工作内容,如出水指标无法满足建设单位要求按合同相关条款执行,但需客观反映当前出水指标参数值。

② 施工技术及管理资料齐全,包括成井各施工阶段报告、管材质量证明书、水泥出厂检测报告、水泥出厂合格证、洗井及抽水试验阶段报告、井管结构明细表、抽水试

验原始记录表、岩屑汇交单等。

③ 成井质量验收书需设计单位、施工单位、建设单位、技术质量监督方四方责任主体签署，作为质量合格文件留存。

④ 施工单位竣工自验合格。

⑤ 技术质量监督方提交地热井工程施工技术质量监督报告。

2）竣工验收依据

① 项目所在地行政主管部门（自然资源、水务、环境等）批准文件，包括通过评审的地热资源可行性论证报告（不同行政地区要求不同，也可提交地热资源勘查实施方案或地热水水资源论证报告等）、行政主管部门颁发的矿产资源勘查许可证、准钻通知书等与项目相关的其他各种文件。

② 地热钻井设计书、施工情况说明、设计变更、工程洽商记录等。

③ 国家颁布的行业相关规范、地方行业标准，如《地热资源地质勘查规范》（GB/T 11615—2010），以北京为例，需满足《北京市地热勘查井成井质量要求》。

④ 与地热井施工有关的合同、补充协议等。

⑤ 与地热井施工相关的技术核定、工作量签证、整改通知及回执等。

3）竣工验收质量要求

① 地热井工程应符合《地热资源地质勘查规范》（GB/T 11615—2010）和相关专业验收规范的规定。

② 地热井工程符合可行性论证报告、设计文件的要求。

③ 参加地热井工程质量验收的各方人员具备规定的资格，施工单位一般要求具备水工环或地质勘探专业高级职称。

④ 地热井工程质量验收在施工单位自检评定合格基础上进行，需进行完整的抽水试验并记录相关出水参数，数据需满足完井后地热井资源评价要求。

⑤ 地热井工程竣工验收现场需由施工单位预先开泵抽水，再次进行最大降深抽水试验，至水温、动水位稳定，由施工单位取热矿水全分析水样一份并按相关要求送检，参与竣工验收四方见证取样，承担见证取样检测单位具有相应资质。

⑥ 地热井出水温度、出水量、稳定动水位应由参与竣工验收四方现场检查核对并共同确认。

4）竣工验收程序

地热井竣工验收管理程序：竣工验收准备（包括施工单位自检、过程及验收资料准备、竣工验收收尾)→编制竣工验收计划(初步方案报技术质量监督方)→组织现场验收→进行竣工结算→移交竣工资料→办理竣工手续。

5) 竣工验收

(1) 竣工自验

① 竣工自验的标准与正式验收标准一致,其主要内容是:地热井工程是否符合国家或项目所在地行政主管部门规定的竣工验收标准和规定。地热井工程是否符合可行性论证报告和地热钻井设计书的使用要求;工程质量是否符合国家和地方关于地热井成井质量的标准和要求;工程内容是否符合合同约定的范围和标准,需特别关注抽水试验中最大降深的井口出水量和出水温度两项指标。

② 参加自验的人员,应由项目经理组织生产、技术、质量、合同相关人员及现场井队负责人等。

③ 自验工作应分为成井阶段和洗井抽水试验阶段,由相关责任人员按照各自负责的内容逐一进行检查,并详细记录。对不符合规范施工的施工项目的部位,确定整改措施,分级通告至项目经理,由项目经理指定井队负责人定期整改。

④ 复验。在现场井队自我检查的基础上,查出的问题全部整改完毕后,项目经理申请上级进行复验。通过复验,要解决全部遗留问题,为正式验收做好准备工作。

(2) 正式验收

在自验的基础上,确认全部符合地热井竣工验收的合格标准,由施工单位同建设单位、设计单位、技术质量监督方共同开始正式验收工作。

① 发出《地热井成井竣工报告》。施工单位应于正式验收前10天内,向建设单位发送《地热井成井竣工报告》。竣工报告内容提纲如下:

一、前言

包括项目所属行政区划、地热井井位坐标、地热井类型、开发地热水用途、项目所属地质构造单元、取水目的层、地热井施工起止时间、竣工验收时间等。

二、钻探施工及井身结构

地热井成井工艺中各施工阶段时间节点、下入套管深度、类型、钢级、材质(滤水管孔隙率、丝间距)等、固井(止水)材料、数量、级别(级配)、过程及质量检验等。

三、地层特征

地热井整孔测井主要数据(井温、井斜等)、地层划分及特征、目的层、含水层划分等。

四、地热地质特征

地热井所在区域导热构造、盖层、储层特征、地温梯度等。

五、洗井及抽水试验

成井后洗井方法、阶段及时间节点、各洗井方法效果、抽水试验(如具备条件含回灌试验)时间阶段及过程(包括泵型、下入深度、水温、水位、水量、气温等计量记录等)。

六、地热井开采计算及评价

依据产能测试数据进行储量初步计算、得出地热井保护半径等参数。

七、地热井水质评价(待水质检测完成后进行补充)

分析水质检测报告成果对地热水进行命名,依据水质特点进行功能功效初步评价等。

八、结论

总结地热井主要出水参数,提供热水潜水泵选型参考,提出资源开发、梯级利用、环境保护及回灌等相关建议。

附件(含地质及水文地质孔综合图表、水质检测报告)。

② 组织验收工作。工程竣工验收工作由建设单位邀请设计单位、监理单位、技术质量监督单位及地热矿权相关行政主管部门参加,同施工单位一起进行质量检查及竣工验收。按照地热井施工的特点及场地条件限制、井群一般按完成顺序逐一分次验收。建设单位应在工程竣工验收确定日 7 个工作日前,将验收时间、地点、地热井工程基本情况、验收组成员名单书面通知该工程的技术质量管理监督单位。

③ 地热井工程竣工验收合格,各方签署《成井质量验收书》,见表 5 - 4,给出质量评价及综合评价结论。在建设单位验收完成后,确认地热井工程符合竣工标准和合同相关条款规定要求后,即向施工单位签发《成井质量验收书》。若四方责任主体对地热井验收结论不能达成一致,应向施工承包方提出明确的整改事项和整改意见,并且四方协商提出解决问题的方法,待施工单位整改达标后重新组织验

收。最后,施工单位钻机撤场后与现场实际管理方办理地热井井口移交手续,签署井口移交单。

表5-4 地热井《成井质量验收书》

地热井编号				地热井坐标		
地热井位置						
开/终孔日期				钻机类型		
设计井深/实际井深(m)				钻孔井径及孔深		
套管规格及下入深度				水泥封井井段、深度		
井斜、方位及测温资料				取水井段及岩性		
钻井施工情况记录						
洗井情况						
抽水成果	次数	热水头(m)	降深(m)	$Q(m^3/d)$	稳定时间(h)	出水温度(℃)
	1					
	2					
	3					
质量评价						
综合评价						

成井结构及主要地层示意图	参加验收单位
	建设单位 年 月 日
	设计单位 年 月 日
	施工单位 年 月 日
	技术质量监督单位 年 月 日
参加人员	
验收意见	

④ 办理地热井工程档案资料移交。按当地地热井行政管理部门要求,汇交钻遇地层岩屑作为地质资料封存,一般要求见基岩后每隔 5 m 取 500 g 岩屑,按要求岩屑需晾晒干燥装瓶、装箱并保持清洁,瓶身注明井号、取样时间、取样地层、施工单位名称等信息,按《地质资料管理条例》(国务院令第 349 号)有关规定向地热井所在地地质资料馆汇交地质资料。

同时递交行政管理部门地热井岩屑汇交单,注明井号、施工时间、施工单位、简述区域地热地质条件、钻遇地层岩性、地层所属地质年代等信息。如遇不明地层,可适当加密取样并送专业岩矿鉴定单位做薄片处理,明确钻遇地层年代、岩性等信息,经鉴定机构认证的鉴定报告可作为原始工程档案资料附件,以地热井为单位进行汇缴。

⑤ 办理地热井工程移交手续。在对地热井工程检查验收完毕后,施工单位要向

建设单位逐项办理手续和其他固定资产移交手续，并签认交接验收证书。鉴于存在地热井钻凿先于供热系统建立的情况，井口移交对象可能是项目施工总承包方，需要施工单位、地热井钻凿合同建设单位、施工总承包方三方签认井口移交单，并承诺做好井口保护工作，以避免井口、井内安全事故发生。

此外，地热井钻凿工程移交还要办理工程结算手续。工程结算由施工单位提出，送建设单位审查无误后，由双方共同办理结算签认手续。工程结算手续一旦办理完毕，合同双方除施工单位承担保修工作外，建设单位同施工单位双方的经济关系和法律责任给予解除。

2. 市政及土建工程竣工验收

1）竣工验收条件

市政及土建工程竣工验收指施工单位（或勘查单位）在完成地热井钻探施工工作后，进一步完成地热井相关配套设施工程，一般包括地热井井室土建施工，地热井室内、室外管线安装工程等，涉及的专业分部工程包括地基与基础、主体结构、建筑给水排水及供暖等。市政及土建工程具备验收条件后，施工单位向建设单位提交工程竣工报告等文件。竣工验收条件基本要求如下：

① 市政及土建工程完成施工合同及市政、土木、建筑工程设计相应内容；

② 施工技术及管理资料齐全，包括混凝土、钢筋、管材出场检测报告、合格证、复检报告等；

③ 有设计单位、施工单位、建设单位、监理单位四方责任主体签署的质量合格文件；

④ 施工单位竣工自验合格；

⑤ 有施工单位签署的工程质量保修书。

2）竣工验收依据

① 上级行政主管部门的各项批准文件，包括可行性研究报告、初步设计、调整概算及其他有关设计文件；

② 由建设单位确认的施工图纸、设备技术资料、设备技术说明、设计单位出具的设计变更及其他技术文件；

③ 国家颁布的行业相关规范、地方行业标准，如《建筑工程施工质量验收统一标准》（GB 50300—2013）、《混凝土结构工程施工质量验收规范》（GB 50204—2015）等；

④ 与土建及市政施工相关的合同、协议、补充文件等；

⑤ 与土建及市政施工相关的工作量签证、整改通知及情况说明等。

3）竣工验收质量要求

① 符合《建筑工程施工质量验收统一标准》（GB 50300—2013）、《混凝土结构工程施工质量验收规范》（GB 50204—2015）、《给水排水管道工程施工及验收规范》（GB 50268—2008）等相关专业验收规范；

② 符合工程勘察、设计文件的要求；

③ 参加验收的各方人员具备规定的资格，施工单位项目经理具备机电安装工程或相关专业执业资格证书；

④ 工程质量验收需在施工单位自检评定合格基础上进行，包括市政综合检查合格；

⑤ 室外供热管网子分部中的管道及配件安装分项、绝热分项在隐蔽前，由施工单位通知监理单位的专业监理工程师进行核验，并形成双方认可的隐蔽工程验收记录；

⑥ 涉及独立施工的室外地热井井室混凝土结构、土方、地下防水子分部工程，钢筋、混凝土、防水材料、回填土等试块、试件及有关材料，按规定进行现场见证取样并送认证机构进行质量检测；

⑦ 检验批质量按主控项目和一般项目验收；

⑧ 涉及建筑给水排水及供暖等重要部分进行水压试验抽样检测，复检需达到使用要求；

⑨ 工程感观质量由验收人员进行现场检查，并进行共同确认。

4）竣工验收程序

地热井配套市政及土建工程竣工验收管理程序：竣工验收准备（包括施工单位自检、过程及验收资料准备、竣工验收收尾）→编制竣工验收计划（初步方案报监理单位）→组织现场验收→进行竣工结算→移交竣工资料→办理竣工手续。

5）竣工验收

（1）竣工自验

① 竣工自验的标准与正式验收一样，其主要内容是：市政及土建工程是否符合国家或项目所在地行政主管部门规定的竣工验收标准和规定。市政及土建工程是否符合可行性论证报告（供暖供热方案）和设计图纸的使用要求；工程质量是否符合市政及土建工程相关标准和要求；工程内容是否符合合同约定的范围和标准，如纳入总体建筑工程施工，需依据地热井配套设施特点进行校核。

② 参加自验的人员，应由项目经理组织生产、技术、质量、合同相关人员及施工工

长等。

③ 自验的方式，应分检验批、分项、分部工程由上述人员按照自己负责的内容逐一进行检查并做好记录。对不符合规范施工的施工项目的部位，确定整改措施，分级通告至项目经理，由项目经理指定各专业施工工长定期整改。

④ 复验。在基础施工单位自我检查的基础上，查出的问题全部整改完毕后，项目经理申请上级进行复验。通过复验，要解决全部遗留问题，为正式验收做好准备工作。

（2）正式验收

在自验的基础上，确认市政、土建工程全部符合竣工验收的合格标准，由施工单位同建设单位、设计单位、监理单位共同开始正式验收工作，也可随整体建筑施工一同进行验收。

① 发出《工程竣工报告》。施工单位应于正式验收前 10 天内，向建设单位发送《工程竣工报告》。

② 组织验收工作。工程竣工验收工作由建设单位邀请设计单位、监理单位、监督单位及地热管理有关行政主管部门参加，同施工单位一起进行质量检查及竣工验收。受场地条件所限，可以根据工程实际情况分阶段验收，也可一次性验收。建设单位应在工程竣工验确定日 7 个工作日前，将验收时间、地点及工程基本情况、验收组成员名单书面通知监理单位。

③ 市政及土建工程竣工验收合格，各方签署单位工程质量竣工验收记录，待供暖季运行无事故后与现场实际管理方办理供暖系统移交手续，签署供暖系统移交单。在建设单位验收完成后，确认工程符合竣工标准和合同相关条款规定要求后，即向施工单位签发《工程竣工验收报告》。若四方责任主体对地热井相关配套工程验收结论不能达成一致，应向施工承包方提出明确的整改事项和整改意见，并且由四方协商提出解决问题的方法，待施工单位达标后重新组织验收。

④ 办理工程档案资料移交。

⑤ 办理地热井配套工程移交手续。在对地热井配套工程检查验收完毕后，施工单位要向建设单位逐项办理手续和其他固定资产移交手续，签认交接验收证书并进行工程结算，这也可作为整体工程结算的一部分。

3. 机电工程竣工验收

1）竣工验收条件

机电工程竣工验收指施工单位（或勘查单位）在完成地热井钻探施工、市政及土建施工工作后，进一步完成相关配套设施的机电设备安装工程，包括地热井内设备安装、地热井室内设备安装、换热站内设备安装以及监测系统设备安装等。涉及的专业分部工程包括建筑电气、通风与空调、建筑给水排水及供暖、智能建筑等。机电工程具备验收条件后，施工单位需向建设单位提交工程竣工报告等相关文件。竣工验收条件基本要求如下：

① 机电安装工程完成施工合同及建筑电气、通风与空调、建筑给水排水及供暖设计相应内容；

② 施工技术及管理资料齐全，包括设备开箱检验记录、内部测试报告、合格证书、电气化原理图等；

③ 有设计单位、施工单位、建设单位、监理单位四方责任主体签署的质量合格文件；

④ 施工单位竣工自验合格；

⑤ 有施工单位签署的工程质量保修书。

2）竣工验收依据

① 上级行政主管部门的各项批准文件，包括可行性研究报告、初步设计、调整概算及其他有关设计文件；

② 由建设单位确认的施工图纸、设备技术资料、设备技术说明、设计单位修改的设计变更及其他技术文件；

③ 国家颁布的行业相关规范、地方行业标准，如《建筑工程施工质量验收统一标准》(GB 50300—2013)、《建筑电气工程施工质量验收规范》(GB 50303—2015)等；

④ 与机电安装有关的合同、协议、补充文件等；

⑤ 与机电安装相关的工作量签证、整改通知及情况说明等。

3）竣工验收质量要求

① 符合《建筑工程施工质量验收统一标准》(GB 50300—2013)、《给水排水管道工程施工及验收规范》(GB 50268—2008)等相关专业验收规范；

② 符合工程勘察、设计文件的要求；

③ 参加验收的各方人员具备规定的资格，施工单位项目经理具备机电安装工程或相关专业执业资格证书；

④ 工程质量验收需在施工单位自检评定合格基础上进行，包括各机械设备运转检查合格；

⑤ 地热井内电缆、室外电气子分部电缆敷设分项隐蔽前由施工单位通知监理单位专业工程师进行验收，形成双方认可的隐蔽工程验收记录；

⑥ 涉及独立施工的室外电缆敷设试件及有关材料，按规定进行现场见证取样并送认证机构进行质量检测；

⑦ 检验批质量按主控项目和一般项目验收；

⑧ 涉及建筑给水排水及供暖等重要部分进行水压试验抽样检测，复检需达到使用要求；

⑨ 工程感观质量由验收人员进行现场检查，并进行共同确认。

4）竣工验收程序

地热井配套机电工程竣工验收管理程序：竣工验收准备（包括施工单位自检、过程及验收资料准备、竣工验收收尾）→编制竣工验收计划（初步方案报监理单位）→组织现场验收→进行竣工结算→移交竣工资料→办理竣工手续。

5）竣工验收

（1）竣工自验

① 竣工自验的标准与正式验收标准一致，其主要内容是：机电工程是否符合国家或项目所在地行政主管部门规定的竣工验收标准和规定。机电工程是否符合可行性论证报告（供暖供热方案）和设计图纸的使用要求；工程质量是否符合机电工程相关标准和要求；工程内容是否符合合同约定的范围和标准，如纳入总体建筑工程施工，需依据地热井配套设施特点对设备进行联合调配，保证设备正常运行及排水通畅。

② 参加自验的人员，应由项目经理组织生产、技术、质量、合同相关人员及施工工长等。

③ 自验的方式，应分检验批、分项、分部工程由上述人员按照自己负责的内容逐一进行检查并做好记录。对不符合规范施工的施工项目的部位及设备，确定整改及修理措施，分级通告至项目经理，由项目经理指定各专业施工工长及供货商定期整改。

④ 复验。在基础施工单位自我检查的基础上，查出的问题全部整改完毕后，项目经理申请上级进行复验。通过复验，要解决全部遗留问题，为正式验收做好准备工作。

（2）正式验收

在自验的基础上，确认机电工程全部符合竣工验收的合格标准，由施工单位同建设单位、设计单位、监理单位共同开始正式验收工作，也可随整体建筑施工一同进行验收。

① 发出《工程竣工报告》。施工单位应于正式验收前 10 天内,向建设单位发送《工程竣工报告》。

② 组织验收工作。工程竣工验收工作由建设单位邀请设计单位、监理单位、监督单位及地热管理有关行政主管部门参加,同施工单位一起进行质量检查及竣工验收。受场地条件所限,可以根据工程实际情况分阶段验收,也可一次性验收。建设单位应在工程竣工验确定日 7 个工作日前,将验收时间、地点、工程基本情况、验收组成员名单书面通知监理单位。

③ 市政及土建工程竣工验收合格,各方签署单位工程质量竣工验收记录,待供暖季运行无事故后与现场实际管理方办理供暖系统移交手续,签署供暖系统移交单。在建设单位验收完成后,确认工程符合竣工标准和合同相关条款规定要求后,即向施工单位签发《工程竣工验收报告》。若四方责任主体对地热井相关配套工程验收结论不能达成一致,应向施工承包方提出明确的整改事项和整改意见,并且由四方协商提出解决问题的方法,待施工单位达标后重新组织验收。

工程竣工验收工作由建设单位邀请设计单位、监理单位、监督单位及地热管理有关行政主管部门参加,同施工单位一起进行质量检查及竣工验收。受场地条件所限,可以根据工程实际情况分阶段验收,也可一次性验收。建设单位应在工程竣工验收确定日 7 个工作日前,将验收时间、地点及工程基本情况、验收组成员名单书面通知监理单位。

④ 办理工程档案资料移交。

⑤ 办理地热井配套工程移交手续。在对地热井配套工程检查验收完毕后,施工单位要向建设单位逐项办理手续和其他固定资产移交手续,并签认交接验收证书并进行工程结算,这也可作为整体工程结算的一部分。

5.4.2 项目整体竣工验收

地热供暖项目整体竣工验收是建立在上述各专业分部工程验收的基础上进行的,以地热供暖为一个单位工程,也可纳入单项工程进行整体验收,需参考其他专业验收标准执行。就地热供暖单位工程,第一阶段验收指一个供暖工程中,各分部工程(专业)已经完成分部验收。第二阶段全部验收,是指工程的各个分部工程(地热井施工、市政及土建施工、机电设备安装工程）全部完成，达到竣工验收标准，可进行整个工程的竣工验收。

整体验收工作首先要由建设单位会同设计单位、监理单位、施工单位进行验收准备，准备的主要内容包括：整理汇总技术资料、竣工图，装订成册，分类目录；核实工程量并评定质量等。

项目整体竣工验收经竣工验收各方复检或抽检确认符合要求后，可办理正式验收交接手续，竣工验收各方要审查竣工验收报告，并在验收证书上签字。完成正式验收工作。

部分地区按主管部门相关要求，由行政主管部门作为组织验收单位，对地热开发部门地热项目进行验收，现场负责人签署《地热利用设施现场核实验收意见表》，审定开发单位是否按开发利用方案进行地热资源利用，提出需要整改的相关内容，检查相关检测部门安装仪器仪表及使用情况，最终给出验收结论。

1. 竣工验收组织

（1）竣工验收的主体

政府投资项目由政府主管部门主持验收，或由政府投资主管部门委托项目上级主管公司或地方投资主管部门主持验收。

以央企投资为主的项目应由该企业会同各投资方主持。

（2）竣工验收的组织形式

对于超过一定规模的较大项目，组成竣工验收委员会进行验收，对工艺较为复杂的项目，另行组织专家咨询机构，为竣工验收做准备和复核工作。规模较小的项目可组成验收小组进行验收。

（3）竣工验收小组成员

项目竣工验收小组由项目建设单位负责组织，成员包括投资单位，环保、消防、劳动卫生、统计、审计等有关部门专业技术人员和专家。施工单位、监理单位、设计单位、主要物资供应单位、生产运行单位也一同参加。有需要时可邀请地热方面专家参加。

（4）竣工验收小组主要职责

① 审查各分部工程及整个项目的综合竣工验收报告；

② 检查供暖工程建设和运行情况，对地热供暖工程进行全过程评价，对建设项目管理、设计质量、施工管理、建设监理等执行情况进行全面核查；

③ 研究处理遗留问题。

2. 竣工资料归档

（1）概念

工程竣工资料是记录和反映施工全过程工程技术与管理档案资料的总称。竣工资料的内容包括：工程技术资料、工程质量保证资料、工程检验评定资料、竣工图及规定的其他应交资料。

（2）要求

承包方需按照竣工标准，整理和补充能够全面反映地热供暖管理全过程的实际资料，并按照一定的逻辑顺序进行组卷，确保资料的真实性、可靠性、完整性和连续性。

（3）依据

工程竣工资料的完善与组卷应与工程项目所在地建设主管部门、质量安全监督管理机构、建筑工程档案管理部门沟通，在其要求和指导下，并以《科学技术档案案卷构成的一般要求》（GB/T 11822—2008）为组卷基本依据进行组卷。其中地热井施工部分不作为建筑行业资料汇交，依不同地区要求汇交至规划与自然资源委员会或水务部门下属单位。

（4）手续

竣工资料移交时承包方向建设单位列出移交清单，建设单位逐项检查资料的完整性并完备检验验证手续。建设单位应将列入归档范围的竣工资料汇总后，向建筑工程档案管理部门移交备案。

（5）移交

竣工资料的移交验收是地热项目验收的重要内容。资料的移交应符合《建设项目（工程）档案验收办法》与《建设工程文件归档规范》（GB/T 50328—2014）的规定，以及工程所在地建筑工程档案管理部门的规定。

（6）原则

竣工资料的套数一般按工程所在地建筑工程档案管理部门的要求进行准备，竣工图一般在工程承包合同中明确规定套数，竣工图是真实记录建筑物（含隐蔽的、地下的）构筑物等情况的技术文件，是工程教研、维护、改建或扩建的依据。

（7）其他

竣工资料需保证绝对真实。若原施工图无变更，以原施工图加盖竣工图章作为竣工图；有设计变更时，在原图上做出修改后并注明，附上设计变更单加盖竣工图章作为竣工图。施工工艺、井深结构、地热井室外管网路由发生改变等重大改变，原图纸修改无法真实反映的，应重新绘制后，加盖竣工图章作为竣工图。

3. 项目资产手续办理

为维护国家对矿产资源的所有权，保护探矿权人和采矿权人合法权益，保障地热资源的合理利用和保护，在项目实体竣工验收完成后需办理地热矿权。

5.5　资源量综合评价及相关报告编写

项目实施阶段地热井完工后，需要开展地热资源评价，并编制相应报告。

地热资源量及可开采地热资源量是地热资源评价、开发主要的技术参数之一。根据物探、地热井相关资料，深化概念模型，作为资源评价的基础。资源量及可开采量是确定地热开发模式、地热开发利用方式、主要应用领域、拟采用开发技术方法的基础，地热资源量评价（计算）按不同的勘探阶段采用不同的方法，参照地热勘查规范《地热资源地质勘查规范》（GB/T 11615—2010）、现今国内外通用方法可分为：

（1）勘探程度低的地区采用热储法、热流量法、类比法等方法；

（2）勘探程度高的地区可采用热储法、开采动态法、数值模拟法等方法。

依据地热资源分类，可将热储类型划分为孔隙型、裂隙型（含岩溶裂隙型）、岩溶型。不同勘探阶段和所掌握的资料不同，地热资源量计算大多是建立在概念模型基础上，根据地热条件和工作程度计算（评价）的。

5.5.1　地热资源综合评价原则

根据流体温度、质量和数量，依据综合利用的原则，按可能的利用方向对地热能与地热流体的可开采量进行综合评价。地热流体质量和环境影响评价应以《地热资源地质勘查规范》（GB/T 11615—2010）为基础，根据实际情况做针对性评价计算。

5.5.2　资源量计算主要参数

地热资源量计算需要的参数或条件主要有：热储空间分布、边界条件、渗透特征、孔隙/裂隙度、地热流体流量、基础热力学、水力学、岩石学参数等。

5.5.3 主要的资源量估算方法

1. 热储法

热储法又称为体积法，它是通过圈定热储范围，并对该范围内热储岩石和地热流体的体积进行估算，进而估算其储存热量的方法，是一种常用的比较简便的地热资源储量估算方法。它不但适用于沉积盆地型地热资源储量估算，也适用于隆起山地型地热资源；不仅适用于孔隙型热储，还适用于裂隙型热储。

（1）基本要求

采用热储法估算地热资源储量应首先确定地热田的面积（或计算区的范围）和计算/评价的基准面深度。地热田的面积最好依据热储温度划定。地热田温度的下限标准应根据当地的地热可能用途而定，或根据规划的利用方式来确定。在勘查程度比较低、对热储温度的分布不清楚时，可采用浅层温度异常范围、地温梯度异常范围大致圈定地热田的范围，也可结合地球物理勘探方法圈定地热田的范围。计算/评价的下限深度应根据当地的经济发展状况、地热资源的开采技术条件、地热利用的经济效益等因素综合考虑。

计算评价热储范围确定之后，应根据热储的几何形状（顶板埋藏深度、底板埋藏深度和热储厚度）、温度、孔隙度的空间变化，以及勘查程度的高低将计算/评价热储范围划分成若干个子区，为每个子区的各项参数分别赋值；然后，计算出每个子区的热储存量、地热水储存量；最后，把各子区的计算结果累加就得到了地热田（或计算区）的热储存量和地热水储存量。

（2）基本公式

用于估算热储中储存的热量及地热田地热资源的潜力，可按下式计算：

$$Q = Q_r + Q_w \tag{5-1}$$

$$Q_r = AM\rho_r c_r(1-\varphi)(t_r - t_0) \tag{5-2}$$

$$Q_w = Q_L c_w \rho_w (t_r - t_0) \tag{5-3}$$

$$Q_L = Q_1 + Q_2 \tag{5-4}$$

$$Q_1 = A\varphi M \tag{5-5}$$

$$Q_2 = ASH \tag{5-6}$$

式中　Q——为热储中的热储存量，J；

Q_r——岩石中储存的热量，J；

Q_w——水中储存的热量，J；

Q_L——热储中储存的水量，m^3；

Q_1——热储空隙中热水的静储量（容积储存量），m^3；

Q_2——水位降低到目前取水能力极限深度时，热储所释放的水量（弹性储存量），m^3；

A——计算区面积，m^2；

M——热储层厚度，m；

ρ_r——热储岩石密度，kg/m^3；

C_r——热储岩石比热容，J/（kg·℃）；

ρ_w——地热水密度，kg/m^3；

C_w——水的比热容，J/（kg·℃）；

φ——热储岩石的孔隙率，无量纲；

t_r——热储温度，℃；

t_0——当地年平均气温，℃；

S——弹性释水系数，无量纲；

H——计算热储起始点以上水头高度，自热储顶板起算，m。

2. 解析法

（1）基本要求

在勘查程度比较低，可用资料比较少时，可采用解析法估算地热井或地热田的地热流体可开采量。

当热储可概化为均质、各向同性、等厚、各处初始压力相等的无限（或存在直线边界）的承压含水层时，可采用非稳定流 Theis 公式计算单井的开采量、水位（压力）随开采时间的变化，从而计算出在给定的压力允许降深下地热水的可开采量，对单井或地热开采区的地热资源进行评价。

（2）采用最大允许降深法计算地热流体可开采量

采用最大允许降深法，设定一定开采期限（100 a）内，计算区中心水位降深与单井开采附加水位降深之和不大于 100 m 时,求得的最大开采量为计算区地热流体的可开采量。对于山区基岩裂隙热水,最大降深宜考虑地热开采井揭露的热水储集带埋藏深度。地热流体可开采量表达式为:

$$Q_{wk} = \frac{4\pi TS_1}{\ln(6.11\bar{t})} = \frac{4\pi TS_1}{\ln[6.11Tt/(\mu R_k^2)]} \tag{5-7}$$

$$Q_{wd} = \frac{2\pi TS_2}{\ln(0.473R_d/r)} \tag{5-8}$$

式中 Q_{wk}——地热流体可开采量,m^3/a;

T——导水系数,m^2/a;

S_1——计算区中心水位降深,m;

t——开采时间,a;

μ^*——热储含水层弹性释水系数,无量纲;

R_k——开采区半径,m;

Q_{wd}——单井地热流体可开采量,m^3/a;

S_2——单井附加水位降深,m;

R_d——单井控制半径,m;

r——抽水井半径,m。

3. 考虑回灌条件下计算地热流体可开采量

(1) 采用热突破公式计算回灌条件下地热流体可开采量

在隔水隔热均一、等厚的热储层中,热量只靠对流方式传递时,对井系统的热突破公式为:

$$t = \frac{\pi R_1^2 M}{3Qf} \tag{5-9}$$

$$R_1 = \sqrt{\frac{3tQf}{\pi M}} \tag{5-10}$$

故,采用热突破公式计算的回灌条件下流体可开采量为:

$$Q_a = \frac{\pi R_1^2 M}{3tf} = \frac{AM}{3tf} \tag{5-11}$$

其中,

$$f = \frac{\rho_w C_w}{\rho_e C_e} \tag{5-12}$$

$$\rho_e C_e = \varphi \rho_w C_w + (1-\varphi)\rho_r C_r \tag{5-13}$$

式中　Q_a——回灌条件下允许开采量,m^3/d;

t——热突破时间,可取 100 a,如每年采灌 365 d,则 100 a 采灌 36500 d;

R_1——井间距,m;

A——评价面积,m^2;

M——热储层厚度,m;

φ——热储岩石孔隙度;

ρ_r——热储岩石的密度,kg/m^3;

ρ_w——地热流体的密度,kg/m^3;

ρ_e——热储层的密度,kg/m^3;

C_r——热储岩石的比热容,kJ/(kg · ℃);

C_w——地热流体的比热容,kJ/(kg · ℃);

C_e——热储层的比热容,kJ/(kg · ℃)。

(2) 采用回灌条件下单井开采权益保护半径计算地热流体可开采量

对于盆地型地热田,当满足假设条件,① 除了抽取和回灌的热量外,系统与外界没有能量交换;② 按回灌条件下开采 100 a,热储温度下降 2℃;③ 回灌未发生热突破且抽水井井口温度与回灌前温度一致,采用下式估算回灌条件下地热井对热储的影响半径,以及回灌条件下流体可开采量。

$$R_2 = \sqrt{1-\alpha\beta} \times \sqrt{\frac{Qtf}{\delta M \pi}} \tag{5-14}$$

$$Q_a = \frac{\delta \pi R_2^2 M}{(1-\alpha\beta)tf} = \frac{\delta A M}{(1-\alpha\beta)tf} \tag{5-15}$$

$$\alpha = (t_h - t_0)/(t_r - t_0) \tag{5-16}$$

$$\beta = Q_h/Q \tag{5-17}$$

式中　R_2——回灌条件下地热井对热储的影响半径,m;

β——回灌率，考虑热储岩性、孔隙裂隙发育情况，孔隙型层状热储层取30%，岩溶型层状热储层取90%，裂隙型层状热储层取50%，若有实测值，应优先采用；

t——时间，取值为100 a，如每年采灌365 d，则100 a采灌36500 d；

δ——热储温度下降2℃所减少的地热储存量的百分比；

Q_a——回灌条件下允许开采量，m^3/d；

Q——地热井产量，m^3/d；

Q_h——回灌量，m^3/d；

t_r——回灌前热储温度，℃；

t_h——回灌温度，℃，取值为25℃；

t_0——基准温度，取恒温层温度或当地多年平均气温，℃。

f的计算方法见式（5－12）和式（5－13）。

4. 地热流体可开采热量计算

地热流体可开采热量可用下式计算：

$$Q_{wt} = Q_{wk} C_w \rho_w (t_r - t_0) \tag{5-18}$$

式中 Q_{wt}——地热流体可开采热量，kJ/a；

Q_{wk}——地热流体可开采量，m^3/a；

C_w——地热流体的比热容，kJ/(kg·℃)；

ρ_w——地热流体的密度，kg/m^3；

t_r——热储温度，℃；

t_0——恒温层温度，℃。

5.5.4 报告编写

勘查井钻凿完成，按照规范要求做完录井、测井、抽水试验等，并取得翔实资料以后，应进行本次勘查井竣工报告的编写，作为最终成果提交给建设单位。勘查报告是本阶段工作最重要的一个环节，既是对前期工作的总结，也是对下个阶段工作的规划，是地热资源统计登记、开发利用规划与管理的主要依据，报告内容应能反映地热资源勘查的主要成果，是整个项目能否立项的关键依据。

按照《地热资源地质勘查规范》(GB/T 11615—2010)要求,地热资源勘查报告由报告正文、附图和附表三个部分组成,且每个部分的章节排布、主要内容、字体格式等都有相对统一的要求。毫无疑问,报告正文是勘查报告的核心内容,一般情况下报告正文要把以下几个方面的内容表述清楚。

1) 要说明本次地热井勘查的工作背景

(1) 地热井勘查目标任务

简述项目立项背景,勘查委托书概述,设计图纸确定的井深、出水温度、出水量、工期等具体指标要求,以及经主管部门审批同意后的地质设计及成井工艺要求。总结地热井所在地区以往地热地质工作程度,对区域地质、水文地质、地热地质、地热开发利用所取得的成果和认识,以及对本次勘查工作的指导意义。

(2) 本次工作概况

详细叙述本次工作的过程(包括前期论证)、起止时间、成井周期、完成的工作量及取得的主要成果(包括水温、水量、水位等),现场三方(委托方、勘查实施方、质量监督方)验收日期及验收意见。

2) 要描述地热地质条件和地球物理化学特征

(1) 区域地质条件

简述勘查区在区域构造单元中的位置,地热井所在地区(或热田、构造单元)的地层、构造、岩浆岩分布、控热构造和主要热储层埋藏条件及其变化趋势。报告编写人员要清楚以往区域地质条件的重要性,通过区域地质条件调查(井泉水温调查、构造踏勘、水质取样等)可以初步了解勘查区域内地质条件,为日后具体实施工作奠定基础。

(2) 地热成井地质条件

① 通过对岩屑录井、岩矿鉴定、钻时录井、物探测井、水文观测等资料的综合分析研究,确定分层标志,以组为单位建立本井的地层层序,详细描述各层单元(包括侵入岩、断层破碎带)的岩性、岩石化学、钻时物性、水文地质等特征,阐明各地层单元的埋深,钻遇的溶洞、漏水、涌水、涌砂、逸气、塌孔等现象发生的区段及层位,分析现象发生的原因并总结热储及盖层特征。

② 简要介绍前期论证和钻井施工中所布置的地球物理勘查工作方法,重点通过对前期论证、实钻结果与物探测井资料的认真对比和综合分析,对可行性论证报告及前期物探资料进行再认识,总结评述各种物探勘查手段在当地的有效性,合理解释设计推断结果与实钻结果产生差异的原因。有效合理地分析地球物理资料,并结合以

往资料及水文资料为井位的布设提供理论依据和多方面的验证,可以大大提高地热井勘查的成功率。

③ 报告中应描述地热井钻进及成井工艺并附钻井流程图。

④ 利用测井曲线并结合钻井过程中发生的漏失、放空等现象分析研究钻遇的岩溶、裂隙发育带、断裂破碎带,确定热储层的富水地段及深度和厚度,计算盖层及热储层的地热增温率。分析导热导水的控制条件。

⑤ 分析论述井孔中岩芯、岩屑的岩石化学、微量元素、同位素等测量结果,研究其对地层划分的指导意义。

(3) 要做出地热井钻探施工方法说明及质量评述

(1) 钻探设备及相关仪器

要详细叙述采用钻机的型号、钻井方式、各井段孔深、口径、冲洗液性能等相关仪器设备的型号。

(2) 井管装置及井身结构

叙述各井段井深及下入管的钢级、口径、壁厚及套管长度,上口与下口装置深度,各级套管的重叠长度;叙述裸眼取水井段深度、孔壁结构、有无护壁筛管,以及筛管的规格口径、长度和下入位置;简述各段井斜测量结果,以及纠斜方法。依最终井斜数据绘制井斜图。

(3) 固井作业

叙述各井段固井方法,水泥标号、用量、水泥返高及水泥封堵止水井段的具体深度和长度。

(4) 地球物理测井

地球物理测井是地热井成井过程中必不可少的过程,根据物探测深曲线图,可明确井下是否有凉水混入及具体深度,如发现漏水段应及时进行处理。报告中要简述测井时间段、测井工艺及采用方法,并附有地球物理测井曲线图。

(5) 洗井作业

过程、方法及次数、所使用的清洗液种类及洗井效果,最终水位及水温。

4) 要进行地热井产能测试与可开采量评价

(1) 详述稳定流或非稳定流抽水试验所使用的设备型号,试验方法、过程,稳定延续时间、落程、热水井的静水位、抽水下降水位、热水头恢复最高水位、出水量、出水温度,绘制相应的历时曲线,确定流量与水位降深的关系,计算储层的流动关系,确定产层有效厚度。概略计算储层渗透率和渗透系数、弹性释水系数、压力传导系数等。

（2）依据产能测试资料计算井的最大出水量、稳定出水量、允许开采量及可利用的热能，确定井流方程。

（3）估算地热井在稳定产水量条件下的影响半径及采矿权申请范围。

（4）依据地热水水质分析结果评价地热水用于生活、医疗、矿泉水的适宜性。

5）要科学提出下一阶段工作的意见和建议

（1）矿权设置建议。矿权设置方案是下个阶段最重要的基础工作，要在确保地热资源可持续开发的前提下，尽可能地满足当地用户的用热和用电需求，既不要造成资源浪费和环境破坏，也不要形成“小马拉大车”的情况，同时还要尽可能缩小矿区面积，减少投资成本。

（2）地热资源开发建议。根据资源赋存条件及用热需求情况合理设计每年的地热水开采量和回灌量，并基本确定开采井和回灌井的基本参数，如数量、单井抽水量和回灌量、平面布置等。

（3）开采井及回灌井设计及施工建议。进一步深化地热井的设计参数，如深度、直径、井身结构、质量标准、安全环保要求等。同时对于将来大规模钻凿施工提出合理建议，如钻机配置、人员配置、水电配置、施工顺序和工期安排等。

（4）对地热资源开发的投资成本作出初步测算。根据开采井和回灌井的设计情况初步判断其施工成本，同时根据采矿权设置情况预估矿业权的费用。这两项成本是整个地热供暖发电利用系统中比重最大的部分，也将为整个项目的可研立项提供最重要的依据。

（5）对地热资源开发的环境影响作出初步评估。要从正、反两个方面来评估项目建设及运行过程对环境产生的影响，正面影响主要是节能减排的效果，特别是要计算出碳、氮、硫的减排数量；负面影响主要是测算施工过程中对环境产生的影响、运行过程中水资源消耗及地下地质环境问题，并提出改进措施和建议。

5.5.5　结论

根据对地热资源量计算评价方法的使用条件、适用性、可靠性等的综合分析，结合国内外已有地热田评价结果，笔者对所讨论的方法小结如下：

（1）地热田前期勘探阶段可采用热储法进行资源量估算；开采初期可采用解析

法初步评价地热资源量，作为控制开采量的依据，防止地热资源超采；大规模生产开采阶段，采用数值模拟法，结合回灌参数进行开采量回灌补给量综合评价，可实现可持续条件下的地热开采评价。

（2）储量评价是指在当今技术条件下能够合法、经济提取出来的，已查明存储热量的一部分，通常由存储热量与回收系数或综合利用系数相乘所得。该系数由回收率、发电效率、利用率等系数综合而得，一般取值在0.1%～10%之间。

5.6 项目合规性管理

5.6.1 地热资源采矿权办理

采矿权，又称“矿产使用权”，是指采矿企业在开采矿产资源的活动中，依据法律规定对矿产资源所享有的开采、利用、收益和管理的权利。地热资源是矿产资源的一种。根据《中华人民共和国宪法》《矿产资源法》《矿产资源勘查区块登记管理办法》《矿产资源开采登记管理办法》和《探矿权采矿权转让管理办法》等法律法规的相关规定，一切矿产资源都归国家所有，若要开采矿产资源必须依法申请取得采矿权。开采矿产资源必须依法申请取得采矿权；采矿权不得买卖、出租，不得用作抵押；国家保护合法的采矿权不受侵犯；任何单位和个人不得进入他人已取得采矿权的矿山企业矿区范围内采矿。

基于市场机制优化配置资源及可持续发展的考虑，现阶段我国已确立了采矿权的有偿取得制度，最主要的取得方式就是申请登记方式。申请登记制度就是采矿人向登记管理机关提出申请，提交有关资料，经登记管理机关准予登记后依法缴纳采矿权使用费等价款，办理登记手续，领取采矿许可证。而根据所开采的矿产资源及矿区的不同，所提交申请的登记管理机关级别也不相同。如对国家规划矿区和对国民经济具有重要价值的矿区、领海及中国管辖的其他海域的矿产资源的开采，登记管理机关为国务院地质矿产主管部门，而对上述矿区以外的矿产，其储量规模在中型以上的矿产资源的开采，其登记管理机关为各省、自治区、直辖市人民政府地质矿产主管部门。地热资源采矿权的新立、延续、变更和注销，多数由各省、自治区、直辖市人民政府地质矿产主管部门办理。

采矿权申请资料是申请采矿权审批登记的必备要件，申请人应按要求填报和提交，对提交的申请资料的真实性负责并承担相应法律责任。采矿权申请资料清单分为划定矿区范围、新立、延续、变更和注销五种类型。采矿权申请的范围拐点坐标采用 2000 国家大地坐标系，高程采用 1985 国家高程基准。

根据《矿产资源开采登记管理办法》规定，采矿权申请人申请办理采矿许可证时，应当向登记管理机关提交下列资料：

（1）申请登记书和矿区范围图；

（2）采矿权申请人资质条件的证明；

（3）矿产资源开发利用方案；

（4）依法设立矿山企业的批准文件；

（5）开采矿产资源的环境影响评价报告；

（6）国务院地质矿产主管部门规定提交的其他资料。

登记管理机关应当自收到申请之日起 40 日内，作出准予登记或者不予登记的决定，并通知采矿权申请人。准予登记的，采矿权申请人应当自收到通知之日起 30 日内，依照《矿产资源开采登记管理办法》第九条"国家实行采矿权有偿取得的制度。采矿权使用费，按照矿区范围的面积逐年缴纳，标准为每平方千米每年 1000 元。"规定，缴纳采矿权使用费，并依照第十条"申请国家出资勘查并已经探明矿产地的采矿权的，采矿权申请人除依照本办法第九条的规定缴纳采矿权使用费外，还应当缴纳国家出资勘查形成的采矿权价款；采矿权价款按照国家有关规定，可以一次缴纳，也可以分期缴纳。"规定，缴纳国家出资勘查形成的采矿权价款，办理登记手续，领取采矿许可证，成为采矿权人。不予登记的，登记管理机关应当向采矿权申请人说明理由。

采矿许可证具有有效期，按照矿山建设规模确定：大型以上的矿山，采矿许可证有效期最长为 30 年；中型的矿山，采矿许可证有效期最长为 20 年；小型的，采矿许可证有效期最长为 10 年。采矿许可证有效期满，需要继续采矿的，采矿权人应当在采矿许可证有效期届满的 30 日前，到登记管理机关办理延续登记手续。采矿权人逾期不办理延续登记手续的，采矿许可证自行废止。

采矿许可证可进行变更，有下列情形之一的，采矿权人应当在采矿许可证有效期内，向登记管理机关申请变更登记：

（1）变更矿区范围的；

（2）变更主要开采矿种的；

（3）变更开采方式的；

（4）变更矿山企业名称的；

（5）经依法批准转让采矿权的。

采矿许可证可注销，采矿权人在采矿许可证有效期内或者有效期届满，停办、关闭矿山的，应当自决定停办或者关闭矿山之日起30日内，向原发证机关申请办理采矿许可证注销登记手续。采矿权人逾期不办理延续登记手续的，采矿许可证自行废止。

各省市地热资源采矿权办理手续有一定差异，具体项目展开前需咨询当地地热探矿权管理部门获取办理的具体程序及所需资料。

值得提出的是，申请办理采矿许可证时应当向登记管理机关提交的第三个资料矿产资源开发利用方案，地热能项目上称之为地热资源开发利用方案。

按照《地热资源地质勘查规范》（GB/T 11615—2010）要求，地热资源开发利用方案由报告正文、附图和附表三个部分组成，并且每个部分的章节排布、主要内容、字体格式等都有相对统一的要求。报告正文是地热资源开发利用方案的核心内容，一般情况下报告正文如下：

1 概述
1.1 开发企业概况
1.2 地热井概况
1.3 编制依据
2 井区地热资源概况及地热地质条件
2.1 井区地热资源概况
2.2 地热地质条件
2.3 热储及盖层特征
2.4 抽水试验
2.5 水质评价
2.6 地热水腐蚀性及结垢性评价
3 开发利用方案
3.1 地热井允许开采量及用途
3.2 编制依据
3.3 开发利用方案

4　环境保护

4.1　地热井保护区的划分

4.2　地热水排放对地质环境的影响措施

5　安全生产

6　效益估算

6.1　经济效益分析

6.2　社会效益分析

7　结论与建议

7.1　结论

7.2　建议

附图一般为三张，如下：

附图一　构造图

附图二　联井剖面图

附图三　地热井地质及水文地质孔综合图表

附表一般为八个，如下：

附件 1　地热井成井质量验收书

附件 2　行政处罚决定书及行政处罚缴款单

附件 3　矿产资源储量登记证

附件 4　勘查报告评审意见书

附件 5　水质检验报告

附件 6　施工单位地质勘查资质证书

附件 7　业主委托书

附件 8　承诺书

5.6.2　取水许可证办理

取水许可证是水行政主管部门依据国家有关法律法规、按照统一标准规范核发的授予公民、法人和其他组织取水权的唯一、合法法律文书。据《中华人民共和国水法》第七条：国家对水资源依法实行取水许可制度和有偿使用制度，国务院水行政主管部门负责全国取水许可制度和水资源有偿使用制度的组织实施。第四十八条：直接从江河、湖泊或者地下取用水资源的单位和个人，应当按照国家取水许可制度和水资源有偿使用制度的规定，向水行政主管部门或者流域管理机构申请领取取水许可证，并缴纳水资源费，取得取水权。因此开发利用地下热水资源应按照相关规定取得取水许可证。实施取水许可制度和征收管理水资源费的具体办法，由国务院规定。

按照《建设项目水资源论证管理办法》要求，需要申请取水的地热井项目，申请人应当自行或者委托有关单位编制建设项目水资源论证报告书。县级以上人民政府水行政主管部门或者流域管理机构应当组织有关专家对建设项目水资源论证报告书进行审查，并提出书面审查意见，作为审批取水申请的技术依据。

若取水时限到期，单位或者个人应向原取水审批机关提出延续取水申请，并提交下列材料延续取水申请书及原取水申请批准文件和取水许可证。取水审批机关在对原批准的取水量、实际取水量、节水水平和退水水质状况，以及取水单位或者个人所在行业的平均用水水平、当地水资源供需状况等进行全面评估后决定是否批准延续。批准延续的，核发新的取水许可证；不批准延续的，会书面说明理由。

在取水许可证有效期限内，取水单位或者个人需要变更其名称（姓名）的或者因取水权转让需要办理取水权变更手续的，应当持法定身份证明文件和有关取水权转让的批准文件，向原取水审批机关提出变更申请。取水审批机关审查同意后核发新的取水许可证；若仅变更取水单位或者个人名称（姓名）的，可以在原取水许可证上注明。

在取水许可证有效期限内，若取水量或者取水用途发生改变，或者取水水源、取水地点发生改变的，取水单位或者个人应当重新提出取水申请。

申办流程参考如下：

（1）申请：申请人递交纸质申请材料，并进行网上申报。

（2）受理：行政许可窗口部门接收申请材料，审批机关应当自收到申请之日起5个工作日内对申请作出处理，将受理通知书（或不予受理决定书，或补正通知书，或不受理告知书）送达申请人。

（3）审查：审批机关对申请材料进行全面审查，对于首次申请，应于受理之日起45个工作日内组织完成建设项目水资源论证报告书技术审查，并提出审查意见。审批机关认为需要听证的，应当向社会告知，并举行听证。对于延续申请，审批机关应对原批准的取水量、实际取水量、节水水平进行全面评估。

（4）许可决定：经审查，符合条件的，作出批准决定，审批机关签发取水许可申请批准文件；不符合条件的，作出不批准决定，书面告知申请人不批准的理由和依据，出具不予许可决定书。

（5）核发取水许可证：对于首次申请的，取水工程或者设施建成并试运行满 30 日，申请人应当向审批机关申请核发取水许可证。审批机关自收到申请有关材料后 20 日内，对取水工程或者设施进行现场校验，出具验收意见。验收合格的，核发取水许可证。对于延续申请的，作出批准决定的，核发取水许可证。

各省市地热水取水许可证申报手续有一定差异，具体项目展开前需咨询当地管理部门获取办理的具体程序及所需资料。

5.7　小结

地热能项目建设管理阶段是地热能开发利用项目的关键阶段，是地热能开发利用项目成功与否的决定性因素之一。地热能项目建设管理阶段包含项目招投标、项目建设过程管理、项目竣工验收及项目的合规性管理等四个内容。其中项目招投标、项目建设过程管理、项目竣工验收这三个方面按时间的先后顺序相互联系，同时项目的合规性管理又贯穿以上三个方面的全部过程，四个方面的内容既相互制约又相互联系。

项目建设过程管理和竣工验收管理主要开展地热井钻探施工管理和验收、市政及土建工程建设及验收、机电工程建设及验收。其中热井钻探施工管理和验收是地热能项目建设管理阶段最重要的内容，也是地热能项目区别于其他项目的重点内容。

地热资源为一种国家所有的液体矿产，在地热能项目建设阶段须按照国家法律法规、工程建设规范标准，以及地热主管部门的规定和要求，在保证项目建设合规性的前提下，科学客观地严格遵循项目招投标、项目建设过程管理及项目竣工验收中的各项要求，保障工程质量，取全、取准各种地热地质资料，认真完整地记录、留存及编录各种文件，规范系统地进行采矿权及取水许可证等手续的办理，编写地热井竣工报告、勘查报告、资源评价报告、项目竣工报告、开发利用方案等报告，为地热能开发项目的顺利完成奠定坚实的基础。

第 6 章

地热能项目运营阶段管理

6.1 项目运营阶段管理概述

地热能开发利用工程项目（采暖、发电等）以其经济、可靠、环保（无排放、可再生）、用途广泛、维护简便、占地面积小、使用寿命长等优点得到了广泛应用。然而，随着地热能市场的不断发展与普及，地热项目的优点并未得到充分展现，特别是其经济性在实际运行中并不理想。据调查，其原因包括盲目选择地热能系统、系统设计存在缺陷、施工中偷工减料、运行队伍不够专业等。尤其是运行维护队伍素质较低，大多未接受专业培训，导致运行人员对系统不熟悉，设备保养不到位。在系统的维护保养上投入不足，甚至零投入，日常调节管理基本不到位，对部分安装的自动控制系统基本不使用。系统在大流量、小温差的工况下运行，部分项目系统出现严重脏堵，水阻及换热效率极低，系统品质下降，能耗远超预期，给地热能系统的发展带来了严重负面影响。本章将立足一个建设开发合理、运行良好的地热能项目，从项目机构设置、项目管理、项目维修维护及后期评价等方面入手，进行地热能项目运行管理的相关讨论，以进一步凸显地热能项目的优势，挖掘并展现系统的节能环保潜能。

6.2 项目运行团队组建

项目运行团队在项目建设阶段就要进行规划组建，参与项目建设的各项工作，以便从项目建设阶段顺利过渡到项目运营阶段。在项目建设验收投运阶段，做好项目和资料的移交工作，为后续项目的营运做好准备工作。

6.2.1 落实项目人员配置

1. 项目人员配备

根据项目类型和技术复杂程度，合理配置运营团队人员组成。至少应设置项目负责人 1 名，领班 1 名，维修电工 1 名，水暖机专修工 1 名，运行工若干名。根据热田资源的大小，至少配备一名热储资源管理人员。各项目应根据项目实际情况配备相应专业人员，实现各专业分工协作，协调好工作和各种休假人员，处理好不同年龄人员配置关系，做好项目运营管理工作，为项目的稳定、经济运行提供保障。

2. 项目负责人任职条件

(1) 熟悉地热能项目系统,具备地热能、高低压电气、制冷、工业控制、通风空调、水暖知识,以及热力发电系统知识;

(2) 具有较强的领导能力和沟通协调能力;

(3) 具有较强的责任心和应急应变能力;

(4) 善于收集、整理和分析数据。

3. 项目领班任职条件

(1) 具有地热能系统运行管理经验;

(2) 有较强的责任心和沟通能力;

(3) 熟悉地热能项目系统,具备一定的地热能、电气、工业控制、通风空调、水暖知识,以及一定的热力发电系统知识。

4. 项目维修电工任职条件

(1) 熟悉机电安装工程电气施工图纸;

(2) 熟悉机电设备安装、调试及电气设备维修工作;

(3) 具有良好的道德修养和沟通能力;

(4) 具备电工上岗证书。

5. 项目暖通工任职条件

(1) 熟悉水暖及通风施工图纸;

(2) 熟悉机电设备安装、调试及水暖、通风维修工作;

(3) 具有良好的道德修养和沟通能力;

(4) 具备暖通专业上岗证书。

6. 项目热储资源管理人员任职条件

(1) 具有地热地质专业背景;

(2) 熟悉热储资源的各种勘探手段,包括热储模型的建立过程;

(3) 了解行业内能够胜任相关工作的第三方,建立第三方服务单位名单;

(4) 负责做好热田监测工作,制定热田维护方案。

6.2.2 项目组织结构

根据项目大小、类别不同,项目组织结构最小配置见项目组织结构(图 6-1)。

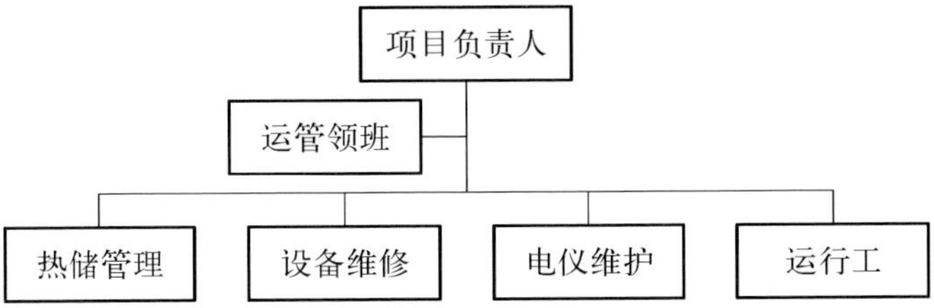

图 6－1　项目组织结构图

6.2.3　项目移交，收集归档项目资料

（1）收集项目竣工图纸，包括但不限于设计说明、系统图、大样图、布管图、电气图、布井（孔）图、平面图等。

（2）收集设备使用说明书，包括但不限于水泵安装使用说明、风机安装使用说明、空气处理机组使用说明、热泵机组使用说明、软化水系统使用说明、真空脱气设备使用说明、补水系统使用说明，以及其他电气仪表使用说明书等。

（3）熟读系统设计说明及设备使用说明，了解项目设计原理和设备的工作性能特点，以便在使用中按照设计及用户需求进行能量分配和调节。

（4）熟悉了解项目结构类型、功能及特点，建筑分布情况；用户类型，使用特点及要求；系统设备的规格、型号、数量、功能、分布状况及优缺点，建立设备台账，收集并记录相关设备的技术支持方式及联系方式，以便应急时使用。

（5）熟悉系统流程、管线走向及阀门位置，特别是隐蔽部位要做好定位标记，预留检修维修空间及入口，重要部位应制定专门的应急检修方案，以备突发应急时使用。

（6）查找并分析系统最不利环路、高能耗区域及其他薄弱环节，在系统能量调节时充分予以考虑，重点关注这些区域能量供给情况，保持系统的水力、热力工况平衡。

6.2.4　完善项目人员职责和管理制度

1. 项目负责人岗位职责

（1）全面主持和协调本项目的技术、质量、安全和运行管理工作，对该项目的整体负责；

（2）负责组织项目成员的培训工作，提升项目成员的业务能力；

（3）在运行管理中严格执行相关法律法规和标准，杜绝和防止违章作业；

（4）审查各类应急处理方案，监督运行管理工作和应急抢修方案的落实；

（5）收集并分析项目运行数据，预测和防范系统故障，对未来能源供给进行研判，确保系统长期、稳定运行。

2. 运维领班的岗位职责

运维领班除遵守运维人员岗位职责外，还应遵守以下岗位职责：

（1）协助项目负责人做好各项具体工作；

（2）全面主持运维班组工作，合理安排本组成员的日常工作，保质保量地完成上级主管下达的各项任务；

（3）严格要求，精细管理，以身作则，督促全体成员认真执行和严格遵守各项规章制度；

（4）收集、整理并保管项目资料；

（5）制定各类应急抢修方案，并在需要时组织实施；

（6）组织所属人员学习，提高业务素质；

（7）负责所属人员的考勤，以及公用工具、仪器仪表、小型检修设备的管理工作；

（8）审查、保管各种记录表，确保数据准确、资料完整；

（9）督促落实修旧利废、节约能源、降低费用的工作。

3. 运行工岗位职责

（1）自觉遵守公司员工守则，值班期间必须佩戴公司徽章，着装工作服，不得穿拖鞋。

（2）严格按照有关规程要求开启、停止和调节地热能系统的各种设备，并做好相应的运行记录。

（3）根据室外气象条件和用户负荷情况，精心操作，及时调节，确保地热能系统安全、经济、正常运行。

（4）按规定认真执行系统和设备的巡检工作及维护保养工作，发现问题及时处理，确保设备始终处于良好状态，并按要求做好备案记录。

（5）遵守机房管理制度，保持安全文明的生产环境。

（6）严格遵守劳动纪律和值班守则，坚守岗位，上班时间不做与工作内容无关的事情。

（7）值班期间如发现地热能空调系统或设备出现异常情况，应立即处理。若无法处理，应及时报告领班或项目负责人。如情况危及人身或设备安全，应首先采取停机、停电等紧急措施。

（8）按照相关规程要求进行计划检修和日常故障处理，确保修复设备达到原有状态。

（9）努力学习专业技术知识，刻苦钻研操作技能，熟悉设备结构、性能及系统情况，注意总结实际经验，不断提高运行操作水平。

（10）尊重领导，服从班组工作安排，完成上级主管交办的其他临时性工作。

4. 机房管理规定

（1）机房内的设备由运行维护人员操作，其他人员不得擅自操作。

（2）严格遵守值班规定，接班人未到，值班人员不得擅离岗位。

（3）值班人员必须熟练掌握运行设备的操作规程及操作技术，按照相关规章制度，对机房内设备、设施进行认真检查巡视，发现问题及时处理，无法完成或不能处理的问题应及时上报主管人员并请求派修，同时做好相关记录。

（4）非相关人员禁止进入机房，如有上级领导检查，必须报告相关部门或主管人员，并由值班人员陪同；对于有计划的参观者，应热情接待并做好讲解工作。

（5）按规定认真填写值班日志，做好出入登记、维修记录及卫生检查记录。

（6）不得擅自改动机房内的各种设备、管线、线路，如需改动，必须报请主管部门审批后方可进行。

（7）机房内禁止吸烟、闲聊、嬉笑打闹，不得使用电炉，禁止组织玩牌等娱乐活动。

（8）机房内严禁烟火，消防设施应随时保持充足、完好有效。

（9）机房内必须保持干净、整洁，无积水积尘；确保通风、照明良好；各种应急通道畅通，门窗开启灵活；不得在机房内晾晒衣物；不得堆放易燃易爆及与工作无关的杂物。

（10）值勤人员原则上不得请假，确需请假应按照《请销假制度》执行。

（11）遇有影响设备运行的维修工作，必须报告主管人员或经甲方批准后才能进行，并在值班日志上做好电话记录。

（12）根据环境温度及末端负荷情况及时进行调节，确保地热能系统始终在安全、经济、正常的条件下运行。

5. 运维班组值班守则

（1）系统的设备运行由设备值班人员负责，值班人员不得擅离职守、睡觉或进行与工作无关的活动，应定期巡视、勤检查、勤调节。

（2）按照规定的班次值班，不迟到、早退，不得无故缺勤，不得私自调班或替班，因故不能值班者必须向主管请假。

（3）注意定期观察设备的运转情况（包括声音、温度、压力、水流量、电压、电流等参数），发现问题及时处理，若无法处理则应及时上报并做好相应记录。

（4）严格按照《地热能系统操作规程》操作和启停系统设备，严禁带故障运行。

（5）停用的系统设备需要重新启用时，在开机前应对相关设备和装置进行运行前检查，做好各项设备启动前的准备工作，确保无异常情况下方可按照《地热能系统操作规程》进行开机。

（6）每2小时对系统的设备、装置进行巡回检查，并做好运行记录，读数要准确，填写要清晰，不得弄虚作假或随意涂改。

（7）了解值班期间的室外气象（值班人员应熟悉天气情况）和室内负荷情况，从安全和经济角度合理调整运行参数，努力使室内温度在冬季达到18~20℃、夏季达到26~28℃；湿度控制在40%~60%范围内，并在此前提下实施有效的节能方案。

（8）有事故发生，首先应防止事故蔓延，然后按照有关程序和规定查明原因并及时排障，处理完成后做好相关记录，若无法处理则应及时上报。

（9）负责系统和机房的管理，非相关人员严禁进入机房，来访参观检查需上报主管部门和主管人员，参观时必须有人陪同，并做好登记。

（10）必须保持设备及环境卫生，保持值班室和机房的整洁，并按规定做好地热能系统的维护保养工作。

（11）严格按照《交接班制度》执行交接班工作。

（12）值班日志的填写应包含维修记录、交接班记录、设备运行参数、下一班注意事项等相关内容。

（13）来客登记应注明事由、来客单位、进入时间、离去时间、值班人员等必要项目。

6. 应急预案

为确保地源热泵系统安全可靠运行，及时、高效地处理系统设备使用过程中发生的突发性故障，特制定本应急预案。

（1）系统跑、冒、滴、漏的处理

运行中如出现系统主管漏水，应按序停止系统运行，就近关闭相关阀门，并做好清扫引流处理，防止事故扩大造成损失。及时上报管理人员并报请维修班组进行抢修，抢修完成后进行局部试压，合格后方可开启阀门，按序启动系统。

运行中如出现系统支管漏水，无须停止系统运行，其余步骤与主管漏水处理相同，抢修完成后进行局部试压，合格后方可开启阀门投入使用。

（2）设备异响的处理

系统设备异响时，应及时开启备用设备确保系统运行，应听清异响部位，及时关闭故障设备，切断电源，防止事故扩大，报请维修班组对故障设备进行维修，待维修完成验收合格后方可投入使用。

（3）电气故障的处理

当系统供电电压高于 7%或低于 10%时，应及时通知供电班组进行处理。

当设备的额定电流或不平衡电流超过 10%时，应及时通知维修班组对设备进行调试或检修，待维修完成验收合格后方可投入使用。

若热泵系统运行过程中突然停电，操作人员应立即检查停电原因，并通知供电班组。若确认是电源断电，恢复供电后应检查系统供电电压是否正常，正常后方可按序启动系统。若停电时间过长，应先对机组进行预热，待油温达到规定要求后方可启动机组。

设备运行中若发生跳闸，应立即启动备用设备，并及时上报管理人员，同时通知维修班组对故障设备进行维修，维修完成验收合格后方可投入使用。

当设备电机温升过大时，应立即启动备用设备，并关闭故障设备以切断电源，防止事故扩大，然后通知维修班组进行维修，待维修完成验收合格后方可投入使用。

配电装置或用电设备如出现烧焦味、打火、冒烟等情况时，应在确保人身安全的情况下迅速切断设备电源。如遇明火，应使用干粉灭火器进行灭火（严禁使用水或泡沫灭火器），以防止事故扩大。根据实际情况，撤离故障设备，启动备用设备，并及时上报管理人员，通知维修班组对故障设备进行维修，待维修完成验收合格后方可投入使用。

（4）自然灾害的处置

遇水灾、火灾、地震等紧急情况，应在确保安全的前提下，立即停止系统运行，断电，撤离至安全区域，并及时上报管理人员。

6.3 项目运营年度目标和计划的制订

（1）明确项目运营目标：明确采暖项目的年供暖面积、发电项目的年供电量等关键指标；

（2）目标分解：将年度运营目标分解到每月；

（3）根据目标月度计划，制定相应的月度设备维护计划；

（4）根据项目实际运行情况，对月度运行数据进行分析，并根据分析结果调整月度计划；

（5）根据月度运行情况，适时调整本年度计划，并制订下一年度的运营目标和计划。

6.4 项目运行管理

6.4.1 项目运行接管交接手续

交接内容应包括但不限于以下内容：

（1）竣工验收资料，包括施工图纸、验收记录、试运行资料等；

（2）设备、仪器仪表的使用说明书；

（3）设备清单；

（4）交接双方应逐一查验设备的使用现状；

（5）过往的运行记录表（单）；

（6）隐蔽管线位置及系统检修记录；

（7）其他需要交接并说明的事项。

以上内容应整理成文字表格资料，交接双方在文件上签字确认，交接工作的参与方均应保留相应的存档。

6.4.2 运行中交接班记录

交接班记录应在运行管理日志中体现，内容应包括交班人签字、接班人签字。交班人应详细记录上一班系统及设备的运行情况、需要交代的事项、上级通知及要求。

交班人还应保持值班室及机房干净整洁。项目应制定相应的交接班制度。

1. 交接班程序

（1）交接班工作应在交班人下班前10~15分钟内进行。

（2）根据职责范围，交接班双方应共同巡视、检查主要设备，并核对交接班前的各种记录的真实性和有效性。

（3）交接班双方应在交接班记录表上签字。接班人员有不同意见可当场注明，若未对交班人员申明而在本班中发现的问题，由接班人负责。

（4）交班前及交班过程中发生的问题或故障，能处理而未处理完成的不得进行交接班，应由交班人员负责处理。接班人员应配合处理，完成后方可进行交接。

2. 对交班人的规定要求

（1）做好交接班准备工作，认真填写交接班记录表上的相关内容，并做好交接及有关通知精神的传达；

（2）向接班人员简要介绍本班系统运行情况、应注意的问题和需要继续进行的工作，并明确回答接班人员提出的疑问。办完交接检查并在双方签字后方可下班。

（3）接班人员未到之前，不得离岗，并及时向主管人员报告；

（4）若发现接班人员醉酒或神志不清，无法进行交接班时，应及时向主管人员报告。

3. 对接班人员的要求

（1）上班前不得饮酒，应在规定的接班时间前10~15分钟内到达值班室。

（2）因故不能上班或不能及时上班的，应提前请假或及时报告交班人员及主管人员。

（3）接班人员应认真核对各种参数，检查其真实性和有效性，并确认系统是否处于正常状态，并在日志上予以记录正常与否，不正常时需写明原因。

（4）认真听取交班人员的情况介绍，进行交接班检查，在接班记录表上签字后方可接班。

（5）若发现交班人员未认真完成有关工作或在交接检查中发现问题，应向交班人员提出询问。若交班人员不能给予明确回答或可能造成不良后果的，接班人员可拒绝接班，并立即报告主管领导处理。

6.4.3 运行管理中应设置运行记录或值班日志

记录或日志封面应包含项目名称、起止日期。记录或日志的内容应包括但不限于以下参数：系统发电或供电电压、功率因数、系统运行总电流，分别对主设备及辅助设备进行用电量或发电量的统计，电量统计可按日、按月、按季度及采暖季和制冷季分别进行（电量统计应规定统计时刻，特别提醒应注意电流/电压互感器倍率，读数应扣除表底数）；投入运行设备的名称、运行电流、运行负荷，同时能体现同类设备的投入数量；冷热源侧及用户侧的供/回水压力、温度、流量；补水频次及单位时间的补水量；主机设备应包含蒸发器和冷凝器的供回水温度、压力，每个制冷回路的高、低压，吸、排气温度，过热度，膨胀阀开度，机组负荷率及运行电流；泵类设备的负荷率、运行电流、进出口压力等，记录至少每2小时1次，确保系统运行期间全天24小时不间断。

运行中发现设备及系统故障时，必须在记录或日志中体现，要求注明发现时间、故障内容、原因及处理方式，并在交接班记录中予以体现。

记录或日志可作为上级通知的记录本，在工作过程中和交接班时如实传达并落实。上级通知的记录本也可另行建立。

6.4.4 运行管理中应设置巡视记录单

项目应按不同楼座、不同楼层或不同区域设置巡视记录单，记录单应包括但不限于以下内容：巡视日期、巡视时间、巡视人员签字、发现的问题、处理方式及处理结果。记录单可按月、季度或年装订成册，并在封面注明项目名称、记录名称及记录的时间区间。

6.4.5 项目检修应设置检修工作单

检修工作单应包括但不限于以下内容：项目名称、设备名称、检修内容、检修人员及签字、检修日期、发现问题及处理结果等。检修工作单也应按月、季度或年装订成册，并在封面注明项目名称、记录名称及记录的时间区间。

6.4.6 项目维修应设置维修工作单

维修工作单应包括但不限于以下内容：项目名称、设备名称、故障发生时间、故障现象、故障原因、维修内容、维修人员及签字、维修日期、故障处理结果等。维修工作单同样可按月、季度或年装订成册，并在封面注明项目名称、记录名称及记录的时间区间。

6.4.7　项目运行管理中应设置来访登记表

来访登记表应包括以下内容：日期、到访时间、来访领队姓名、身份证号、电话号码、总人数、审批领导姓名、值班员姓名、离开时间。值班人员应对参观考察者提出相应要求，并特别提醒禁止来访者操作任何设备。

6.5　项目运行状态管理

系统设备状态可分为运行状态、待机状态和停机故障状态。项目运行管理中所有设备、阀部件及管线应悬挂标识，标识应清晰表明设备编号、功能、介质流向及工作状态。用电设备应悬挂"有电危险"警示标识，电气设备故障检修应悬挂"检修中，禁止合闸"警示标识，故障设备应悬挂"设备故障，禁止操作"警示标识，机房应悬挂"机房重地，闲人免进"标识。

值班人员应持续关注在线运行设备的运转参数，如电压、电流、运转声音、温升和压力等。对于用电设备，特别应注意电流、温升变化及异响或异味的产生原因。对于压力较高的承压设备，除了关注电流、温升变化和异响或异味外，还应重点关注压力的变化。

以上运行参数应按值班要求在运行记录或值班日志中体现，需特别关注的事项应在交接班记录中说明，并要求接班人员重点关注。

地热井应重点监测系统结垢及管网腐蚀状况，以及水温、水位和水量的变化。定期检查水处理装置及脱氧设备的运行情况，确保其正常工作。

热泵主机设备应定期进行运转切换，每台设备建议每月至少运行 30 分钟，并应保持通电待机状态，以防止电路受潮，降低设备使用寿命，并保证油温，确保机组能够随时启动。

泵类设备也应定期切换，每台设备确保每月至少运行 15 分钟（深井泵每周至少运行 15 分钟），以防止线圈受潮和叶轮堵转。补水泵应定期对主、备用泵进行切换，确保每台泵的定期运转。对于补水需求较小的系统，应通过适当加大排污量来保证补水泵的定期运转。

6.6 项目运行技术管理

6.6.1 水力平衡和热质平衡管理

水力平衡是按需分配流量的基础，是确保项目使用效果的前提，也是项目竣工和经济运行管理的重要环节。项目成立后，首先应对系统水力平衡进行调节，运行中应根据采暖、制冷工况及不同建筑物或区域进行合理分配。水力失衡可能是设计计算偏差、设备选型及制造工艺偏差、管线施工及路由等因素共同作用的结果。水力失衡可能导致输送能耗增加、用户能源分配不均、舒适度下降、系统调节分配幅度缩小、泵类输送设备功耗增加、热泵机组蒸发器冻管等后果。

静态水力平衡阀的调整步骤是：在设计资料中查出静态水力平衡阀的设计压降；根据设计图纸，查出（或算出）静态水力平衡阀的设计流量；根据设计压降和设计流量，以及阀门的口径，查水力平衡阀压损列线图，找出此时静态水力平衡阀对应的开度；旋转静态水力平衡阀手轮，将其开度旋至设计开度并锁定，在运行中，可根据用户实际情况对平衡阀开度进行微调。

动态平衡调节方法很多，包括预设定法、阻力系统法、比例法、迭代法、补偿法、温度调节法及自力式调节法等。本书只介绍相对简易快捷的方法——迭代法，其调节步骤如下：

（1）通过改变水泵运行台数、运行频率或调节系统供、回水阀门，使总流量控制在设计流量的110%左右。

（2）以机房为准，由近至远调节各分支用户。将最近的支线用户流量调至设计流量的80%左右，由近到远按比例增加，直到最远支线用户或最不利水路的流量调至设计流量的100%。

（3）当项目支线较多时，应在支线总管上安装调节阀，仍然按照由近及远的原则，先调支线再调用户，流量的确定方法同上。

（4）在调节过程中，如遇某支线或用户在调节阀全开时仍未达到设计流量，可以先跳过该支线或用户，按既定顺序继续调节。待最后用户调节完毕后再复查该支线或用户的运行流量。若与理想流量偏差大于10%，应检查是否淤堵，阀门是否开全等故障。

（5）若有必要，可按第一步增加总流量。这一步骤可提高总循环流量，降低系统工作压力，有利于供热效果的改善和系统的安全运行。采用此方法时，可安装各种类型的调节阀（平衡阀、调配阀）。流量测量应根据实际条件选用超声波流量计或智能仪表：用户入口安装的是平衡阀（可以测流量），可采用智能仪表；若用户入口安装的是手动流量调节阀或节流孔板，则可采用绑在管道外壁上的超声波流量计来测流量。

对于发电系统，在初步设计阶段，应进行系统热质平衡计算；在电厂运行阶段，对热流体质量进行测量，改变流量观察发电量的变化，计算机组热电转换效率，以便评估机组性能是否达到设计工况。

6.6.2　项目运行中的能源分配与调节

室内新风量应根据设计要求与实际需要进行适度调节。过量的新风送风会导致系统能耗大幅增加，造成不必要的能源浪费。冬季送风温度宜控制在 18℃或以上，夏季宜控制在 26℃或以下。

室内温度设置应在满足用户需求的同时，尽量遵循节能减排原则。冬季适当下调，夏季适当上调，减少与外界环境的温差，以保障健康和节约能源。禁止在开机时将末端设备设定温度调至最低或最高来快速降温或升温，这样会导致室内温度超调，造成不必要的能源浪费。

实行分区采暖、制冷的项目，应根据分区能源供给需求和实际供回水温差进行适时调节。温差范围根据末端设备不同而有差异，应参考设计要求和具体规范执行。确保各分区能源分配平衡，减少输送能源消耗，以达到节能目的。

能源站能源供给的调节应依据环境温度和末端用户实际需求适时调节。无自动控制的系统需定期巡视并适时增减设备投入数量及改变温度设定值；带自动控制的系统可适当调整温度设定值。在确保末端能源供给的前提下，采暖温度可适当下调，制冷温度可适当上调，以保障系统运行的经济性。经测定，设备运行期间，温差每下降 1℃，机组可节能 1%～3%。

多台主机并联运行时，应分别对设备进行编号并设定运行主次，其设定温度应有所差异。尽量确保单台设备满负荷运行后再启动第二台设备，避免两台设备同时不满负荷运行，从而减少设备本身的运行能耗。不运行的主机设备应关闭能源侧及末端侧的水阀，以降低系统运行的输送能耗。

对于地热发电厂,降低厂用电率、增加上网结算电量,是电厂运行管理的重要工作之一。在设计阶段,应合理设计厂内用电设备;在运行阶段,进行合理调控,以实现用电设备耗电最低、做功最大。

6.7 项目运行操作管理

6.7.1 地热能系统操作规程

1. 开机前检查事项

(1) 电压指示是否在额定电压范围内。

(2) 设备的各种信号灯是否正常。

(3) 机组上各种控制阀是否在正确位置。

(4) 机组的冷冻油量是否适量,油温是否达到要求。

(5) 在自动化程度较高的生产系统中,控制系统会自动检查开机条件,条件达到后才允许系统开机。

2. 开机

(1) 检查系统水位是否达到系统运行要求。

(2) 相应阀门是否开启。

(3) 系统水压是否正常,是否需要补水。

(4) 启动深井泵、循环泵。

(5) 检查深井泵、循环泵的电流和声音是否正常。

(6) 检查水流量、系统压力是否达到机组运行条件。

(7) 启动机组。

(8) 检查机组电流、声音、冷凝器压力、蒸发器压力、油压、油温是否正常,有无异味等。

(9) 在自动化程度较高的系统中,系统开机后控制系统自行检查系统条件,若提示不满足开机的条件,整改后重新设定再开机。

3. 调节

(1) 根据负荷需求调节机组及压缩机投入数量。

(2) 根据机组负荷调节能源侧及负荷侧水泵运行台数及负荷率,确保能源侧及负荷侧温差，保证系统的经济运行。

（3）并网发电厂根据电网调度调节发电量。系统内设备也需人工或自动做相应调整。

4. 停机

（1）关机前记录运行数据。

（2）关机前检查机组电流、声音、冷凝器压力、蒸发器压力、油压、油温是否正常，有无异味等。

（3）关闭机组。

（4）至少 2 分钟后停深井泵、循环泵。

（5）是否需要开启或关闭相应阀门。

（6）全自动并网发电的地热电厂，在按下停机按钮后，会自动减负荷停机并解列，进入停机待机状态。在自动化程度较低的系统内，需要部分人工操作。

6.7.2　地热井的管理

对于安装有井下化学阻垢装置的地热生产井，需要对加压系统进行实时监测，以保证加压系统和生产井的运行稳定性。地热水的利用可采用钛板换热器进行间接换热，严禁地热水直接进入二次管网。地热水管网宜采用玻璃钢管道或塑料类防腐管材。在对地热井的管理中，应针对水质选用合适的水处理方法，严防地热水与空气接触，必要时应进行除氧处理，并在管网适当位置添加化学缓蚀剂，以减小系统腐蚀。

地热资源有限，过度开发会导致地热水资源不足，出水温度下降，严重时还可能引发地面沉降的风险。因此，地热水经过充分利用后，应将尾水全部回灌至地层深部，回灌水通过岩层吸收热量，使地热水资源得到补给，从而维持地热资源的循环利用。地热井在钻凿过程中会产生岩粉及碎屑，由于地热水中含有多种化学物质，在使用中会对金属管道产生腐蚀并生成各种凝结物，严重时会对管线及设备造成破坏并堵塞管网，管理中应根据使用情况定期对地热井、管网及设备进行检查，并及时对地热井及设备管网进行清洗维护。

地热井洗井方法包括活塞洗井，捞砂洗井，高压水喷射洗井，压缩空气正、反循环洗井，酸洗井及液态 CO_2洗井等。在实际施工中，联合使用以上方法才能达到洗井目的。要想获得较好的洗井效果，不仅需要选择合适的洗井方法，还要进行正确的操作。联合洗井法在操作时需要根据实际情况特别注意控制加酸浸泡、活塞拉洗、压缩空气吹洗等工艺的时间,时间延长则能增加洗井效果,但也会造成腐蚀、污染与磨损。

6.7.3 机组的日常检查和保养

1. 日常检查

(1) 检查故障记录,分析原因;

(2) 分析运行数据,确保正常运行;

(3) 检查外观腐蚀和污染情况;

(4) 检查泄漏状况(氟、水);

(5) 检查连接是否牢固(机械、电气),并定期紧固接线端子;

(6) 检查换热器结垢情况;

(7) 检查润滑油品质;

(8) 检查安全阀;

(9) 检查吸排气温度及过热度;

(10) 视情补充冷媒;

(11) 检查电机绝缘;

(12) 运行中检查电流;

(13) 检查线路连接有无打火、冒烟、变色、过热现象,并及时更换老化线缆;

(14) 检查接触器、电磁阀、继电器动作的可靠性;

(15) 检查传感器及仪表的精度。

2. 保养方法

(1) 按开机顺序启动系统;

(2) 关闭冷凝器出口阀门(氟路)至低压停机;

(3) 可迅速关闭压缩机的排气阀;

(4) 打开压缩机的排油阀放油;

(5) 如排油量太小,可关闭排油阀再次开机回油,再排油;

(6) 关闭系统;

(7) 拆除油滤、清洗油腔,并清洗或更换油滤;

（8）拆除干燥滤芯，清洗芯筒并更换滤芯；

（9）使用加油泵按放油量加油；

（10）同时使用真空泵抽真空；

（11）启动蒸发器、冷凝器循环泵；

（12）打开冷凝器出口阀门及排气阀门；

（13）手动打开膨胀阀或电磁阀，向蒸发器释放制冷剂；

（14）开机运行，检查系统参数及工况；

（15）根据运行情况补充制冷剂，调试运行至合格后结束；

（16）对运行中的电机和转动设备按照运行要求定期注油。

6.7.4　水泵及风盘电机的日常检查和保养

1. 运行前检查

（1）连接是否紧固；

（2）防止供电质量问题造成损坏，电压不超过标准电压的 7%，不低于标准电压的90%；

（3）新电机对地绝缘不小于 1 MΩ（使用 500 V 兆欧表）；

（4）螺栓紧固，每半年进行 1 次；

（5）除锈防腐处理，在制冷季后进行；

（6）视情加注润滑油，每年 1 次；

（7）调整水泵工况；

（8）控制温升，不高于介质温度 35℃，且不超过 80℃；

（9）确保无异响，防止空转；

（10）调整水封，预防滴漏；

（11）及时检查并更换磨损的轴承，防止故障扩大；

（12）三相不平衡电阻不超过±3%；

（13）防止长时间超额定电流运行，运行时三相不平衡电流不超过±10%；

（14）三相不平衡电压不超过±2%，短时不超过±4%。

2. 电机的基本保养

（1）使用环境应保持干燥，电动机表面应保持清洁，进风口不应有尘土、纤维等阻碍。

（2）当电机的热保护连续发生动作时，应查明故障原因：检查电机是否损坏；是否超负荷；热保护整定值是否太低。消除故障后，方可重新投入运行。

（3）应确保电动机在运行过程中有良好的润滑。及时补充或更换润滑脂。更换润滑脂时，应清除旧的润滑脂，并用汽油清洗轴承及轴承盖的油槽，然后更换新的润滑脂。

（4）当电机运行时的振动及噪声明显增大时，应检查轴承的使用限值，并及时更换轴承。

（5）拆卸电动机时，从轴伸端或非轴伸端取出转子都可以。如果没有必要卸下风扇，还是从非轴伸端取出转子较为方便。从定子中抽出转子时，应防止损坏定子绕组或绝缘。

（6）定期检查电机相间绝缘和对地绝缘。对于绝缘受损的电机，应根据实际情况进行绝缘处理或更换。

6.7.5 新风机组的检修与保养

（1）检查风机的传动皮带是否有松弛及磨损情况。用手拉紧时，如延长 2 cm 以上，则需要更换。

（2）检查风机及电机的轴承是否正常，并适时加注润滑脂。

（3）定期检查冷凝托盘，保持接水盘干净整洁，确保出水口无异物。

（4）检查防冻开关的可靠性，防止冻管现象发生。

（5）定期且适时清洗机组内的过滤器。

（6）定期检测新风机组的工作电流。

（7）定期检查过滤器前后的压差，压差过大应及时清洗滤网。

（8）定期检查皮带磨损情况，如有问题及时更换。

（9）加强巡视，关注设备运行时的声音变化和温度变化。

（10）新风机组安全运行建议：① 冬季运行时，应重视所有地热能设备和管线的防冻措施。进行管线试压冲洗时，要注意室外气温，冲洗后必须确保系统彻底放空。如果使用新风机组临时供暖，也应按正常程序进行试水。如果没有自控措施和专人管理，建议不要使用新风设备进行临时供暖。② 建立和完善运行管理制度。夜间停用的新风机组也应采用定流量或温控器自动控制水阀开启，或设置电加热装置，以保证新风机组加热器的温度。冬季运行新风机组时,要定时巡查,跟踪天气变化情况。在寒冷天气不宜安排地热能系统的调试和检修,以确保水系统运行的安全性。③ 新风机组设计时必须设置有效的防冻自控联锁监控装置。风机运转时,必须首先保证加热器的额定水流量。当水温过低或水流量过小时,应有报警功能,并及时关闭送风机及新风入口保温风阀。

(11) 现在的地热发电机组汽机(原动机)和发电机的保养和检修:汽机和发电机都配备了润滑油和密封油系统,以及振动监测系统。运行过程中,出现一般异常都会有报警系统提示,但值班运行人员仍需定期巡检,发现问题及时处理。

6.7.6 软化水装置的保养

(1) 确保输入的电压和电流稳定,防止电控装置烧损。

(2) 电控装置外部应安装密封罩,防止受潮和水浸。

(3) 定期向盐箱内加固体颗粒食盐(严禁加精盐或加碘盐),并确保盐箱内食盐溶液处于过饱和状态。加盐时注意不要将固体颗粒食盐撒入盐井内,以免在盐阀上形成盐桥,堵塞吸盐管路。固体颗粒盐中含有一定量的杂质,大量杂质会沉积在盐箱底部,可能堵塞盐阀,因此需要定期清理盐箱底部的杂质。清洗时,可打开盐箱底部的排污阀,用清水冲洗直到无杂质流出。盐箱的清洗周期应根据固体颗粒食盐的杂质含量来确定。

(4) 定期检查射流器及吸盐管路的气密性,防止漏气,以免影响再生效果。

(5) 每年应将软水器拆卸一次,清理上下布水器及石英砂垫层内的杂质,并检查树脂的损耗量和交换能力,更换老化严重的树脂。对于铁中毒的树脂,可用盐酸溶液进行复苏。重新启动时,先手动顺时针方向旋转手动再生轮,软水器将启动再生程序,并按照设定的工作步骤完成一个再生循环,直至返回工作状态(产软水)。

(6) 软化水设备在长期停用前,应对树脂进行一次充分再生,将树脂转换成钠型并进行湿法保养。

(7) 在停用期间,每月至少对软水器进行一次冲洗,防止交换罐内滋生微生物,导致树脂发霉、结块。

(8) 如发现树脂发霉,可进行灭菌处理。通常使用 1% 的甲醛溶液浸泡数小时,然后用水冲洗,直到无甲醛臭味为止。

(9) 冬季停用时,应采取防冻措施,防止树脂内水分因冻结而造成树脂胀裂破碎。可以把树脂储存于食盐水溶液中,盐水的浓度应根据气温条件进行配制。

6.7.7 末端设备及通风系统的清洗

1. 清洗要求

(1) 清洗技术和质量应符合质量规范和要求,根据实际情况制定施工方案,并严格按照施工方案进行施工。

(2) 所有清洗药剂和材料应提供专业机构的认可报告或合格证明。

(3) 在清洗消毒工作施工时,应做好保护、遮盖、噪声控制等防范措施,并及时处理废弃物,确保施工现场的整洁。

(4) 确保安全施工,并对员工进行安全施工教育,采取制度完善的安全生产措施。

(5) 清洗消毒完成后,应取得疾控中心出具的该项目的卫生学评价报告。

2. 清洗工艺

(1) 确定清洗范围

根据管道的布置情况和阀门的位置,确定清洗距离和清洗检查孔的位置,清洗距离最大可达 50 m。清洗检查孔应开设在三通、四通或管道拐弯处,并靠近顶棚检修人孔。清洗检查孔可开设在风管底部或侧面,尺寸有两种,分别为 400 mm×400 mm 和 240 mm×240 mm。

(2) 封堵

管道封堵采用充气气囊,气囊可根据管道的形状在压缩空气作用下自适应管道形状,以达到封堵目的。风口封堵采用透明塑料膜,塑料膜裁剪成与风口大小相当的尺寸,并用胶带将其与风口边缘密封。在一个清洗管段内,除清洗口和灰尘收集口外,其他风口全部封堵。

(3) 清洗前检测

用检测机器人对管道内部进行录像,并标记录像的管道编号,以便清洗后进行对比。

(4) 高度小于 200 mm 的特殊水平管道的清洗

对于高度小于 200 mm 的矩形风管清洗,单一的清扫刷、气刷机器人等由于高度的限制很难清洗干净。可根据风管的形状，利用风压汽锤高压气体同时对风管四壁进行清洗，确保清洗干净、彻底。主要用于 700 mm×120 mm 和 160 mm×120 mm 风管的清洗。

（5）高度介于 200~800 mm 的矩形风管清洗

有以下三种设备适合此类风管的清洗：

① 智能工作机器人 2 号（高度为 150 cm）。该机器人可清洗高度为 200~1000 mm，利用高压气体旋转头能同时对风管四壁进行清洗。清洗时根据风管高度更换清洗操作气管长度。

② 气刷工作机器人。清洗时根据风管高度调整气刷的固定高度。

③ 智能刷清洗机器人。该机器人根据风管高度更换合适的清扫部件和调整延伸杆进行清洗。

（6）送风管和回风管的支管清洗

清洗通风系统时，应先清洗回风系统再清洗送风系统。清洗回风管时，应从回风管末端向机组方向清洗，顺序为回风干管、回风支管、回风主管。清洗送风管时，应从机组向送风管末端清洗，顺序为送风主管、送风支管、送风干管。

（7）施工检测门的安装与恢复

清洗水平风管时，若风管长度介于 20~30 m 或存在支管和风阀，无法利用风口操作时，需开设操作孔（操作孔恢复时最好安装检测门，以便检查和再次清洗时使用）。根据风管的大小开设操作孔，尺寸为 240 mm×240 mm 或 400 mm×400 mm。风管立管的开孔应在立管的最高和最低处，若立管高度大于 20 m 或存在风阀，则需额外开设一个。开孔尺寸根据风管大小确定，为 240 mm×240 mm 或 400 mm×400 mm。风管清洗时，若顶棚吊顶为死顶，则顶棚上也需开设操作孔（尺寸为 600 mm×400 mm），清洗后恢复成检修孔形式。

（8）风管系统清洗时尽可能利用各种风口进行操作，尽量减少开设操作孔。

3. 设备清洗方法与内容

（1）吊顶空调机组及组合空调机组清洗

① 拆下所有过滤网进行消毒清洗；

② 清洗表冷器、翅片（清洗过程中注意调整水枪压力，确保高压水枪位于合适位置，避免其冲击力损坏翅片）；

③ 清洗风机蜗轮：拆除后用水枪冲洗或用水冲刷，清洗干净后用干布擦拭；

④ 清洗后用干净的布擦拭外围部位；

⑤ 清洗软连接部分；

⑥ 清洗初、中、高效过滤段及各风机设备（清洗过程中防止电机部位污染和进水）；

⑦ 清洗完成后，用吸尘器或其他吸水设备将机组内的污水排出；

⑧ 擦拭机组外观部位并进行消毒；

⑨ 恢复机组（检查设备，接通设备专供电源）；

⑩ 处理污物；

⑪ 提供清理效果影像资料。

（2）风道清洗

① 清洁风道专用机械设备进场；

② 使用机械设备拍摄管道内部图片；

③ 机械设备上应安装吸尘耙头进行底面接触式吸尘；

④ 在机械设备上安装高速滚刷对顶面/底面/侧面进行抛光；

⑤ 在机械设备上安装擦布对风道四壁进行擦拭；

⑥ 确保洁净度达到国家标准；

⑦ 对风道进行消毒（使用雾化器）；

⑧ 撤掉所有防护密封，恢复风道；

⑨ 恢复各类阀部件；

⑩ 设备撤场，清理现场保护物；

⑪ 处理污物；

⑫ 提供清理效果影像资料。

（3）风口清洗

① 拆卸各类风口，进行清洗后重新组装；

② 处理污物；

③ 提供清理效果影像资料。

（4）风机盘管清洗

① 清洗软连接部分；

② 清洗风机涡流罩、叶轮、马达、轴等；

③ 使用多功能气枪配合清洗剂喷洒翅片表面，然后用多功能气枪打入清水进行清洗，以除垢和杀菌；

④ 清洗托水盘(使用消毒药水),并进行设备消毒处理;

⑤ 清洗并消毒回风过滤网;

⑥ 清洗盘管的所有组件;

⑦ 检查设备,接通设备专供电源;

⑧ 处理污物;

⑨ 提供清理效果影像资料。

6.7.8　设备水系统及管路的清洗

地温能空调系统水温大多在 7~60℃,在长期运行过程中,其水循环系统会产生结垢、腐蚀和生物黏泥等问题,严重影响了地热能系统的正常运行,增加了运行和维护成本,降低了系统采暖和制冷的工作效率,导致系统故障率上升,管道堵塞,设备的正常使用寿命缩短。目前常用的清洗方法包括手工清洗、机械清洗、冲洗和化学清洗。

(1) 手工清洗:对于容易拆卸的直管换热设备或管线堵塞,可采用手工清洗。具体步骤为:关闭进出水阀门;拆除设备管线,然后对设备及管线进行手动疏通,如机组冷凝器、板式换热器等。

(2) 机械清洗:对于手工清洗有困难的设备管线,可使用疏通机配合清洗。其步骤为:关闭进出水阀门;拆除设备管线,利用疏通机对设备及管线进行清洗疏通,如地板采暖管、暖气片、风机表冷器、螺旋式换热器、板式换热器等。

(3) 冲洗:冲洗可分为系统水冲洗和高压水冲洗。系统水冲洗的步骤为:关闭进出水阀门;拆除设备供水(回水)管线,连接至储水容器,打开回水阀门进行冲洗,并可利用供水与回水多次反复冲洗,以达到较好的冲洗效果。高压水冲洗的步骤与系统水冲洗基本一致,不同之处在于将设备供水(回水)口接上高压水枪,利用高压水对设备及管线进行冲洗。操作中可以交替使用供水和回水进行冲洗,以获得更好的效果,但应谨慎控制水压。这种方法简单易行,适用于所有类型的设备管线,能解决大部分水堵故障。

(4) 化学清洗:化学清洗可分为酸洗、中性清洗和碱洗。在空调系统中,主要采用酸洗和中性清洗,碱洗在常规系统中很少使用。化学清洗适用于所有类型的设备管线。

① 酸洗:酸洗分为无机酸洗和有机酸洗。无机酸溶解力强、速度快、效果明显、费用低廉,但对金属材料的腐蚀性很大(通常需要添加缓蚀剂使用),容易产生氢脆和

应力腐蚀，并在清洗过程中产生大量酸雾。

有机酸大多为弱酸，不含氯离子等有害成分，对设备本体的腐蚀较小。有机酸对垢的溶解较慢，清洗温度需在80℃以上，清洗时间长，成本高，适用于清洗贵重设备。

酸性洗剂造价低，但清洗时需停止运行，工艺复杂，技术要求高，环境污染大。针对不同材质、结垢类型和严重程度，应精准选择洗剂配比、清洗时间、添加辅助剂等，并在清洗完成后进行严格的钝化处理。

② 中性清洗：造价较高，可在系统运行时进行，其工艺简单，技术要求低，环境污染极小，对设备及管线无腐蚀。针对不同材质、结垢类型和严重程度，应精准选择洗剂配比，以防浪费。中性洗剂添加后应及时排污，其可在系统中长期留存，起到预防作用。

以上各种清洗方法可配合使用（例如，冲洗+化学清洗+冲洗可以彻底解决严重堵塞问题），能有效清除管线及设备的结垢、腐蚀和生物黏泥，降低故障率和运行维护成本，提高系统运行效率，延长设备使用寿命。

6.7.9 双循环电厂换热器的清洗

双循环地热发电厂内的换热器如出现结垢，可以采用高压水力清洗或化学清洗的方法。其他设备管道的清洁清洗可参考供暖系统的清洗方法。

6.8 项目运行维修管理

6.8.1 机组的维修

热泵机组是一个复杂的闭环控制系统，它通过各个传感器采集的信号，经过集成控制器的运算和处理，输出一系列开关信号、模拟信号、脉冲信号等。围绕主机运行，有许多外围控制单元，包含末端设备和地埋水系统等，它们之间相互关联、相互制约。因此，系统的维修涉及范围广、知识面宽，不仅需要深入理解制冷原理，还要具备扎实的电气理论知识，以及一定的流体学知识。通常的维修步骤如下：

根据机组特性，将整套系统分为水路、氟路、电路三个部分来分析问题，并按照经验将故障分类，以缩小故障范围。

水路的判断处理通常较为直观，常见问题包括系统缺水、流量不足，原因可能有阀门开度过小、系统内空气过多、水质较差或过滤设备堵塞等。水路的问题直接影响机组的可靠运行。

电路的处理通常较为复杂，需要按照控制单元分步检查和判断。出现故障后，应按照机组控制逻辑进行分段判断和处理，以确定是电气元件本身的故障，还是由外部原因造成的故障。

氟路的处理需要专业的制冷知识。氟路在机组中的运行状况最能直观地反映出机组的运行状态。根据其物理特性，在不同的部位会表现出不同的压力和温度。通过分析压力的变化，可以判断出故障点。

地热发电厂的主要设备包括膨胀机和发电机。较大型的维修工作，如更换膨胀机和发电机的轴承与机械密封，应按照供应商提供的维修手册制定方案并执行。初次维修时，可委托供应商进行操作。其他设备属于工厂的常规设备，应按照常规设备的维修流程进行维修工作。

常见故障的判断及处理方法如下：

（1）冷媒泄漏（冷媒不足）

这种故障的直观表现是机组制冷/热效果下降。检查发现水流正常，换热器无脏堵，压缩机加减载正常，但蒸发器、冷凝器进出水温差小，电机工作电流低于正常值，低压低于正常值。这些现象表明机组冷媒不足或存在冷媒泄漏。

冷媒泄漏通常发生在管路接口、阀部件接口或螺母接口等位置。检查方法包括目测法、洗涤剂水检查法、充压检查法、浸水检查法、卤素灯检查法、电子检漏仪检查法等。其中，洗涤剂水检查法最为简单实用。具体操作是将洗涤液与水按 1∶1 的比例充分混合，用干净毛巾将被检部位擦拭干净，然后用毛刷将混合液均匀涂抹在被检部位四周。如果产生气泡，则说明该处有泄漏。可根据实际情况采用扩口补漏、焊接补漏或更换部件等方法进行维修处理，然后加氟调试。

（2）水流故障

可能原因：水流开关问题；水泵故障；阀门状态异常；过滤器脏堵。

检修方法：检查水流开关及线路；检查水泵及阀部件；清洗过滤器。

（3）高压故障

可能原因：冷凝器水量不足；冷凝器水温过高；冷凝器脏堵或结垢；冷凝器水量足够，但机组排热量相对过大；制冷剂过多。

检修方法：检查阀门，检查循环泵；检查冷凝器水温；清洗冷凝器；检查控制设定值，检查能量控制运行情况；调整制冷剂充注量。

(4) 低压故障

可能原因：蒸发器回路中有空气；蒸发器水流量不足；水量足够，但机组能量相对水路负荷过大；制冷剂不足，蒸发器出水温度低。

检修方法：排出冷冻水回路中的空气；检查回路阀门，检查水泵或是否存在气蚀；重新计算热负荷，检查能量控制工作情况；检漏并充注制冷剂，减小蒸发器流量。

(5) 油温过高

可能原因：喷液装置故障。

检修方法：检查并调整喷液阀。

(6) 油压差过低

可能原因：高低压压差过低。

检修方法：通常是由于冷凝器水温低导致冷凝压力低，排除冷凝器水温低故障。

(7) 油位过低

可能原因：传感器故障，螺杆的油槽内润滑油量不足。

检修方法：检查传感器，检查是否由于故障导致冷凝器或蒸发器存油。排除回油故障后才可以加油。此故障极易导致压缩机损坏，不可忽视。

(8) 排气过热度过低，排气温度过低接近饱和冷凝温度

可能原因：喷液系统故障；压缩机吸气大量带液；冷凝器水温度低导致"跑油"，使油混在制冷剂中，最终汇集在蒸发器中；压缩机油过多。

检修方法：检查蒸发器和经济器上的膨胀阀；检查并调节制冷剂充注量，检查蒸发器膨胀阀的工作状态；当冷凝器进水温度过低时，机组不能正常运行，应减少冷凝器水流量；放出过多的油至标准油位。

(9) 电机故障

可能原因：压缩机电机保护器异常；排气温度过高；供电电压过高。

检修方法：确认误动则调整或更换电机保护器；检查喷液装置；检查输入电源。

(10) 电源故障

可能原因：电压过高或过低；相序反；压缩机过载热保护。

检修方法：检查输入电源，查明过热原因；检查控制继电器的工作状况；如有需要，检查并调节电流过载热保护的整定值。

(11) 蒸发器出水温度过高

可能原因：吸气压力高于正常值——热负荷高于设计值；水量过大；蒸发器回水温度高，电流过载保护限制机组加载工作；加减载装置故障；吸气压力低于正常值——制冷剂不足；进入蒸发器的制冷剂不足。

检修方法：检查机组功率输出平衡；调节水流量；若负荷正常，蒸发器回水温度将逐步降低至设定值；检查加减载电磁阀的工作状况；检漏并充注制冷剂；检查电磁阀和膨胀阀，以及干燥过滤器是否堵塞。

(12) 防冻保护

可能原因：蒸发器出水温度低、进水温度低、流量小。

检修方法：控制进水温度；检查水泵、阀门，清理过滤器堵塞，确保管路畅通。

(13) 机组运行正常，但运行电流、压力、排气温度和油温高于正常值

可能原因：冷凝器结垢。

检修方法：检查冷凝温度与冷凝器出水温度的差值，应在 3～5℃，若高于 7℃，则清洗冷凝器。

(14) 机组参数正常，电机运行电流高

可能原因：供电质量可能有问题。

检修方法：检查供电电压和供电线路。

(15) 机组 50%～75%运转或加减载时噪声大

可能原因：机组可能缺氟。

检修方法：加氟至标准量。

6.8.2 泵类设备维修

(1) 水泵流量低于设计流量

可能原因：叶轮堵塞或磨损；密封环间隙磨损过大；转速不够；管路堵塞。

解决方法：清除堵塞物或更换叶轮；更换密封环；提高转速至铭牌规定值；疏通管路。

(2) 水泵消耗功率过大

可能原因：填料压得过紧；填料室发热；轴或轴承磨损；过载。

解决方法：适当放松填料压盖；更换轴或轴承；减小闸阀开度；查明过载原因，减小流量。

(3) 水泵轴承发热

可能原因：轴承缺油或油黏度太大，影响润滑；轴承磨损间隙过大；泵与电机不同心。

解决方法：加注润滑油；更换合适油品或低黏度油；更换轴承；调整泵和电机，保证同心。

(4) 水泵噪声大

可能原因：泵与电机安装不同心；泵或电机轴承磨损，产生跳动。

解决方法：调整泵和电机，保证同心；更换新轴承。

(5) 水泵振动

可能原因：泵轴与电机轴不同心；叶轮不平衡；轴承间隙过大。

解决方法：调整泵和电机，使轴线对准；对叶轮进行平衡试验，不平衡重量应控制在 3 克左右；更换轴承。

(6) 流量小，压力表抖动

可能原因：泵内积有空气或表管漏气。

解决方法：排气；检查并排除漏气点。

(7) 无法启动

可能原因：电路故障。

解决方法：检查泵的供电情况。如无供电，检查保险丝、电路短路、接触不良或元器件故障；如有供电，检查电机是否损坏或是否存在卡泵现象。

(8) 电机过热

可能原因：电压偏高或偏低，缺相或相平衡超标，负荷过大，散热系统故障。

解决方法：排除电源问题，降低负荷，加强通风，修复散热风扇或冷却水路。

6.8.3 末端设备的维修

1. 电机故障

电机分为单相电机和三相电机。单相电机的故障可分为启动电容损坏、轴及轴承机械磨损、线圈故障及温升高等；三相电机的故障可分为轴及轴承机械磨损、线圈故障及温升高等。

单相电机启动电容损坏是造成电机非正常工作的高发故障之一。维修时，可利用电容充放电原理对电容进行检测。检测前，应对电容进行充分放电，放电方法是用金属导线或螺丝刀将电容两个接线柱短接。充分放电后,将万用表置于 R×100 欧姆档,用两表笔分别接触电容的两个电极。正常情况下,万用表的指针应向右偏转一定角度,然后逐渐返回到最左端。如表针一下打到右端停止,说明电容短路;如表针没有动作,说明电极断开;如表针向右偏转,但不能摆回最左端,而只能向左回摆一定角度,说明电容漏电;如指针右摆角度明显小于同型号电容,说明电容量已明显衰减。电容出现非正常情况,均应更换电容。

电机机械故障主要指轴或轴承磨损。电机长期运转或运行中未得到正确保养均有可能发生机械故障。电机机械故障一般表现为工作噪声大、电流上升,主要是电机轴承磨损或缺油,产生硬摩擦噪声。对此,可清洗后加入润滑脂以减少噪声。当转子轴和轴承松动或端盖松动时,也会使电机在旋转时产生轴向窜动发出噪声。此外,装配质量差的电机、轴承室不同心、电机径向间隙不均匀等也会产生异常噪声。对此,只需拆下外盖和后内盖,取出转子和定子座,重新敲铆内盖的中心轴即可应急修复。对于石墨轴承电机,应及时更换轴承。

电机线圈故障可分为短路故障、开(断)路故障(三相电机缺相故障)或接地故障。

短路故障是由过电流、绝缘老化或机械故障导致绕组的绝缘被破坏所致,此时两个接线端子间的直流电阻为零或小于正常值。当出现少量匝间短路时,电机仍可正常运转,但转速较小而电流较大,容易造成继电保护或进一步烧毁电机。

开(断)路故障是由机械振动造成的内部绕组引线与接线柱焊接松脱断线,或因绝缘变坏过热烧蚀所致,此时两个接线端子间的直流电阻为无穷大。通电状态下启动绕组开路时,拨动转子电机还能正常旋转。

接地故障是由线圈受潮老化或机械故障导致磨损而破坏绝缘所致。判断方法是用 500 V 兆欧表,L 接线端准备与任一电机接线柱相连,E 接线柱与电机金属外壳相连,摇动摇把保持每分钟 120 转,将 L 线与电机接线柱可靠连接,1 分钟后,指针读数为电机绝缘电阻值,记下电阻值,撤下 L 线,停止摇动兆欧表,要求新电机或停运三个月以上的电机绝缘电阻不应低于 1 MΩ,运行中的电机绝缘电阻不应低于 0.5 MΩ。以上方法也可用于测量相间绝缘,要求相同。

电机运转温升高故障:各类电机在正常工作状态下,其电机壳体表面温度一般比环境温度高 20℃左右,最高温升不应高于 70℃(输送高温介质的屏蔽水泵电机除外)。如果电机工作几分钟后出现壳体表面温度剧升,且机内散发焦油味甚至冒烟,则为电机过热故障。电机过热温升的原因主要有电机自身质量问题、电机长期处于超负荷运行状态(传动机构故障引起电机负荷大)、电机散热条件差、电机绕组局部短路等。其中较常见的是绕组匝间短路,可拆开机壳检查绕组,排除故障后方可开机运转。

根据电机故障类别及实际情况,可以对电机进行维修、更换线圈或电机。

2. 风量故障

风量故障是指风机出风量明显减少,可用风速仪进行测量以粗略判断,也可用手感凭经验判断风量大小。正常情况下,风量减小会导致进出口温差增大。

故障原因:电机损坏、堵转或出力不足;蜗轮损坏、堵转、紧固螺钉松动导致蜗轮打滑或空转、脏堵等;表冷器和过滤网脏堵,风道风口异物堵塞或安装不合理致使气流不畅等。关于机械和电气故障的维修已在电机维修部分介绍,表冷器及过滤网的清洗将在运行操作管理清洗章节介绍。

对于蜗轮故障,应先卸下防护装置,用手摆动蜗轮以检查是否有螺钉松动。如果螺钉松动,可用工具将螺钉旋紧,操作时应注意钉头要支撑在蜗轮的半圆面上。当蜗轮损坏时,应更换新的蜗轮,并盖好防护装置,清除风道异物。如果安装不合理,应进行改造后再开机运行。

3. 空气处理机组故障

(1) 风机没有转动

可能原因:电机故障,电源故障。

检修方法:进行电机检修,确认电源状态。

(2) 空调箱送风口风阀没有打开

可能原因:控制装置问题,机械连接问题。

检修方法:停机,检查送风风阀控制动作是否正常、送风风阀机械口连杆是否正常。

(3) 空调箱送风量过大

可能原因:风机静压低于设定值;风机转速过快。

检修方法:检测是否已完成风管平衡,检查滤网是否安装正确,检测外风口百叶是否安装;降低转速,检查风机转速及控制设施。

(4) 空调箱送风量过小

可能原因:风机静压高于原设定值,风机转速过低,风机反转,泄压阀门打开造成短路。

检修方法:检查风管是否有风阀未打开,检查过滤网是否脏堵,检查风管平衡;提高风机转速，检查风机转速与控制设定值是否正确；更改接线方式；关闭泄压阀。

（5）空调箱体振动过大

可能原因：减振损坏或安装不良，送风量过大，风机与电机连接故障，共振。

检修方法：修复减振或调整安装，控制送风量，修复连接，调整设备以减小共振。

4. 水路故障

水路故障可分为水路堵塞和部件及管材损坏。水路堵塞的处理将在项目运行操作管理中介绍，部件及管材损坏应及时进行更换或维修处理。在处理前，应就近关闭电源及供回水阀门，备好工器具并具备开工条件后方可动工，以避免次生事故发生，减小影响范围。

6.9　项目后评价

6.9.1　项目运行经济评价

目前，人们在投资项目中越来越注重项目的成本效益和节能效果，地热能资源开发利用的经济效益评价也逐渐成为普遍关注的焦点。中深层地热能开发的最优选方案为梯级利用方式，根据不同的使用目的和温度要求，通过换热设备串联运行，最后利用热泵设备将余热进一步提取后进行回灌。这种方式能够实现地热能资源利用率最高、运行费用最低。

地热能的开发主要配合热泵形式进行，其运行成本包括年消耗能源费用、系统管理维护人员工资和系统维护费用三部分。其中，年消耗能源费用（主要是电费）是系统运行费用中占比最大的部分。整个系统的耗电设备主要包括热泵主机、深井泵、末端循环泵及末端设备等，其耗电量占比情况见图 6－2。

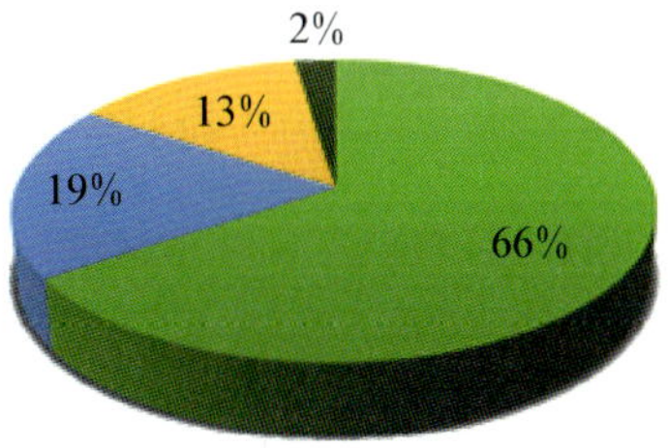

图 6－2　地热能系统设备耗电分布图

热泵系统年制冷（热）运行电费可按以下两种方法计算。

1. 设计日估算法

（1）设计日耗电量

$$A_r = A_z + A_f \qquad (6-1)$$

式中,A_r为设计日耗电量,kW·h;A_z为设计日制冷(热)主机耗电量,kW·h;A_f为设计日辅助设备耗电量,kW·h。

(2)系统年耗电量

$$A_n = A_r \times (1.0 \times T_1 + 0.75 \times T_2 + 0.50 \times T_3 + 0.25 \times T_4) \quad (6-2)$$

式中,A_n为系统年耗电量,kW·h;A_r为设计日耗电量,kW·h;T_1、T_2、T_3、T_4为年不同负荷(100%、75%、50%、25%)天数。

(3)系统年制冷(热)运行电费

$$F_d = A_n \times E_j \quad (6-3)$$

式中,F_d为系统年制冷(热)电费(元);A_n为系统制冷(热)年耗电量,kW·h;E_j为平均电价,元/千瓦时。

2. 设计日分时估算法

(1)系统年耗电量

$$A_n = A_f \times T_f + A_g \times T_g + A_p \times T_p \quad (6-4)$$

式中,A_n为系统年耗电量,kW·h;A_f、A_g、A_p分别为系统设计日峰、谷、半耗电量,kW·h;T_f、T_g、T_p分别为系统年峰、谷、平运行天数。

(2)系统年制冷(热)运行电费(元)

$$F_d = A_f \times T_f \times E_f + A_g \times T_g \times E_g + A_p \times T_p \times E_p \quad (6-5)$$

式中,F_d为系统年制冷(热)运行电费,元;A_f、A_g、A_p分别为系统设计日峰、谷、平耗电量,kW·h;T_f、T_g、T_p分别为系统年峰、谷、平运行天数;E_f、E_g、E_p分别为峰、谷、平电价,元/千瓦时。

(3)系统制冷(热)运行成本

$$C = F_d + F_r + F_w \quad (6-6)$$

式中,C为制冷(热)年运行成本,元;F_d为年制冷(热)电费,元;F_r为年人工工资,元;F_w为年维修费,元。

例如,北京市某地源热泵项目,建筑面积为28000 m^2,根据上述计算方法,得出的年消耗能源费用约为28元/平方米、热泵系统管理维护人员工资约为3元/(平方米·人),热泵系统维护费用约为1.5元/平方米,总运行费用为910000元(按1名维护人员计)。与传统的能源方式相比,节约运行费用 30%~50%。然而,每个项目的运行费用会有所不同,这主要与项目所在地的水文地质条件、项目负荷需求、运行维护人员素质等因素相关。

一个热田的地热发电装机容量在现有项目建设完成并投入运行后,需要根据热田监测成果和最新的热田勘探技术,对热田的发电潜力进行评估。这样做可以便于分析决策,调整热田的开发方案和后续项目的装机容量,以确保建成项目的长期稳定运行。

6.9.2　地热动态监测成果评价

地热资源被广泛认为是一种可再生的清洁绿色能源,但它并非“取之不尽、用之不竭”,而是一种有限的资源,其自然补给速度是极其缓慢的。因此,在地热田开采和地热产业运营过程中,应当建立地热动态监测系统,加强管理,以提升地热资源的可持续开发利用水平。

1. 深层地热能动态监测

深层地热能动态监测主要通过采集地热井的水位、水温、流量和压力等数据,对生产地热井进行实时监控。在过去的 20 年中,由于一些地热井的过量开采,全国范围内的地热资源逐渐出现衰减现象。例如,在河南郑州东明路附近,有一口开凿于 30 年前的地热井,最初开采时井深超过 1000 米,井口温度达到 41℃,值得注意的是,刚开采时它是一口“自流井”,地下热水会自动冒出井口。然而,现在该井的水位已经下降到地下 100 米的位置。地热水的过量开采会导致地热田的萎缩。因此,建立地热能动态监测系统,实时观测地热水位的动态变化,适时调整运行方式,对于保证项目的正常可持续运行至关重要。

动态监测系统可以由一个地热调度中心(总站)和多个地热井点(分站)组成地热网络监测控制系统。调度中心可以通过无线通信定时或连续地获取各个地热井(分站)采集的动态数据和控制状态;总站可以随时将获得的分站数据通过专业软件进行数据处理、存储,并通过计算机屏幕显示。当总站发现分站数据接近或达到控制极限时,可以立即实施一级报警、二级报警,或通过分站发出人工调控指令,由分站立即执行人工调控。此外,分站也可设置报警功能。

2. 地热能动态监测

地热能动态监测主要包括两个方面:一是对地质环境影响的监测,这包括地温场、地下水位、水质及地面标高等因素;二是对系统效率和节能效果的监测,这涉及记录运行工况和能耗,计算换热能效比,验证项目的节能效果,以及总结开发利用的经验。

地温能监测网的布设主要遵循以下原则:一是依据不同的利用方式和工程规模进行布设(兼顾地源和水源);二是确保数据的连续性和准确性;三是监测内容要有针对性;四是结合行政区划,以便于管理。

(1)地下水式监测系统

通过布设监测网,主要监测含水层顶、底板地层的温度变化情况,水源井之间的冷、热锋面运移情况,地层温度的相互影响,以及地下水径流对水源热泵换热系统的影响(图6-3、图6-4)。

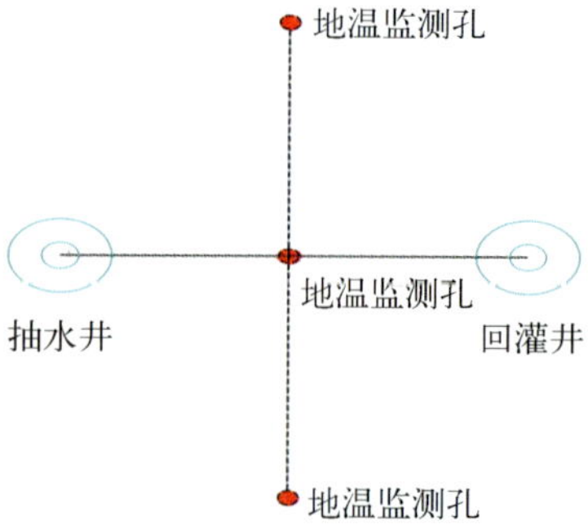

图6-3 地温监测孔布置图

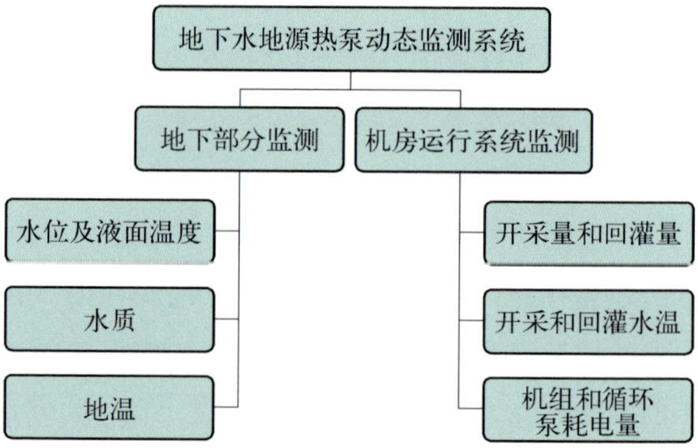

图6-4 监测系统图

天津市某学校采用地下水源热泵系统,通过对2016—2017年供暖期抽灌水温度进行实时监测,其变化如图6-5所示。

监测结果显示,2016—2017年度供暖季,开采井的抽水温度为16~18℃,回灌井的温度为10~14℃,热泵利用的温差为2~7℃,这表明地下水水源热泵系统未出现热短路,热泵效能较高,系统工况设计合理。此外,抽水井的出水温度经过一个供暖季后略有下降,但在过渡季后,温度可恢复至原始地温。

(2)地埋管式地源热泵监测系统

地埋管式地源热泵监测系统主要用于掌握监测孔周边土壤温度分布及其变化情况,根据建筑物的不同用途和功能,分析预测长期运行后土壤温度场的变化,以及换热井群的换热效率和热泵机组的效能(图6-6)。

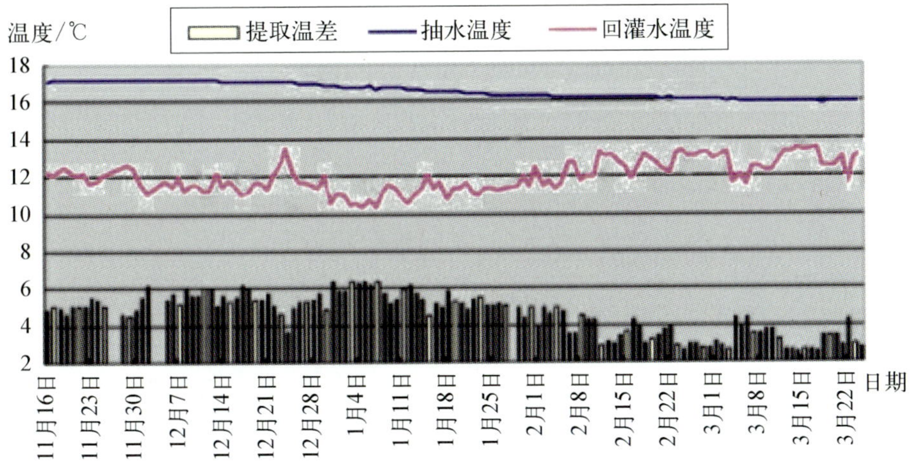

图 6－5　天津市某学校地下水源热泵系统抽灌井温度监测曲线图

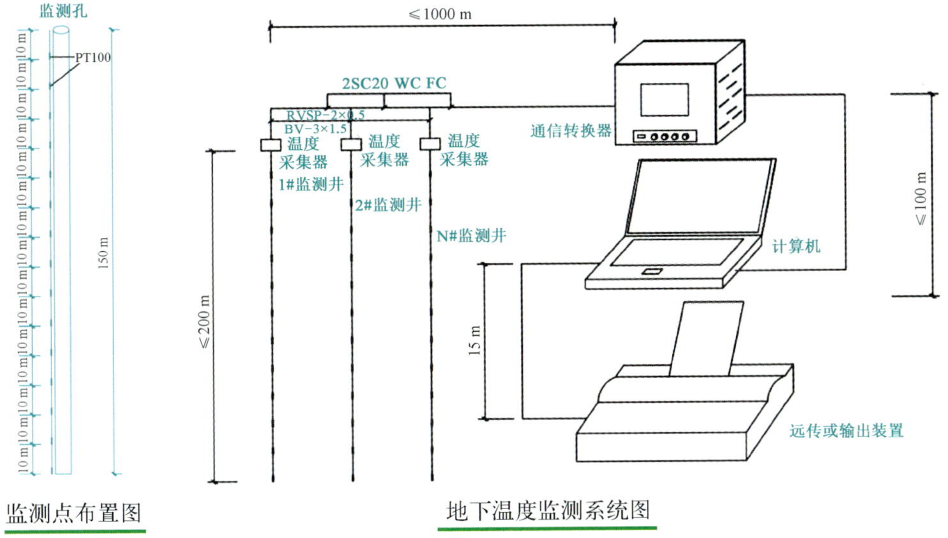

图 6－6　温度场监测系统图

本文选取北京市朝阳区某地源热泵工程进行长期土壤温度场变化的监测（图 6－7）。监测曲线真实反映了地源热泵系统在经过一个制冷季和供暖季运行过程中温度场的变化。结果表明，在合理设计和科学运行的基础上，使用地埋管地源热泵系统会导致项目所在地区地温场发生短暂的变化，出现降低或升高现象，但在热泵系统停止运行期间，地温场能够逐渐恢复并接近土壤原始温度。另外，通过对北京市运行 3

年以上的项目和德国文献中 8 个项目的分析，发现地埋管项目虽然冬夏取热、排热量不同，但冷热不平衡的问题并不突出，多年累计的地温变化量不超过 1℃。

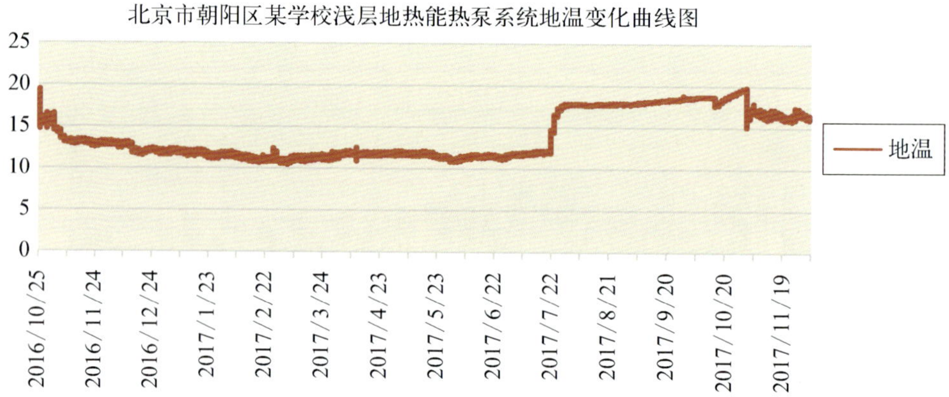

图 6－7　浅层地热能热泵系统地温变化曲线图

因此，无论是地埋管式地源热泵系统还是地下水式地源热泵系统，通过设置监测系统，加强监测，掌握地温能开发利用的动态，是提高能源利用效率和保证项目可持续性的关键。

6.10　小结

地热能项目的运行管理是确保项目安全、经济运行的关键。项目的成功建设仅是一个良好的开端，运行管理才是贯穿项目整个生命周期、保障项目安全与经济运行的核心，即“三分建设、七分管理”。在项目运行阶段，缺乏管理会严重缩短设备的正常使用寿命，显著增加运行成本。因此，在项目运行中，要深刻理解运行管理的内涵，它包括但不限于计划的巡视检修、及时的维修保养、按需分配调节等措施。项目运行管理需要专业的管理团队，不能简单地理解为有专人值守、有人开关机，也不能因为项目自动化程度高理解为不需要值守、不用维修保养或者是容易管理。必须防止出现领导不重视、管理无规章、操作无流程、上岗不培训、人员不专业、运行不调节等严重问题。

第 7 章

地热能项目资产管理

7.1 地热项目资产概述

7.1.1 地热项目资产的概念

资产是指企业过去的交易或事项形成的、由企业拥有或控制的、未来预期会给企业带来经济利益的资源。地热项目资产是指地热能源开发企业在项目投资过程中以建筑安装等方式形成的和生产运营过程中购置及通过加工修理、租赁方式,由项目单位控制或占用的、能以货币计量的并产生未来经济效益的各种经济资源。

7.1.2 地热项目资产管理内容

1. 地热项目资产管理的对象

项目资产管理是指地热开发项目投资、采购和使用资产的综合利用与管控,其管理对象包括目前地热行业投资和运营过程中形成的资产设备,如地热生产井、地热回灌井、换热站、站内管网、软化水装置、旋流除砂器、板式换热器、采暖循环泵、补水泵、送水泵、储水罐、低区定压罐、高区定压罐、膨胀罐、配电柜、水源热泵机组、锅炉配套及辅助设施、板换机组、板式换热器、除砂器、变压器、恒压控制柜,以及日常性耗用套管等其他工程物资,还包括专利使用权、采矿权和特许经营权等无形资产。在地热发电厂中,还有地热发电设备,如汽水分离器、换热器、膨胀机发电机、冷却系统(空冷/水冷)、工质循环泵、工质储存系统、输配电系统、变电站、仪表空气压缩系统、紧急柴油发电系统等。

2. 地热项目资产管理的目标

为进一步强化资产的利用效率、提高地热项目资产的保值增值水平,应采用科学、系统、规范的现代化管理方法,结合地热项目资源禀赋,充分利用地热项目资产特点,最大限度延长资产使用寿命。通过对地热项目资产的科学配置和综合利用,努力提升资产运营效能,实现项目长期、稳定、可持续、有效益的发展目标。

3. 地热项目资产管理的基本方法

在传统资产管理中,由于与资产相关的信息分散在计划、生产、物流、财务等各个独立的系统中,必然造成信息孤岛,这成为实现资产全生命周期管理的主要障碍。在全球经济化浪潮不断发展的今天，随着各种先进计算机通信技术的广泛应用，资产信息化已成为现实。同时，应用信息融合技术实现资产信息的统一平台化管理，为实现资产全生命周期管理提供了有利条件。

结合地热项目的发展特点，项目资产管理的基本方法分为实物管理法和价值管理法。

实物管理法是以实物形态资产为管理对象，提高资产使用效率、保障实物资产安全，防止实物资产流失的系统管理方法。它包括项目资产物资采购管理、设备管理、项目资产物资储备和库存管理、物资设备报废处置等全生命周期管理内容。

价值管理法主要是以投资估值和财务指标分析等项目资产价值评估方式对资产价值能力进行计算并做出分析判断的综合评价体系。主要包括以下两方面内容：

（1）项目投资估值方法

① 净现值法

目前，地热开发企业大多采用净现值法（NPV）来评估地热开发项目的投资价值。净现值是指将地热项目未来净现金流量按照某一基准折现率折算成现值，并减去原始投资现值后的余额，以此来评估项目价值。净现值法的基本原理是，对于独立的投资决算，当 NPV≥0 时，企业考虑接受该投资项目；当 NPV<0 时，企业考虑放弃该投资项目。该方法广泛应用于地热项目前期准备过程中的可行性研究报告的编制和分析，成为项目可研的经济性和投资敏感性分析工作的主要组成部分。

净现值法仅从净现金流入量的角度评估地热项目的投资价值，它完全忽略了管理者可能为项目创造附加增值的能动性。但通过柔性管理，管理者可以采取相应措施，在环境不利时有效降低损失，在环境利好时增加收益，从而形成一种特殊溢价，并建立一种动态补偿机制。

② 实物期权估值法

实物期权估值法（ROV）是一种关于价值和战略决策制定的思维方法，它可以帮助企业管理者利用所拥有的机会来规划和管理战略投资。

实物期权理论可以进行定性和定量分析，以评估地热开发项目中存在的“期权溢价”，从而更真实地反映项目价值。因此，项目总价值=传统净现价值+延迟期权价值，即 TV=NPV+ROV。这一价值能够科学全面地指导项目资产的管理研究方向。

近年来，实物期权法在自然资源领域的应用研究已从传统能源拓展到新兴能源，但关于实物期权在地热项目价值评估中的应用研究仍十分有限，有待进一步借助相关技术手段深入发展。地热项目运营期间，影响地热项目现金流的主要因素仍是地热业务产品服务价格和运营成本的高低，因此，随着地热行业的不断发展，在克服未来产品服务价格瓶颈并实现市场化的环境下，延迟期权的价值效应才会进一步体现，实物期权估值法将被广泛应用于行业的价值战略管理当中。

（2）财务指标分析

项目资产管理的价值财务指标通常包括偿债能力指标、盈利能力指标和营运能力指标三方面内容。

① 短期偿债能力指标包括流动比率、速动比率和现金比率。长期偿债能力指标则包括资产负债率、权益乘数等指标。

② 盈利能力指标包括资产净利率、总资产报酬率和投资回报率。

③ 营运能力指标包括存货周转率和总资产周转率。

因此，熟练掌握公司财务分析的有效方法和工具，能够发现企业资产运作管理中的优劣所在。充分利用量化分析具体财务数据，并结合企业整体战略，为企业决策和管理提供有力的财务信息支持，有利于及时发现企业资产运营的问题和风险。这为进一步有效提升资产管理水平、强化资产管理质量提供了信息数字化管理模型的支持。

4. 地热项目资产管理的重要环节

地热项目资产的全生命周期管理包括资产的规划、调研、采购、验收、使用、维修、报废、处置等环节，主要是按照项目资产时间和管理顺序进行安排的。规划、调研环节为事前管理，采购、验收、使用和维修环节为事中管理，报废、处置环节为事后管理。其中规划、调研环节决定了地热项目资产的结构和配置质量及投资规模，起到项目资产管理的引领作用；采购、验收、使用和维修中间环节决定了项目资产管理的流程和日常保养，对资产的实物管理和价值双重管理质量发挥着重要的决定性作用；报废、处置环节保证了项目资产全生命周期闭环过程的实现，为未来新增投入和资产管理创新提供真实参数和案例，有助于企业进一步提升项目资产管理效率和经济目标。

7.1.3　地热项目资产管理的意义

项目资产管理作为现代地热开发企业管理的重要内容，贯穿项目前期的可行性研究报告、尽职调查、项目投资立项、开工建设、落地交付和运营维护、关闭转移、合并重组、破产清算等众多环节，对资产的全生命周期管理发挥着至关重要的作用。其对于建立系统性、规范动态的资产管理模式，合理配置资产结构和规模，优化提升投入产出整体效率，实现资产保值增值，以及最大限度发挥资产管理的核心价值具有重要意义，主要包括以下四个方面内容。

1. 符合绿色低碳社会的发展要求

近年来，随着全球各国对气候变化应对战略意识的逐步提升，新能源的开发和利用已经进入了市场多元化和科技竞争日益激烈的发展阶段。中国政府在2019年也将地热资源的开发利用明确定位为新能源业务的一种类型，并在开展“三大攻坚战”活动中，贯彻落实习近平总书记关于“推进北方地区冬季清洁取暖”的重要指示精神。财政部、住房和城乡建设部、生态环境部、国家能源局等国家四部委推出“北方地区冬季清洁取暖试点城市”竞争性评审工作，并确定了全国“2+26”京津冀大气污染传输通道城市名单，为国内地热业务的发展提供了试点区域。因此，地热项目资产成为符合国家清洁能源发展方向所要求的“绿色低碳”理念，并成为创建民生工程的优质资产，为未来全球环境和能源创新带来巨大的潜在动能。

2. 符合企业降本增效的目标要求

通过加强项目资产信息化管理，从源头强化成本费用流程和运行控制，进一步降低工程造价和运营维护成本，提高地热项目资产的经济效益，实现企业效益管理目标。

3. 符合企业精细化管理的要求

地热项目资产管理作为企业投资和管理的核心，需要充分利用各种有效手段，对各项资产进行全过程、多环节的生命周期监督管理，确保实现资产价值的保值增值，不断满足科学系统的精细化管理要求。项目资产管理需在管理过程和各环节中制定科学规范的制度，监督制度执行，制定严格奖惩机制，严把资产质量关口，密切关注掌握资产动向和使用状态，保证账证、账实一致。

4. 适应企业长期发展的要求

鉴于部分地热项目资产具有投资大、建设周期较长、回收期长、使用年限久的特点，要对此类资产加强动态跟踪和实时监管，并采取多种措施加强资产的维护保养工作，保持长期良好的使用状况和运转条件，达到结构良性、优质安全、长期稳定的发展要求。

7.2　地热项目资产制度管理与流程设计

7.2.1　地热项目资产管理原则

1. 确定项目资产管理原则的标准

项目资产管理的标准基于 ISO 9000 和 ISO 1400 基础上建立的 ISO 55000 国际标准，旨在为整个资产的生命周期和物理资产的优化管理提供实践指导。资产管理原则标准则是在国际标准框架和前提下，对企业项目资产进行最优化、可持续管理的规范，通过运用基础性、必要性的制度，实现资产生命周期管理中性能、风险和支出等要素的高效组合，以达到管理战略目标。

2. 项目资产管理整体性原则

整体性原则即对资产的整体和综合管理原则，涉及不同类型资产组合、资产功能的相互依存关系，以及资产管理系统内的贡献水平等内容进行全面整体管理，而不是采用分离的方法去实践。

3. 项目资产管理系统性原则

系统性原则是指采用一种系统的方法进行资产管理，确保资产的一致性、可复制性和可审计性，以及决策和计划的系统性。

4. 项目资产管理的优化原则

优化原则是指在资产系统环境中考虑优化系统资产价值，包括资产生命周期性能、成本和风险，平衡各种竞争因素以实现最佳价值。

5. 项目资产管理风险原则

风险原则是指项目资产管理聚焦资源和开支，针对识别的风险和相关成本或收益设定优先级，以控制和管理风险。

6. 项目资产管理可持续性原则

可持续性原则是指基于企业短期活动形成的长期结果，需考虑经济环境、系统性能、社会责任、国家利益等其他长期目标因素，确保对未来的要求和发展有足够的战略储备。

7. "谁使用、谁管理、谁负责"原则

该原则是基于项目资产落实使用管理责任的适用原则，一般以单位和使用、管理部门为责任部门。

8. 属地化原则

属地化管理是指按照中央所属的各省、自治区、直辖市行政区划来执行类似政府资源或资产归口管理职能的资产管理模式，这有利于充分发挥企业资产管理的能动性和提升资产效能。

9. 定期回收原则

该原则适用于地热项目企业中部分资产达到一定经营或使用期限后需回收或回购的情况，以及部分周转材料和工具需定期采取以旧换新方式循环利用的情况。

7.2.2 地热项目资产种类和范围

1. 资产种类的划分标准

（1）按照项目资产的用途分为生产经营性资产和非经营性资产；

（2）按资产的性质划分为固定资产、流动资产、无形资产、其他资产等；

（3）按资产的耗用期限划分为流动资产和长期资产；

（4）相对实物资产而言，其他非实物资产可分为人力资产、金融资产、信息资产和无形资产等。

2. 固定资产

固定资产是指企业为生产产品、提供劳务、出租或者经营管理而持有的，使用时间超过 12 个月的非货币性资产，包括房屋、建筑物、机器、机械、运输工具，以及其他与生产经营活动有关的设备、器具、工具等。

（1）不动资产：包括土地、房屋、建筑物及其附属物的各种设施等；地热能项目特有的地热井、机房及其设备、管网及末端等。

（2）专用设备：指直接用于生产的设备，如仪器仪表、机电设备、电子设备、文体设备、标本模型、工具、量具和器皿等，地热能项目特有的钻机及附属设备、发电机、热泵机组。

（3）一般设备：指间接服务于生产的设备，如卫生医疗器械、交通运输、行政办公设备等。

（4）图书资料等：包括图书馆（室）、资料室藏书和保存期限在五年以上的各种重要资料及软盘。

3. 流动资产

流动资产是指可以在 1 年或者超过 1 年的一个营业周期内变现或耗用的资产，主要包括现金、银行存款、应收款项、存货等。

4. 无形资产

无形资产是指企业拥有或者控制的没有实物形态的可辨认非货币性资产。地热能行业无形资产主要有专有技术、专利权、版权、软件和商标、采矿权、特许经营权等。

5. 其他资产

其他资产是指不能包括在流动资产、长期投资、固定资产、无形资产中的资产，主要包括长期待摊费用和其他长期资产。

7.2.3　地热项目资产的需求计划、购置与储备

1. 固定资产管理流程

一般来说，新增加的固定资产由领用人或资产管理员录入验收单，生成资产接收单据，然后提交资产管理部门审核。资产审核通过后自动提交财务部门审核，财务部门审核通过之后，数据转移到正式固定资产账户中。资产的处置和引起价值变化的变动同样也须经过资产审核与财务审核，没有引起价值变动的资产变动只需经过相关资产管理部门审核。

对于日常的固定资产增加，一般的业务操作可按如下流程进行：

第一步：使用人或使用部门资产管理员填写验收单，并生成资产记录卡。

第二步：使用部门资产管理员将验收单或资产卡片提交资产管理部门审核。

第三步：资产管理部门审核验收单或资产记录卡。如果审核不通过，返回第二步；如果通过，提交给财务审核。

第四步：财务部门审核验收单或资产记录卡。如果审核不通过，返回第三步。

第五步：财务部门对已经审核通过的验收单记账。

第六步：利用查询、账、表等功能，查询各种信息，打印账表。

2. 物性资产管理流程

地热项目物性资产管理流程，主要指地热能开发企业在建设运营过程中，开展的物资需求计划管理、采购管理和储备管理。

(1) 物资需求计划管理与流程

物资需求计划是对物资流通进行组织和管理的各种计划手段的总和。需求计划的管理主要涉及计划的编制、提报与审批等流程。按照时间分类,物资需求计划分为年度、季度、月度和临时物资需求计划。在确定好物资需求计划后,项目部根据不同物资采购周期的要求,提报物资需求至相关部门审批。

(2) 采购管理与流程

根据企业规模和特点,地热能开发企业可制定相应的采购流程,如签订框架协议并根据协议采取集团化采购、企业集中采购等。

采购方式包括总部直采、商务平台下单采购、招标采购、询比价采购、独家采购。同时,针对需求还制定了关于零星物资采购和紧急采购的相关要求,以进一步实现合规高效的保供工作。

(3) 储备管理与流程

储备管理主要包括物资验收与出入库、工程余料的管理与处置、库存物资管理、库存物资处置、废旧物资管理与处置,以及物资储存管理等方面,以下将对这几个方面进行阐述。

① 物资验收与出入库

物资验收与出入库环节,公司要明确验收责任人员及职责内容。根据采购物资的不同,信息化系统中编制了具有不同验收环节和项目的验收单据。按照下载的验收单,验收人员逐条核对即可,从而在确保验收流程标准化的同时,保证了不同设备验收工作的独特性。同时制定了物资验收不合格情况下的处理方式。

② 工程余料的管理与处置

工程余料是指固定资产投资项目施工结束后的工程剩余物资。在管理工程余料方面,首先应在委托设计、施工及合同中明确形成工程余料的责任追究,让每个环节的责任人都承担起相应的责任。同时在项目施工结束后的一定时间内,要完成工程余料的清理、建立工程余料统计台账,分析原因、落实责任、制定处置方案,并尽快完成处置工作。

工程余料的处置方式一般包括改代利用、供应商回购和调度调剂等方式。领用单位有责任对工程余料的完好(包括资料齐全)负责,如有损坏,领用单位应按采购价格赔偿。

对于具备退库条件的工程余料,领用单位应在完成造册登记、资料整理等工作后，办理退库手续，将物资退至各区域指定地点或仓库。不具备退库条件的剩余物资由工程管理部门办理核销手续并进入工程成本后，按照相关规定进行处置。

剩余物资如需要转移至其他项目或换热站继续使用，领用单位应先办理该物资的退库手续，再办理到新项目的出库手续等，严禁在不履行任何手续的情况下私自转移使用。

③ 库存物资管理

库存物资包括公司的常规储备物资、特殊储备物资和因各种原因形成的积压物资。

常规储备物资包括保证正常生产所储备的，且 1 年内至少周转 1 次的库存物资，以及在固定资产投资项目建设周期内的工程项目物资。常规物资的需求提报和审批流程按照常规流程开展。对于入库后长期未领用完的常规储备物资，计划提报部门要向物资管理部门说明原因及使用意见，并在物资管理部门的督办下尽早调配使用。

特殊储备物资是指为保证安全稳定生产所必须储备的采购周期长、缺货影响大的物资和用于抢险救灾的物资。特殊储备物资除按照常规流程提报需求计划外，还需要报上级单位备案。

积压物资包括库龄超过 1 年的非特殊储备物资，库龄不足 1 年，但经计划提报部门确认不再使用的物资；因设备报废而产生的没有使用方向的备品、备件；经项目管理部门确认不再使用的项目物资和工程余料。

库存物资的领用需提供经审批的物资需求，按出入库管理办法办理出库手续，做好相关资料的交接及签字确认，并在物资管理信息化系统上完成相关操作。出库单、调拨单签字手续必须齐全，并及时转交财务部门，做好交接记录。

库管员负责出入库单及调拨单的整理、归档，并联合财务人员共同开展出入库单据和金额的核对，以及对库存物资的盘点，并同时上报物资装备部和财务部负责人审核。

为实现物资改代利用的顺畅进行，内部物资可按照相关规定开展调拨。要求同县、市分公司物资可以调拨使用，但必须依据公司制度办理调拨手续，根据各公司情况，必要时可做销售处理。

物资供应部门应建立动态盘点、分类盘点和全面盘点相结合的库存物资盘点机制。各单位物资供应部门应根据存货的品种按季度进行分类盘点，并将清查结果与财务部门账表数据核对，对盘点过程中发现的差异进行详细分析。各单位物资供应部门应根据实际情况，每半年联合财务部门开展一次全面盘点，确保账实相符、账账相符。盘点表需由相关部门监督、审核、签字。对于盘点过程中发现的问题，公司相关部门应组织查明原因、落实并追究相应责任。

④ 库存物资处置

地热能开发企业相关部门可定期开展库存清查和积压物资鉴定工作。经鉴定确定为无使用方向的物资，各单位可按照供应商原值回购、内部调度调剂、对外销售、报废等方式进行处置。物资调度调剂价格由调入、调出单位参考市场价，并综合考虑质量检验、物流运输等因素，协商确定。

⑤ 废旧物资管理与处置

废旧物资是指在生产经营、工程建设、检维修和存储过程中产生的，经鉴定或检测后不再使用且具有回收和对外处置价值的物资，包括已批复报废的固定资产和存货。不含国家现行《国家危险废物名录（2025 年版）》和《放射性废物安全管理条例》中所指的物资。

物资供应部门负责将生产经营、工程建设和检维修过程中的废旧物资统一回收、分类集中存放、妥善保管，并建立废旧物资回收台账。安全环保部门负责加强现场监管，确保废旧物资的回收、贮存和转运符合安全环保要求。

⑥ 物资储存管理

为了确保物资储存管理符合相关规范，地热能开发企业应结合自身施工项目特点和库房情况制定仓储保管工作规程。并在管理上要求采用分区分类，悬挂标识牌进行标识，按仓储物资所要求的储存条件贮存，保持卫生整洁，消防及安全保卫设施正常，健全防火、防洪、防盗、防潮、防病虫害和防变质等管理规范，加强生产现场的材料、周转材料、半成品等物资的管理，防止浪费、被盗和流失。同时，仓储设施布局要符合安全管理规定，配置必要的消防设施、器材，在重点部位设置规范、醒目的安全标志，加强治安保卫和巡查、检查，并做好记录。库管员应根据相关安全环保管理规定及安全培训要求，开展安全检查，及时处理库房安全隐患。

3. 流动资产管理流程

流动资产管理是财务管理的一个重点，主要包括货币资金管理、短期投资、应收票据、应收利息、应收账款、其他应收款、预付账款、存货、其他流动资产等。其中，货币资金管理、应收账款管理、存货管理是关键的工作环节。

(1) 货币资金管理

货币资金是指企业在生产经营活动中停留在货币形态的那一部分资金,包括现金和各种存款。有效的货币资金管理应满足以下要求:

① 做好现金管理,遵守国家规定的现金管理条例;

② 优化转账结算,以维护企业自身利益,加速资金周转。

做好货币资金管理还应编制货币资金计划。具体包括:预测货币资金的收支;确定货币资金的合理持有量;编制货币资金的收支计划,确保收入和支出的平衡。

(2) 应收账款管理

首先,需要制定应收账款的管理计划。该计划主要包括以下四项内容:核定应收账款的成本,编制账龄分析表,预测坏账损失,计算坏账准备金。

(3) 存货管理

存货是指企业为销售或生产中耗用而储备的物资,包括原材料、外购件、在制品、产成品等。存货不能超额储备而占用大量资金,以免影响企业经济效益。为此,要求编制好存货计划,作为合理安排储备资金的依据。同时要求加强存货产品控制,以最小的存货投资获得最大的利润。用好 ABC 重点管理法、比率分析法、经济订购批量法、订货点法等库存控制方法,实现对企业存货的科学管理。

4. 无形资产管理流程

(1) 无形资产基础管理

无形资产管理部门应按照国际、国内、行业及企业内部的相关规定,合法获取无形资产,并根据其性质进行分类管理,登记台账(或备查簿),保管相关资料,由部门负责人审核相关资料及台账(或备查簿)。无形资产管理部门应根据无形资产类别制定专门的管理办法或应用计划,并予以实施,以有效利用无形资产。对于有权证的无形资产,无形资产管理部门需明确管理责任,妥善保管权证资料,防止遗失。在无形资产权属发生变动时,应按照规定办理权证转移手续,并由部门负责人审核变动事项的相关资料。

(2) 无形资产安全防范

地热开发企业应制定无形资产的安全防范措施,强化对品牌、专利、专有技术等无形资产的管理。对于具有保密性质的无形资产,各级无形资产管理部门应按照企业安全保密的相关规定,采取保密措施,严禁泄露商业秘密。

(3) 无形资产清查

地热开发企业财务部门会同无形资产的管理和使用部门,应每年组织一次对无形资产资料和使用状况的全面清查,逐项与财务账表核对,分别造册登记有效期与失效期的无形资产,出具无形资产清查报告。对于已失效但未摊销完毕的无形资产,需查明原因,提出处置意见,经企业总会计师等负责人审核后,报财务部。财务部会同法律部门等相关部门审核,并按规定权限逐级报批后处理。

(4) 无形资产处置

无形资产的许可、转让需按类别分别报科技、财务、法律等相关部门审核。对于专利、专有技术等知识产权的许可,相关部门应按照企业知识产权保护工作规定办理。申报单位应按要求上报相关科技部门,由科技部门对许可事宜、许可价格等进行审查,并按规定权限审批后方可进行对外技术许可。技术许可单位与使用方应采用经法律与科技部门共同审定的合同范本签订合同。其他无形资产的转让、投资须报财务部,由财务部会同法律部门等相关部门审核,并按照规定权限逐级报批处置。无形资产评估由财务部确定中介机构,评估报告需经资产所属单位盖章。评估结果最终由财务部审定,并办理评估备案手续。

(5) 无形资产的核算与摊销

通过引进、外购或采用地热开发企业自身技术等手段获取的无形资产,所发生的费用可按规定列入投资计划。对于自行开发并依法申请取得的无形资产,其入账价值应按开发阶段符合资本化条件的支出,以及依法取得时发生的注册费、聘请律师费等确定;研究阶段支出和不符合资本化条件的开发阶段支出,应在发生时确认为当期费用。

各级财务部门的会计人员应审核无形资产取得的原始单据,建立无形资产账表,登记无形资产变动情况。稽核人员、财务部门负责人应审核账、表并确认。

无形资产的摊销应按照企业内部会计制度及有关规定办理,并计入当期损益。财务部门负责人应审核摊销数额。

7.3 小结

地热能项目资产管理涉及对地热能项目实施过程中产生的资产进行管理,并将这些资产进行信息化管理。加强资产管理,确保资产完整无缺,充分挖掘潜力,不断改善固定资产利用情况,提高固定资产使用的经济效益,这不仅有利于企业增加产品产量、品种,提升产品质量,降低产品成本,而且可以节约国家基本建设资金,利用有限的建设资金扩大固定资产规模,增强国民经济实力。

第 8 章

地热能项目风险管理

地热能项目在实施过程中面临多种风险,若风险管理不当,将导致严重后果,如工期延误、成本上升、收入减少、人员伤亡,甚至整个项目的失败。本章将从项目风险管理的基本概念出发,借鉴丰富的地热能项目经验来识别主要风险,并对这些主要风险进行深入分析。此外,针对这些主要风险,提出相应的应对策略,旨在为地热能项目的顺利推进提供参考和帮助。

8.1 项目风险管理概述

8.1.1 风险概念

1. 风险定义

风险可以从很多角度定义,不同角度的定义各不相同,至今尚无公认的统一定义。在《大项目风险分析》(D.F.Coope,C.B.Chapman)一书中,给出了较为权威的定义:“风险是由于在从事某项特定活动过程中存在的不确定性而产生的经济或财务损失、自然破坏或损伤的可能性。”针对地热能项目的风险,可以表述为地热能项目实施过程中存在的各类不确定性因素及事件。

2. 风险特点

风险作为地热能项目乃至所有项目中存在的普遍现象,具有以下特征。

(1)风险具有客观性。不管人们能否意识到风险,只要产生风险的因素发生,风险就会出现,并不以人的意志为转移。产生风险的因素多种多样,很多因素又是不确定的,如地质条件、政策法规、自然灾害、通货膨胀变化等。因此,风险客观存在于所有项目中,并且存在于项目的各个阶段、各个方面。风险的客观性要求项目管理者应充分认识风险,采取相应的管理措施,尽可能降低风险出现的概率或化解风险。

(2)风险具有多样性。地热能项目的风险不仅包括通常工程项目具有的无形风险,还包括一些能够准确刻画的物质实体风险。其中,物质实体风险有地质风险、钻探风险等,这些风险的产生和影响程度主要受目前技术水平的限制。多样的风险增加了管理者认识和把握风险的难度,需要通过风险管理的理论、系统分析,技术方法和工具手段的运用,来有效管控风险。

(3)风险具有相对性。不同风险承担主体受到相同风险的影响不同,对相同风险的承受能力也不同。一般而言,风险的承受能力受收益的大小、投入的多少、自身资产情况等因素的影响,其中收益总是和损失的可能性伴随,发生损失的可能性和数额越大,为弥补损失而获得的收益也越多。

(4) 风险具有可变性。在特定条件下,风险可能发生变化,如产生新的风险、风险消除、风险后果改变等。例如,地热能项目的政策风险是不断变化的,除了受国家相关政策的影响外,更大程度上受项目所在地政策的影响,地热开发的限制条款或补贴条款的变化通常影响整个项目的决策。因此,必须要在项目开发的全过程对风险进行管理,针对风险变化及时调整。

3. 风险分类

根据地热能项目管理的经验和利用专家评估法得到的成果,针对地热能项目特征可进行如下风险分类。

(1) 按照风险存在阶段划分

按地热能项目中风险存在的阶段,可分为识别阶段风险、立项阶段风险、设计阶段风险、实施阶段风险和运营阶段风险。

(2) 按照风险来源划分

按项目风险来源或损失产生的原因,可分为自然风险和人为风险。

① 自然风险

因自然力作用而导致项目资产受损及人员伤亡的风险,归类为自然风险。例如,地热能工程施工过程中因发生地震或洪水等造成的工程损害、仪器设备损失和人员伤亡。自然风险是所有项目都存在的风险。

② 人为风险

人类活动造成的风险属于人为风险。人为风险又可细分为技术风险、组织与管理风险、经济风险、政策风险等。

技术风险是由人们认知水平的差异和科学技术的发展而带来的风险。在地热能项目中技术风险是最主要的风险之一,它可细分为地质及钻探设计风险、钻井工程风险、回灌风险、资源承载力不足风险等。这类风险主要是由对地热地质条件的认知不足和科学技术水平差异而产生的。由于不同地区的地热地质条件差异较大,尤其是空白区地热地质资料缺乏,在前期勘查和后期施工过程中均存在技术风险。

组织与管理风险是指项目有关各方关系不协调所引起的风险。由于地热能项目有关各方参与项目的动机和目标不一致,项目进行过程中可能会出现各种相互协调的问题。例如,施工队伍选择不当、合同约束力不足、项目管理人员及监理单位缺乏地热专业能力等因素带来的风险。

经济风险是指在经济活动中,由市场预测失误、供求关系变化、物价波动等所导致的经济损失。

政策风险是指由国家、地方出台的地热能开发利用相关法律法规、规章制度等政策变化引起的风险。随着地热能项目管理的日益规范和严格,各省市也开始着手推进针对当地地热发展规划的编制工作,以及相关补贴政策的发布。在项目识别阶段,需明确当地关于地热能的相关矿业权、用地等政策,避免出现项目区域位于禁采区的问题。在项目立项阶段,也需及时跟踪政策变化,随时作出相应的风险响应。

(3) 按照风险后果承担者划分

按照风险后果的承担者,风险可以分为建设单位风险、设计单位风险、施工单位风险、供应商风险、保险公司风险和监理单位风险等。

(4) 按照风险影响范围划分

按照风险影响范围,可分为局部风险和整体风险。局部风险的影响范围较小,整体风险的影响范围较大。例如,地热能项目的地质风险存在于项目的所有阶段,属于整体风险,它关系到整个项目的成败;政策风险主要存在于项目识别和立项阶段,属于局部风险,在后续阶段其对项目的影响较小。

(5) 按照风险后果划分

按照风险后果的不同,可以划分为纯粹风险和投机风险。① 纯粹风险是指那些不能带来机会、无获得利益可能的风险。例如,钻井施工过程中的钻进事故、井斜超标、下管事故、固井事故等风险,这些只会对项目造成绝对的损失。地热能项目中的风险大多属于纯粹风险,该类风险是地热能项目风险管理的重点。② 投机风险是指那些既可能带来机会、获得利益,又隐含威胁、造成损失的风险。这类风险可能出现的结果有三种,即造成损失、不造成损失和获得利益。例如,热储温度和富水性估算的误差风险,如果实际出水温度高于估算水温,项目可能获得额外利益;如果低于估算水温,则可能造成损失。

(6) 按照风险是否可控划分

按照风险是否可控,可以划分为可控风险和不可控风险。① 可控风险是指那些在直接控制范围之内的风险。例如,钻井工程过程中的下管事故风险、固井事故风险等,这类风险虽然无法完全避免,但可以通过技术措施和管理措施等来控制其发生的可能性。② 不可控风险通常受不可抗力因素的影响,例如地质风险,特别是地热能项目中的热储埋藏深度、热储温度、富水性等条件,一般无法通过技术手段改变其特征,只能通过某些措施来减轻其不利影响。

8.1.2 风险管理概念

1. 风险管理定义

风险管理是指对风险从认识、分析乃至采取防范措施和处理措施等一系列过程。

风险管理概念起源于20世纪初期的德国,20世纪70年代在美国迅速发展壮大。自此,世界各地开始广泛研究和实施风险管理,尤其是在工程实践领域,风险管理得到了广泛应用。

80年代,我国引入了风险管理方面的理论体系和管理方法。90年代初期,风险管理理论逐步运用到实践当中,并和具体的工程项目相结合。我国工程项目风险管理的成功案例“三峡工程风险研究”为后来的研究提供了依据,通过全面、系统的分析,评估整个三峡工程项目的风险,然后制定出对应的措施。此后,很多重大工程项目在实施过程中都充分使用并完善了项目风险管理的理论方法,取得了巨大成效。

2. 风险管理的基本原则

风险管理的首要目标是降低风险发生的可能性和降低风险产生的损失量,进行风险管理主要遵循以下几个原则:

(1) 经济性原则

风险管理要充分考虑成本因素,采取最合理、最经济的措施和方法将控制损失的费用降到最低。经济性原则体现在地热能项目的全生命周期,包括识别、立项、设计、建设、运营各个阶段。

(2) 社会性原则

风险管理必须考虑各种法律、法规要求,尤其是地热能项目所在地的规章制度。同时还要考虑周边地区及一切与地热能项目有关并受其影响的单位、个人等对项目风险影响的要求。

（3）综合性原则

风险是客观存在的,但又具有不确定性。因此,风险管理过程中需要综合分析,只要能够实现最终目标,不一定要消除所有风险。有些风险如地震、台风等自然风险,要彻底消除或避免,需要大量的投入,而且也不一定能够达到预期效果。

3. 风险管理过程

风险管理过程一般由若干个主要环节组成,各个环节相互作用、相互影响。地热能项目风险管理过程可参考人们对事物认识的思维规律,实施全过程、循环的项目风险识别、风险评估、风险响应和风险控制,从宏观上总体把握风险的总体特征和管理需求。

4. 风险管理的意义和作用

作为项目管理的一个重要环节,风险管理对保证项目实施的成功具有重要作用和意义,尤其是在空白区开发地热能项目必须加强风险管理。地热能项目的风险管理对于项目的组织具有重要的现实指导意义,能以最经济的资源消耗将项目风险损失降至最低程度,以及时、可靠、高效地保障项目预期目标的实现。其作用主要体现在以下几个方面:

（1）地热能项目风险管理能促进项目实施决策的科学性、合理性,降低决策的风险水平。例如,地热能项目需要在项目识别阶段开展地热项目风险勘查来为项目决策提供依据,如果项目区地热地质条件不利,可及时采取规避策略,避免造成后期更大的损失。

（2）地热能项目风险管理能作为项目顺利施工的保障,为项目施工过程中出现的各种问题提供预防和处置措施,保证项目按照计划开展。例如,针对地热能项目钻探过程中可能发生的缩径、掉块等风险,可通过施工过程中的地质条件、钻探等综合分析,提前做好预判,对必要施工工艺进行调整或进行设计变更,保证钻探工作的顺利完成。

（3）地热能项目风险管理能促进项目运营效益的提高,在项目运营过程中以最小成本达到最大安全保障。例如,在地热能项目系统设计过程中会偏向保守,在实际运营过程中系统一般达不到100%负荷运行,借助动态监测系统可开展数据统计分析,调整仪器设备的运行参数,在满足使用功能的前提下,实现高效、低成本运行。

8.2 地热资源开发利用风险分析

地热能项目是对地热资源进行开发与利用的项目。与其他建设项目相比，其不同之处主要在于热源部分具有较大的不确定性，而这种不确定性则来源于地质信息的缺乏。主要体现在地质结构异常复杂、各向异性，且热源处于地下深处，不能用肉眼直接看到，也不能用某种工具直接测量，只能通过间接手段分析和推测，使我们不能完全了解它，更不能深入刻画它。地热井工程为隐蔽工程，施工工艺复杂，质量不易控制，检测手段有限；地热资源开发利用遇到的地质环境问题难以提前预测。受科学技术水平限制，地热资源储量的计算结果可能与客观实际有一定差距。这些不确定性形成了地热能项目的主要风险，须对这些风险因素进行分析研究，更深入地认识风险，以达到控制风险、减小损失的目的。

依据地热能项目自身特点分析，其主要风险可以概括为地质及钻探设计风险、钻井工程风险、回灌风险、资源承载力风险、其他风险等五类，见表 8－1。

8.2.1 地质及钻探设计风险

地质及钻探设计风险是指因掌握的地质信息不足，使项目实施人员对地热地质条件的认知成果具有不确定性，从而造成设计偏差，增加施工难度，延误工期，提高项目投资成本的一类风险。地热资源深埋于地下，其分布特征、品位高低、质量如何、开采条件优劣均需要通过地热地质勘查取得相应的参数信息，这些信息的准确性受地质条件复杂程度、地质研究程度、科学技术水平、技术人员研究能力、勘查手段选择和勘查经费投入规模等因素所制约，并对地质及钻探设计风险发生的概率产生直接影响。地热地质条件的特殊性，决定地质和钻探设计风险是客观存在的技术风险，此类风险虽然属于局部风险，但其造成的损失和风险成本往往都较为高昂。

地质及钻探设计风险一般发生在勘查、设计和施工阶段，至地热钻井工程完工后，地质信息均已取得，不确定性落地，风险自然消失。

此类风险的承担主体为勘查设计单位、施工单位、建设单位。

地热能项目的地质及钻探设计风险主要包括井位布设不合理的风险、盖层和热储层序及深度设计误差的风险、热储温度和富水性估算误差的风险、开采条件估计不准确的风险、地热流体化学特征预测偏差的风险、井身结构设计不合理的风险、钻井故障提示不充分的风险。以上这些具体风险又因地热地质条件复杂程度和地质研究程度的不同，其发生的概率、产生的影响程度及造成损失的大小均有所差别，应具体问题，具体分析。

1. 井位布设不合理的风险

地热井位的布设主要依据项目区的地热地质条件，在施工场地允许的范围内，综合考虑目标热储的平面分布、埋深、厚度和温度，以及地热井的施工难度和采灌井的数量、合理间距等因素，择优确定最为合理的布井方案。如井位布设不合理，可能造成钻井深度过大、出水量和出水温度指标低于预期、地热井施工难度加大、采灌井间相互干扰等不利影响，从而造成工程量增加、成本超过预算、工期延误等后果，严重的可能造成项目失败。这一风险主要来源于对地热地质条件的认知不足，其客观因素是地质条件的复杂性和较低的研究程度，主观因素是勘查手段、经费、人员投入不足。对砂岩和碳酸盐岩层状热储，出现这一风险的概率较低，造成的损失也较小，而对断裂构造裂隙型热储，风险出现的概率会有所升高，造成的损失也更大。

2. 盖层和热储层序及深度设计误差的风险

地层层序和深度的设计主要依据项目区及周边的地质资料和勘查成果，项目区已开展地质调查、物化探、钻探等工作，出现设计误差风险的概率将大幅降低。如出现设计地层缺失或热储埋深减少，出水温度可能低于预期，同时也伴随着单井成本减少；反之，将直接影响钻井深度，进而引起单井成本增加和工期延误。这种风险在断裂构造裂隙型热储或地质研究程度不高的地区易发，而对于砂岩和碳酸盐岩层状热储且地质研究程度高的地区，风险发生的概率低。

例如某地热井处于中生界断陷盆地边缘，地质构造复杂，项目区附近没有深井资料，地质研究程度低。该井设计井深 2600 m，取元古界断裂构造裂隙水，设计钻遇断裂深度在 2200 m 左右。实钻至 2600 m，未钻遇断裂破碎显示，经洗井试水，日出水量小于 10 m^3。后加深至 2681 m 时钻遇断裂，至 2800 m 终孔，日出水量超过 1000 m^3。该井目标层位设计误差 400 余米，造成井深增加 200 m，施工过程中增加了多项不必要的工序，单井造价增长近 50 万元，工期延误 4 个月。

3. 热储温度和富水性估算误差的风险

热储温度一般根据项目区或附近相同构造单元深井的地球物理测井成果推

测，也可通过设计钻遇地层的地热增温率叠加估算。热储富水性指热储层的出水能力，富水性好，则地热井出水量大。富水性一般通过地热井测试取得，如项目区内没有资料，也可根据邻区地质条件相近的地热井来推测。热储温度和富水性是地质设计中的重要参数指标，也是系统设计的基础，出现负偏差将对项目造成重大不利影响。如实际热储温度和富水性低于设计预期，必然造成从地下采出的热量低于设计指标，为了满足设计负荷要求，只能增加地热井数量，或调整工艺流程增加补充热源，造成工程量增加、成本上升、工期延误，以及后期运营成本提高等不利后果，须加以重视。这一风险的出现与地热地质研究程度有关，也受项目区地质条件复杂程度影响。砂岩和碳酸盐岩层状热储的连续性较好，起伏变化不大，如附近有地热井资料，热储温度和富水性估算出现重大偏差的概率较小。反之，在断裂构造裂隙型带状热储中，出现偏差的可能性会很大，但只要不出现重大失误，其影响和后果一般是可控的。

例如某地热供暖项目，处于新生代沉积盆地内，设计目标热储为新近系馆陶组砂岩，设计出水温度55℃，设计日出水量1920 m^3。由于项目区内没有深井资料，地质研究程度较低，勘查工作投入又严重不足，缺乏设计依据，设计参数只能依据邻区地热井推断。经实钻，出水温度为51℃，低于设计指标，所幸日出水量超过预期，一定程度上弥补了温度的不足，供暖系统调整后工程得以实施，但也造成一定的损失。

4. 开采条件估计不准确的风险

本文中的开采条件主要是指静水位、动水位、热水头、水位降深等参数指标，与热储的压力、渗透性，以及地热流体的补给条件有关。这些数据一般通过降压试验获取，也可采用项目区周边资料推测。这些参数指标是井下和地面设备选型的依据。自流井的静水位高于地表，须设置密封井口，如井室位于地下，还应设置排污泵。对于动水位较深、水位降深较大的地热井，热水潜水泵的功率会增加，配电容量和线缆直径也会相应增大。通过以上分析，这一风险产生的影响主要在利用设施的设计方面，属于可控风险，造成的损失一般是轻微的。本风险在砂岩和碳酸盐岩层状热储且地质研究程度高的地区发生的概率很低。

5. 地热流体化学特征预测偏差的风险

地热流体化学特征主要是指流体的水化学类型、各离子组分的含量、腐蚀性和结垢性等，对地热能项目造成影响的主要是地热流体的腐蚀性和结垢特征。地热流体经过长时间的深部循环，与围岩物质交换充分，流体中的离子组分含量较高。地热流体中因含有氯化物、硫酸盐、游离二氧化碳和硫化氢等组分，而对金属有一定的腐蚀性，二氧化硅、钙、镁、铁和锰等组分因温度变化而产生结垢，对地热利用造成一定影响，需在利用设施的设计时加以考虑，如出现不利偏差，将增加后期的运行成本。特别是地热发电项目，高温地热流体化学成分复杂，结垢的可能性较大，若防垢和除垢措施不当，会影响系统运行。地热流体化学特征一般通过项目区或周边地区同储层的流体化学检测获得，如缺失资料，出现预测偏差的概率较高，但造成的影响和损失一般不大。

6. 井身结构设计不合理的风险

井身结构设计是根据设计目标，综合考虑井深、钻遇地层岩性及埋深、井壁稳定性和地层富水性、取水目的层的物理特征、开采条件和可能发生的各种风险等因素，对地热井的开孔次数、钻孔口径和深度、套管规格型号、封固部位、目的层是否下滤水管及其型制进行设计。由于考虑的因素众多，且多数因素具有不确定性，因此，设计出现不合理的风险无法避免。这就要求在实钻过程中取全、取准各项参数，根据实际情况及时调整施工方法和成井工艺，保证设计目标的实现。井身结构出现设计不合理的情况，如不及时调整，可能造成出水温度和出水量的降低，以及井内事故的发生，影响成井质量，严重的可造成钻孔报废。

7. 钻井故障提示不充分的风险

在编制地质和钻探设计时，应对实钻过程中可能造成钻井事故和障碍的特殊地质现象进行提示，指导钻井安全施工，避免发生孔内事故。如第四系易垮塌，钻遇泥岩、页岩易缩径，钻遇可溶岩易出现放空和钻井液漏失，钻遇破碎带易出现掉块卡钻，地质构造发育山区易出现井斜等。受地质条件认知的限制，对钻井故障进行恰当提示是非常困难的。过分地估计了这些特殊地质现象，其应对措施将不可避免地增加施工成本并减缓施工速度，如估计不足，则可能造成井内事故。地热地质条件复杂且研究程度较低的地区，发生这种风险的概率较高。

例如某地热井设计取蓟县系雾迷山组热水，设计井深 2800 m。该井可能在浅部钻遇一条近南北向断裂，由于对该断裂的位置和造成的影响认识不足，设计中未做出明确提示。实钻过程中，钻至白垩系东岭台组时突遇由断裂产生的大型岩溶裂隙，钻具放空 1.7 m，钻井液大量漏失。由于未能预知该特殊地质现象，未对上部松散层井段进行封固，造成上部裸眼井段井壁失稳，无法继续钻进，只能就地堵漏。经过两个多月堵漏工作才穿过该井段,具备下管封固条件。

8.2.2 钻井工程风险

地热资源深埋于地下,需要钻凿地热井,建立流体输送通道,资源才能被开采出来为人类所用,因此地热井的施工尤为重要。但是,地质条件千变万化,极其复杂,很难准确预知下一米将出现何种情况,而地热钻井工程又具有隐蔽性,无法检视施工部位的具体状况,这就产生了地热钻井工程中的各种风险。这类风险多属于纯粹风险和局部风险,可以通过采取适当措施来降低其发生的概率,减轻负面影响。钻井工程风险均发生在钻井施工阶段,工程完工后风险消失。此类风险的承担主体为施工单位和建设单位。

钻井工程风险主要包括钻进事故的风险、井斜超标的风险、下管质量的风险、固井的风险、突遇设备故障和停电的风险、技术管理不到位的风险、钻井施工与地质专业脱节的风险,以及技术决策失误的风险等。

1. 钻进事故的风险

地热井一般较深,多在1000~3000 m之间,有的深达4000余米,工期数月,在施工过程中可能钻遇各种复杂地质现象,不可预计的井内事故时有发生。较为常见的钻进事故有:钻具因金属疲劳、强度降低出现断裂,落于井内;井壁缩径、掉块、垮塌造成埋钻、卡钻;钻井液大量漏失,出现井壁失稳埋钻;泥饼过厚造成粘钻;钻井液性能不足以携带岩粉,造成埋钻;井喷造成安全事故等。这些风险可采用系统的技术措施降低发生概率,如出现事故,处理得当,一般不会造成大的损失。但没有预案,应急设备、物资准备不足,人员培训不到位,处置措施不当,可能造成重大影响,甚至出现钻孔报废的严重后果。

2. 井斜超标的风险

钻井施工中出现井斜属于正常现象,各类规范中均对井斜程度进行了规定。如《地热资源地质勘查规范》(GB/T 11615—2010)中规定,除专门设计的定向井外,地热钻井应保持垂直,相应深度的井斜控制为:300 m深度内(开采井泵室段)不大于1°;1000 m内不大于3°;2000 m内不大于7°,2000 m以上终孔不大于10°。当地层倾角过大、地质构造复杂、钻具组合不合理、钻进参数控制不当时,井斜超标现象多发,需进行纠斜作业,进而将对工期和成本造成不利影响,但其造成的后果可控。

3. 下管质量的风险

在进行下管作业时，有时会出现下管不到位和套管抱死、套管断裂跑管、套管破损等事故。下管不到位的原因有孔内沉砂过多和地层缩径掉块，可将套管提出，重新冲砂圆孔后再下，如出现下管未到位而套管又被抱死的情况，将对后续施工和成井质量产生重大影响。套管断裂跑管和套管破损事故一般源于未按规程操作和野蛮操作，属于重大责任事故。此类事故处理极其复杂，成本较大。预防此类风险的成本与风险损失相比很低，施工单位在技术管理到位的情况下，发生风险的概率较低。

4. 固井的风险

固井的目的是稳定井管结构，封隔不需要的含水层，以及起到隔热保温的作用。固井作业应与下管作业连续进行，有时会因为间隔时间过长或地层缩径，产生水泥串槽现象。在固井井段地层出现异常强漏的情况下，可能出现水泥浆上返高度未达设计要求的现象，尤其是遇到管顶地层强漏，可能出现套管顶部封固不严的问题。这些固井质量问题均对成井质量和地热井的长期使用造成一定影响。固井事故的风险可通过适当的技术措施加以控制，且一般成本不高，易于操作。

5. 突遇设备故障和停电的风险

钻头转动与岩石摩擦会产生高温，需钻井液循环冷却，钻碎的岩屑需排出井外，井壁受应力释放影响可能出现缩径、掉块和垮塌，这些因素均要求钻具不能长期放置于裸孔内，且须保证钻井液的正常循环。突遇设备故障或停电，钻具无法上提，钻井液不能正常循环，可能造成卡钻、埋钻的事故，在施工过程中应极力避免。避免风险发生的措施是加强设备管理，定期开展设备检查和维修保养，配备应急发电设备等。

6. 技术管理不到位的风险

地热钻井工程技术复杂、工艺难度大、技术管理要求高，如出现泥浆性能不符合要求、材料质量不合格、地质录井失误、违反施工操作规程作业、重要工程参数计算错误等问题，可能发生重大井内事故。这一风险属于技术风险或责任风险，应对措施是加强管理，明确责任，强化监督。

7. 钻井施工与地质专业脱节的风险

在地热钻井工程中，经常遇到实钻地质条件与设计存在偏差的情况。为了达成设计目标，保证取得良好的水温、水量成果，施工单位必须加强地质工作，随时观测地质条件的变化，分析评估其对钻井工程的影响，并与设计单位加强沟通和配合，共同制定相应的技术措施，及时进行设计变更。地热钻井施工是钻探专业与地质专业相互配合的过程,地质专业的任务是录取地质参数,会同设计单位调整设计方案,以指导钻井顺利施工。施工单位若不重视地质工作,出于施工难度和自身成本考虑,只是一味地按照原设计施工,可能对设计目标的达成造成不利影响。钻井施工与地质专业脱节的风险属于组织与管理风险,来源于建设和施工单位对地质风险的认识不足或者是配合不够。这种情况在当前的地热能项目中或多或少都有所存在,只是有的项目侥幸未产生严重后果,也有个别项目因此付出了惨痛代价。

8. 技术决策失误的风险

在地热地质条件复杂的地区,对地质参数的辨识存在一定客观困难,造成地质技术人员对地热地质条件的认识产生偏差,进而产生技术决策失误的风险。技术人员依据地质年代、地层岩性和富水性、钻遇断裂的性质及规模、目的层的物理特征等判断,制定下管位置及封固方案、钻井提前终孔或加深、目的层裸眼成井或滤水管成井、滤水管的型制选择、洗井方案等技术决策。如判断偏差,则可能出现决策失误,轻则影响成井质量,重则可能造成钻井报废。技术决策失误的风险属于技术风险,来源于地热地质条件的复杂性和技术人员的能力与经验不足。

8.2.3 回灌风险

地热能是清洁而宝贵的能源,对其利用主要以水为载体,目前常用的模式是抽取地热水并交换出热量,再将换热后的地热尾水回灌至同一热储中。在利用过程中,地热尾水回灌是非常重要的环节,它既可维持地热流体和热储压力(水位)的平衡,减少热能的浪费,又避免了地热尾水排放对环境的污染,对地热资源合理开发利用和保护、实现可持续发展具有重要意义。很多地区已对地热回灌制定了强制政策和鼓励措施,对未进行回灌的项目限制审批,对开展回灌的项目减免或降低地热水资源税。因此,地热尾水回灌不仅是政策的要求,也是降低运营成本的客观需要。

地热回灌在我国已开展了多年,也出现过各种问题。有的地区热储压力大,地热水头高,无法实现自然常压回灌,采用加压回灌又会大幅增加能源动力成本。有的地区热储条件不适宜回灌,如有些地区新近系明化镇组和馆陶组砂岩孔隙型热储,虽然出水能力强,但回灌能力并不理想。有的地热井虽然是裂隙型热储,但裂隙发育程度和连通性都不好,也影响回灌效果。有的项目在系统设计和运行管理方面存在失误,因回灌造成堵塞,回灌能力大幅衰减。有些情况下,还可能因回灌井和开采井之间存在直接通道，或者因距离过近，使开采井的出水温度显著降低。地热能项目以灌定采的原则，使我们不能回避地热尾水回灌面临的风险，它是地热能项目成败的关键。

我们可以将回灌风险划分为三种，分别是回灌量无法满足需求的风险、回灌量衰减的风险、采灌井间距或布设不合理的风险。

1. 回灌量无法满足需求的风险

这类风险一般都发生在设计和施工阶段，主要是由热储压力大和渗透性不佳等自然因素，以及回灌井设计不合理和施工质量差等人为因素造成的。此类风险大多属于技术风险或自然风险，个别属于管理风险。如发生此类风险，只能增加回灌井数量或进行加压回灌，将对项目整体运营造成重大影响。这就要求我们在项目识别和设计阶段进行充分的论证，在施工阶段加强监管。

2. 回灌量衰减的风险

许多地热回灌井在使用过程中都会出现回灌量衰减的现象，多由热储堵塞造成。地热水中某些化学元素的含量较高，如铁、锰等金属元素，其在开采利用的过程中会与空气中的氧发生化学反应，形成胶体或沉淀，在回灌时会堵塞热储的孔裂隙通道。回灌造成热储局部温度降低，而其中储存的地热水及回灌的低温尾水中的部分元素会因低温产生结晶，造成堵塞。回灌的地热尾水中如含有大量杂质颗粒和气体，也会堵塞孔裂隙通道。地热尾水的水质发生明显改变或回灌至不同热储层，可能与其中的地热水发生化学反应，造成堵塞。在砂岩孔隙型热储回灌中，回灌能力的降低经常是不可逆的。通过分析可以看出，造成回灌量衰减风险的因素很多，但除热储本身的因素外，大部分都是可以通过措施加以避免的，属于局部的技术风险。应对措施就是在供暖系统设计时充分考虑风险因素，合理设计系统流程，同时在运营时加强监测和管理。如出现以上风险事件，也可通过回扬或洗井等手段，降低回灌堵塞的影响。

3. 采灌井间距或布设不合理的风险

地热开采井与回灌井应有一定的间距，避免造成冷突破。这一风险与地热地质条件直接相关，经常是由热储裂隙连通性好，或者采、灌井间距太近，回灌水在热储中的滞留时间过短引起的。如这一风险发生，只能减小开采和回灌量，或在合适位置重新施工回灌井，避免造成重大损失。该风险属于技术风险，应对措施是加强地质勘查投入，开展示踪试验，进行充分论证。

8.2.4 资源承载力不足的风险

地热资源承载力是指地热资源满足需求的能力，关注的是地热资源可采量与用户需求的对应关系，如可采量不足以支撑需求，将对地热资源和生态环境造成破坏。地热可采量不同于地热井产能，后者是在地热井成井后通过测试取得的实际数据，代表地热井在一定条件下的最大开采能力；而前者是指保障地热资源可持续利用的前提下，特定区域内热储的最大资源供给能力，是通过试验和计算取得的。由于计算所需的参数不可能完整准确地描述地热地质特征，因此资源可采量计算必然会存在一定误差，而项目系统设计和运行时考虑的是地热井产能参数，这就产生了地热资源承载力可能存在不足的风险。地热资源可采量包括热量和水量，需要大量的地质参数和动态监测数据加以分析验证。地热资源承载力不足的风险较为抽象，可以概括为水位急剧下降和出水温度大幅降低等两个具体风险。此类风险属于技术风险和整体风险。

1. 水位急剧下降的风险

当地下热水超量开采，又得不到有效补给的情况下，热储压力将持续降低，地热井水位逐年下降。当开采的地热水量大幅超过地热资源可采量时，地热水位将急剧下降，增加了开采难度，这对项目的服务年限和运行成本造成巨大影响。因此，在项目前期，应加强热储工程研究，在开采时严格控制开采强度，确保不超过可采量。同时，须做好动态监测工作，通过开采量、回灌量、地热水位、地热水化学特征的多年监测数据，对地热资源可采量进行定期更新，并依此调整开采方案。

2. 出水温度大幅降低的风险

当热量严重超采，超过补给能力时，热储的温度会持续降低，地热井的出水温度也随之降低。此外，当热储与浅部冷水含水层水力联系比较密切时，过量开采致使冷水入侵，也会造成出水温度的降低。出水温度降低，偏离设计参数，将对系统正常运行造成负面影响。如出现大幅降低，只能缩减开采量，进而将对项目的整体运营造成重大影响。这一风险的应对措施是加强热储研究和动态监测，控制开采强度。

8.2.5 其他风险

除了以上提及的各种风险以外，还有其他一些风险需要注意，较为常见的有承包方选择不当、合同约束力不足、项目管理人员及监理单位缺乏地热专业能力等的风险等。这些风险也对项目顺利实施构成挑战。

1. 承包方选择不当的风险

在项目实施过程中，承包方的选择至关重要。很多开发商风险意识不强，为了控制成本，在招标中采用低价中标策略，却忽视了施工队伍的能力和经验，为项目实施埋下了隐患。应加强对施工队伍的考察，尤其是技术和组织管理方面的能力与经验，以及经济承担能力等方面，选择符合要求的施工队伍进行招标，以合理低价者中标。

2. 合同约束力不足的风险

施工合同是工程质量控制、进度控制、投资控制的主要依据，它约定了承发包人的权利和义务，是项目成功的重要保障。地热项目具有特殊性，在合同中应加入专业表述。有些合同因专业条款不完善，对责任划分与承担的表述模糊，致使约束力不足，可能对达成项目目标造成负面影响。

3. 项目管理人员及监理单位缺乏地热专业能力的风险

地热能项目的管理是一项复杂而系统的工作，尤其是地热专业方面，需要管理人员具备专业技术能力和丰富的经验，非专业的管理人员难以胜任。目前国内尚没有专业的地热监理单位，大多是建筑监理代行职能。监理工程师地热专业能力的缺乏，可能造成工程质量缺陷。聘用专业的地热勘查单位开展技术顾问和技术监督工作是应对这一风险的有效措施。技术顾问主要对项目中涉及地热专业的各项工作提供咨询服务，技术监督是对施工中的地热专业环节进行质量监督。

8.2.6　风险的综合分析

以上这些风险，并非单独出现在项目进程中，它们之间或多或少都存在一定的内在联系，相互之间存在因果关系。对于具体的项目而言，这些风险往往组合在一起，互相作用，不断放大，直至造成严重后果。如井位布设不合理时，热储的埋深可能出现设计误差，热储温度和富水性的估算会随之出现偏差，同时出现井身结构设计不合理的风险。当钻井施工与地质专业脱节或技术管理不到位时，技术决策出现失误的风险增大，可能发生钻进事故、井斜超标、下管和固井事故等风险事件。因此，在管控风险时，还应重点分析各种风险的内在联系，更好地理解风险在不同时期的变化进程，制定具体的应对措施，切断各风险之间的联系，以达到降低发生概率、减小风险损

表 8－1　地热资源开发利用主要风险分析表

风险名称		风险分类	风险来源	影响程度	承担主体	应对措施
地质及钻探设计风险	井位布设不合理的风险	纯粹风险、整体风险、不可控风险、技术风险	地质条件复杂、研究程度低、勘查投入不足	重大	勘查设计单位、施工单位、建设单位	加强勘查投入 充分论证
	盖层和热储层序及深度设计误差的风险	投机风险、局部风险、不可控风险、技术风险	地质条件复杂、研究程度低、勘查投入不足	中等	勘查设计单位、施工单位、建设单位	加强勘查投入 充分论证
	热储温度和富水性估算误差的风险	投机风险、整体风险、不可控风险、技术风险	地质条件复杂、研究程度低、勘查投入不足	重大	勘查设计单位、施工单位、建设单位	加强勘查投入 充分论证 风险概率高的地区设计时充分预留余量
	开采条件估计不准确的风险	纯粹风险、局部风险、不可控风险、技术风险	地质条件复杂、研究程度低、勘查投入不足	轻微	勘查设计单位、建设单位	加强勘查投入 充分论证 出现风险及时变更设计
	地热流体化学特征预测偏差的风险	纯粹风险、局部风险、不可控风险、技术风险	地质条件复杂、研究程度低、勘查投入不足	轻微	勘查设计单位、建设单位	加强勘查投入 充分论证 出现风险及时变更设计
	井身结构设计不合理的风险	纯粹风险、局部风险、不可控风险、技术风险	地质条件复杂、研究程度低、勘查投入不足	中等	勘查设计单位、施工单位、建设单位	加强勘查投入 充分论证 出现风险及时变更设计
	钻井故障提示不充分的风险	纯粹风险、局部风险、不可控风险、技术风险	地质条件复杂、研究程度低、勘查投入不足	中等	勘查设计单位、施工单位、建设单位	加强勘查投入 充分论证

续表

风险名称		风险分类	风险来源	影响程度	承担主体	应对措施
钻井工程风险	钻进事故的风险	纯粹风险、局部风险、可控风险、技术风险	地质条件复杂、技术措施不到位	中等	施工单位、建设单位	加强施工管理 制定完善的应急预案
	井斜超标的风险	纯粹风险、局部风险、可控风险、技术风险	地质条件复杂、技术措施不到位	轻微	施工单位、建设单位	加强施工管理 制定完善的应急预案
	下管质量的风险	纯粹风险、局部风险、可控风险、技术风险或责任风险	技术措施不到位、违反操作规程作业	中等	施工单位、建设单位	加强施工管理 加强人员培训 制定完善的应急预案
	固井的风险	纯粹风险、局部风险、可控风险、技术风险	地质条件复杂、技术措施不到位	轻微	施工单位、建设单位	加强施工管理 根据实际情况及时变更设计方案
	突遇设备故障和停电的风险	纯粹风险、局部风险、不可控风险	设备管理不到位、应急设备准备不足	轻微	施工单位、建设单位	加强设备管理 配备应急发电设备
	技术管理不到位的风险	纯粹风险、整体风险、可控风险、技术风险或责任风险	技术人员能力不足、监管不到位	重大	施工单位、建设单位	加强人员培训 强化责任与监督
	钻井施工与地质专业脱节的风险	纯粹风险、整体风险、可控风险、组织与管理风险	地质风险认知不足	重大	施工单位、建设单位	加强专业配合
	技术决策失误的风险	纯粹风险、整体风险、可控风险、技术风险	地质条件复杂、技术人员能力与经验不足	重大	施工单位、建设单位	选择有经验的施工队伍 聘用专业的技术顾问单位 充分论证

续表

风险名称		风险分类	风险来源	影响程度	承担主体	应对措施
回灌风险	回灌量无法满足需求的风险	纯粹风险、整体风险、自然风险、技术风险或管理风险	地质条件复杂、设计不合理、施工质量差	重大	勘查设计单位、施工单位、建设单位	加强勘查投入 充分论证 加强施工管理
	回灌量衰减的风险	纯粹风险、局部风险、可控风险、技术风险	系统设计不合理、运行监测与管理不到位	中等	系统设计单位、建设单位	加强设计审查和论证 做好地热动态监测 加强运行管理 回扬与洗井
	采灌井间距或布设不合理的风险	纯粹风险、整体风险、不可控风险、技术风险	地质条件复杂、研究程度低、勘查投入不足	重大	勘查设计单位、建设单位	加强勘查投入 充分论证
资源承载力不足的风险	水位急剧下降的风险	纯粹风险、整体风险、不可控风险、技术风险	研究程度低、水量超采、热量超采	重大	系统设计单位、建设单位	加强热储研究工作 做好地热动态监测 加强运行管理
	出水温度大幅降低的风险	纯粹风险、整体风险、不可控风险、技术风险	研究程度低、热量超采	重大	系统设计单位、建设单位	加强热储研究工作 做好地热动态监测 加强运行管理
其他风险	承包方选择不当的风险	纯粹风险、整体风险、可控风险、决策风险	风险意识不强、招标方案不当	重大	施工单位、建设单位	提高风险意识 采用合理的招标方案 加强对施工队伍的考察
	合同约束力不足的风险	纯粹风险、局部风险、可控风险、决策风险	合同专业条款不完善	中等	施工单位、建设单位	加强合同审查与管理
	项目管理人员及监理单位缺乏地热专业能力的风险	纯粹风险、整体风险、可控风险、组织与管理风险	风险意识不强、项目组织结构不当	重大	施工单位、监理单位、建设单位	提高风险意识 聘请专业的技术顾问和技术监督团队

注：此表给出的风险分析是一般情形下的，在特殊情况下风险的性质和后果可能变化。

失的目标。

例如,某项目设计一眼地热探采结合井,建设单位出于投资成本考虑,选择了一家没有地热井施工经验的单位承担钻井施工任务。在施工过程中,施工单位对地质工作重视不足,也未与勘查设计单位进行沟通交流,未能充分理解地热井的设计思路和设计意图,钻井液使用不当,水文地质资料录取不充分,在钻遇热储涌水后使用大量重晶石粉堵漏,未达设计井深就提前终孔,放弃了揭露下部热储富水部位,成井方案出现严重错误,下入了规格型制不适合的滤水管,也未进行充分的洗井作业。而建设单位自身没有地热专业能力和经验,又未聘请专业的技术顾问和技术监督团队,造成管理混乱,监管不到位。多种因素综合作用,最终致使该井报废。综合分析本项目失败的教训,由于建设单位对项目风险的认识不足,管理人员及监理单位缺乏地热专业能力,对施工队伍选择不当,进而出现钻井施工与地质专业严重脱节,技术管理不到位,出现技术决策重大失误,这些风险事件相互叠加,共同作用,最终造成项目失败的严重后果。

8.3　风险控制方法

地热资源赋存的地质条件一般比较复杂,开发地热资源具有投资大、风险高、隐蔽工程多、设计变更多的特点,因此,正确对地热资源开发进行风险控制是非常重要的技术和管理工作。

8.3.1　提高风险意识

开发地热资源不同于一般项目,由于地质条件的复杂性和差异性,不可预见的风险较多。在进行地热资源开发利用的过程中,应充分了解各阶段风险特点,建立风险管理制度,加强风险财务管理及技术管理,使项目风险不发生或发生率降到最低,减少因风险带来的损失。

在项目初期,应充分考虑地热资源的特点。针对其复杂性,在设计阶段对地热井的成井深度增加富余量,从设备能力及成本支出方面均留出足够的应对风险的余量。同时,针对地质条件的差异性,同一项目内不同位置的地热井产能也可能不尽相同。因此,在制定预期目标时,应在满足项目规划要求的前提下,适当调整预期指标,避免因水温、水量不达标造成整个项目设计变更,降低增加工作量及相应风险的可能性。

8.3.2 风险管理制度

1. 建立健全风险管理制度的必要性

对于地热项目建设单位来说，建立健全风险管理制度是非常必要的。一方面他们的风险管理意识、风险应对策略跟不上现代管理体系的发展，导致风险管理措施难以展开。风险管理制度的健全有利于相关风险应对体系的建设，从而实现地热工程风险管理水平的提高。另一方面是由于我国项目风险管理的现状和地热工程的特点决定的，我国在地热工程领域风险管理还处于比较薄弱的阶段，关于风险管理的法律和制度还不健全，相关的风险应对措施也比较落后，因此建立健全我国的风险管理制度就显得尤为重要。

就地热行业的发展来说，市场体系还不太健全，在项目风险管理的过程中存在管理行为不规范、应对措施不科学等诸多问题，而我国近年来地热行业飞速发展，项目数量和规模增长明显，工程风险增加，也对地热工程建设单位采取哪些措施应对地热项目管理风险提出了挑战。因此，建立健全风险管理制度对于市场经济和地热行业的发展有着重要的意义。对于风险管理制度的完善来说，可以从以下几个方面进行。首先，一定要加强地热工程建设单位资金管理制度的完善；其次，要完善人员的管理制度；最后，地热工程建设单位要加强工程实施过程的技术管理制度建设。

2. 风险管理制度的建立

风险管理制度是开展地热工程项目风险管理工作的依据。科学合理的管理制度，有助于增强地热工程项目的管控力度、提高风险管理的工作效率。首先，相关人员要对地热工程项目的风险进行准确识别，风险识别是风险管理制度制定的前提，也是风险管理制度准确性、针对性、有效性的保障。其次，我国大部分企业的风险管理技术与发达国家企业相比，还较为落后，因此，在制订风险管理方案时，要借鉴国内外的先进经验及理论。再次，在风险管理制度中要融入信息化技术。如今信息化技术的应用越来越广泛，利用信息化技术进行风险管理，不仅可以提高管理效率，还能提高风险管理制度的技术含量。最后，在管理制度中要加入预警措施和应急处理措施，以便建设单位能够及时并快速处理风险事故。

3. 全过程风险管理

（1）项目识别及立项阶段风险控制

在工程项目识别及立项阶段，因为建设单位对工程项目具体内容掌握比较少，如果制定的风险管理对策不完善，会增加工程项目实施环节的风险发生概率。通过做好工程项目识别及立项阶段的风险管理工作，能够降低建设阶段的风险发生概率。对于建设单位来讲，要结合工程项目全过程风险管理计划内容，成立专门的风险管理组织，自工程项目的立项、可行性研究与项目决策等环节开始，就做好风险识别工作，针对识别出来的各项风险，经过有效分析之后，判断风险发生后可能引发的严重后果，并制定风险因素清单，有序地开展风险管理工作。

（2）项目设计阶段风险控制

结合工程项目全过程风险管理计划，建设单位通过成立专门的风险管理组织，针对工程项目设计阶段的风险进行有效管理，加强风险识别，保证设计阶段的风险得到良好管理。

（3）项目建设阶段风险控制

从建设单位的角度来看，在工程项目建设阶段的风险管理中，需要将施工单位视为主体。建设单位应主动与施工单位沟通，加强工程项目全过程的风险管理指导力度，从工程项目实施技术、环境与设施等不同方面，做好风险识别与评价工作，并根据建设阶段的风险类型，制定针对性较强的风险管理对策。工程项目建设阶段，是项目资金投入最多的环节，若此环节的风险管理不规范，就可能出现较多失误，会浪费大量的人力与财力。因此，建设单位要加强此环节的风险管理力度，并对该环节的风险管理工作进行全方位监管与评估。

在工程项目竣工环节，项目的实体已经基本完成，核心工作是整理文件，做好工程验收。此环节工作水平对工程项目后续运行影响较大。对建设单位来讲，要建立风险管理组织，针对工程项目中的各项文件资料进行全面验收，保证项目中的各项文件资料的完整性。

（4）项目运营阶段风险控制

项目运营阶段依然存在资源品位下降、运营成本超支、工程质量缺陷、通货膨胀、不可抗力及利率变化等风险。在项目运营中，建设单位应做好动态监测，建立风险预警机制，实时掌握系统运行及市场情况，根据监测结果及时提出风险应对措施。

4. 人员管理制度

建设单位要合理安排项目组织机构管理人员，防止因为管理人员工作不到位而产生的风险。如果项目管理人员工作不尽责，可能会出现工作上的失误或管理上的漏洞，阻碍项目的顺利进行，给建设单位带来损失。因此，必须明确主要岗位人员的职责，制定严格的责任制度和奖惩制度，营造有序的工作环境，做到责任到人，使项目管理人员提高自身的责任意识，端正工作态度。在人员配置方面，不仅要配备专业的管理人员，还需要配备各专业的技术人员，使建设单位在项目的各个阶段都可以全面把控。比如，如果在设计阶段没有了解设计方面知识的人员，那么就可能会导致设计方人员减少某些工作量来使己方利益最大化。如果在施工阶段没有相关的技术人员对现场进行及时监管，就有可能造成质量问题。措施是如果建设单位没有相关的高水平技术人员，应聘任专家开展技术咨询，为项目各阶段把关。

与此同时，应加强人员之间的沟通，使项目相关人员及时了解地热项目的信息，减少因信息不对称增加项目成本并减少因此造成的损失。要加强项目管理人员之间的协调，使人员目标一致、工作步调一致，减少信息传递的成本和信息传递过程中的误解。由于该类风险发生的概率比较高，影响有时会比较严重。

8.3.3 风险财务管理

1. 做好财务管理工作

建设单位应做好财务的管理工作，才能保证项目的顺利运行，并保证建设单位的切身利益。在项目建设的各个阶段，应明确财务管理工作的重点及资金的分配。首先，在项目初期，建设单位要做好资金筹措工作，保证资金能够按时到位，减少因为筹资而产生的风险。同时，在地热地质条件复杂或地热资源开发利用程度较低的地区，应适当增加勘查投入，提高勘查精度，降低设计风险。在项目建设过程中，如地热井施工下管、固井前，因资金未到位造成管材进场延误，地热井放置时间过长将导致井壁坍塌、下管不到位等风险，建设单位要制定好资金使用计划，按进度支付，避免因为资金问题使项目出现延误，但要对进度结算进行严格审核。面对施工过程中可能出现的各种工程变更和索赔工作，要及时处理，并且要根据程序正确处理，尽量使用优化的变更方案，并有效地控制索赔金额。在竣工之后，做好结算工作。建设单位应建立健全成本目标偏差分析及纠错、应急机制。

2. 做好合同管理工作

合同一经签订，便具有法律效力，不可轻易更改。在项目的整个实施阶段，合同各方都要按照合同内容执行。因此，合同管理是建设单位做好风险管理的一项重要内容。合同管理的风险往往可以体现在以下几个方面：

（1）合同条款没有全面、清晰地表达合同双方的权利和义务，导致问题发生时责任认定不明确；

（2）合同条款有遗漏，没有将可能发生的问题全面预计到；

（3）合同中有错误，或者可能产生理解歧义的措辞。

为了避免合同管理产生的风险，建设单位应注重对合同管理人员的培训，选择专业素养高的人员进行合同的制定和谈判工作，重视对合同条款的核查，降低合同风险发生的概率。

3. 应对通货膨胀和利率风险

通货膨胀风险是不能通过主观控制的，因此不能避免，只能适应。可通过建立完善高效的信息搜集整理和分析制度，及时了解最新宏观经济动向来应对。对于由于宏观调控和经济疲软等引起的问题可以通过放弃项目或调整投资方向来避免。

利率风险可采取与通货膨胀风险相类似的措施。重点关注加强对经济方面政策信息的收集反馈，并及时采取恰当措施。可采取风险回避和风险自留的应对方法。

8.3.4　风险技术管理

1. 健全风险信息系统

针对风险信息系统不健全的问题，应进一步加强企业风险信息系统的建立。地热工程企业应深入市场、工地，对项目实施相关的数据、信息等进行收集，然后对这些数据进行细致的分析。根据这些可靠的信息，制定有效的风险控制对策，提升企业的抗风险能力。地热工程企业应加快风险信息系统的建立健全，从而保障项目工程进度、实施质量及风险管理水平。

2. 落实项目管理人才建设

在地热工程建设过程中，建设方应切实落实项目管理人才的建设工作，加强对管理人员的培训，培养其风险意识，为风险规避工作的开展打下基础。应选择具有较强职业素养与执业能力的管理人员，并确保其具备较为丰富的风险管理经验，以此实现对现有管理层组织结构的优化。还应以培训的方式不断提高项目管理人员规避风险与处理风险的能力，积极引入优秀的专业人才，优化风险管理团队，提高其对市场及政策的把控能力，以此确保能够及时根据市场的波动，调整地热工程的项目管理策略，进而保障建设单位能够在激烈的市场中谋求稳定的可持续发展。

3. 正确选择施工方、监理方及技术咨询团队

施工方和监理方是建设项目的两个重要参与方。施工方是项目实体的主要实施方，监理方是建设活动的监督方。建设单位、施工方、监理方共同合作，实现建设项目的目标。对选择施工方、监理方存在的风险，建设单位仍然应该采取风险缓和的对策。首先应该明确该项目对施工单位和监理单位的要求，列出各项标准，然后按照严格的招标程序对施工单位和监理单位进行招标。需要考虑的因素包括：必须是依法成立的单位，应具有相应的资质和良好的业绩，应具有良好的社会信誉，应具有与项目匹配的经济承担能力，参与项目的成员应具有较好的职业素质和技能水平等。

目前，我国地热领域专业的监理单位较少，多为建筑行业监理替代，其地质行业专业知识缺乏，仅对施工现场及成井指标进行检验与核查，将地热井成井质量寄托于施工单位技术水平上。为解决这一问题，建设单位可在施工过程中聘请专业的技术咨询团队，对地热技术工作进行咨询与指导，降低技术风险发生的概率。

4. 加强各专业配合与内部协调

地热资源开发利用过程中前期勘查、设计及施工往往由不同单位承担，各阶段承担单位各司其职，很少参与到其他阶段的工作中去，如钻井施工单位仅按照钻探设计进行施工，很少考虑到地质条件的变化。这就需要建设单位起到统领全局的作用，加强各专业配合与内部协调，降低项目风险。

前期勘查单位提交的工作成果，是指导项目整体设计和地热井施工的基础资料。在地热井施工过程中，前期勘查单位应配合施工单位，密切关注钻井过程中地质条件变化，及时调整设计指标。同时，施工单位在施工过程中应取全、取准各项资料和参数，及时将资料反馈给前期勘查单位。如成井指标发生重大变化，无法满足项目整体设计要求，应及时与设计单位及建设单位沟通，协商设计变更方案。

5. 加强劳动者教育，控制工程质量

应当加强对施工人员质量安全方面的教育，做好技术交底工作，严格按施工工艺及技术要求施工，抓牢施工检验及验收工作。做好方案实施前的技术经济论证，做好施工前、后的质量控制，以防施工质量安全问题的出现。对于已出现的施工问题要及时查明原因，果断采取恰当措施来处理，并吸取经验教训。对于此类风险可采取风险控制和风险自留的措施，做好经验积累，提高项目管理者的水平。

6. 加强动态监测与资源研究

动态监测应贯穿地热资源勘查、开发的全过程。拟投入勘查开发的地热供暖项目，应

及早建立监测系统，及时全面掌握地热流体的天然动态与开采动态。对已开发的地热供暖项目应在已有观测网的基础上，根据地热供暖项目资源评价、地热资源开发利用现状及控制开采压力下降漏斗范围，进行调整和加强，保持动态监测的连续性，为地热资源评价、地热管理、研究与地热供暖开发有关的环境地质问题提供基础资料。动态监测对建设单位掌握生产情况、实现合理有序开采地热，以及管理部门实施有效监管、调整相关政策具有重要意义。

依照《中华人民共和国可再生能源法》的界定，地热能属于可再生能源。但如果在开发利用过程中未做到科学合理地开采，将出现地热流体压力（水位）、产量、温度下降，甚至化学成分发生变化的问题，影响地热资源可持续开发利用，最终影响地热项目的正常运行，造成环境污染和资源枯竭。因此，在地热项目的实施过程中，开展地热资源研究工作尤为重要。

在地热资源前期勘查过程中，主要利用地质技术手段来确定最佳钻井位置，并预测热储性质。在地热勘探过程中通过录井、测井等工作取得的实际数据对初始设计参数不断修正，最终开采出地热流体，通过试验确定其产能及参数，并对其化学成分及物性特征进行评述，进行资源量及储量的计算和质量评价。在地热利用过程中，通过动态监测来验证可开采量的准确性，并根据监测结果修正完善。

地热资源研究，有利于对地热能项目进行系统管理、掌握项目运行状况、预测项目未来变化趋势，从而及时对供暖或发电方案做出调整，降低项目运行风险，实现地热资源可持续利用。

8.4　小结

地热能项目风险管理过程中，应更加关注如地质及钻探设计风险、钻井工程风险、回灌风险、资源承载力风险等地热能项目特有的风险，这些风险之间存在一定的内在联系，很可能发生叠加，影响整个项目的成败。在地热能项目开发的各阶段，还应根据实际情况进一步对各类风险进行及时的识别和分析，采取有针对性的风险控制方法，尽可能规避或降低风险造成的损失。

第 9 章

地热能项目信息管理

9.1 项目信息管理概述

9.1.1 信息管理概念

1. 信息管理定义

信息管理是人类综合采用技术的、经济的、政策的、法律的和人文的方法及手段以便对信息流(包括非正规信息流和正规信息流)进行控制,以提高信息利用效率、最大限度地实现信息效用价值为目的的一种活动。简言之,信息管理是指在整个管理过程中,人们收集、加工、存储和输入、输出的信息活动的总称。

2. 信息管理特点

信息对于项目参与的每个人来说都十分重要,人们每时每刻都在不断地接收、加工和利用信息。管理者对组织的有效控制,都必须依靠来自组织内外的各种信息。信息是组织生存发展的重要资源,成为管理活动赖以开展的前提,一切管理活动都离不开信息,一切有效的管理都离不开信息的管理。

信息管理的过程包括信息收集、信息传输、信息加工和信息储存。

信息收集就是对原始信息的获取,信息传输是信息在时间和空间上的转移。信息只有及时、准确地被送到需要者的手中,其才能发挥作用。信息加工包括信息形式的变换和信息内容的处理。信息储存是将信息按照一定的思路整理存储,以备后用的过程。

随着科学技术特别是信息工程、计算机技术等高新科学技术的飞速发展和普及,当今世界已进入信息时代。企业和组织要求信息处理的数量越来越大,速度越来越快。为了让管理者及时掌握准确、可靠的信息,以及执行之后形成真实的反馈,必须建立一个功能齐全和高效率的信息管理系统。信息管理系统采用以电子计算机为主的技术设备,通过自动化通信网络与各种信息终端相连接,利用完善的通信网沟通各方面的联系,以保证迅速、准确、及时地收集情况和下达命令。

3. 信息管理分类

(1) 按管理层次分为宏观信息管理、中观信息管理、微观信息管理;

(2) 按管理内容分为信息生产管理、信息组织管理、信息系统管理、信息产业管理、信息市场管理等;

(3) 按应用范围分为工业企业信息管理、商业企业信息管理、政府信息管理、公共事业信息管理等；

（4）按管理手段分为手工信息管理、信息技术管理、信息资源管理等；

（5）按信息内容分为经济信息管理、科技信息管理、教育信息管理、军事信息管理等。

9.1.2 项目信息管理概念

1. 项目信息管理定义

项目信息管理是指对项目信息的收集、整理、处理、储存、传递与应用等一系列工作的总称，也就是把项目信息作为管理对象进行管理。项目信息管理的目的就是根据项目信息的特点，有计划地组织信息沟通，以保证决策者能及时、准确地获得相应的信息。

2. 项目信息管理特点

项目信息管理是对项目实施过程中涉及的各种情况、情报、文件、记录、资料进行收集、整理、传递及储存等各项工作的总称。项目信息是项目各级决策人员决策的依据，是协调项目各项工作的工具，应力求做到全面、及时、准确。

3. 项目信息管理分类

依据项目运行过程中产生的相关信息，将项目信息管理分为四类，分别为组织类信息、管理类信息、经济类信息和技术类信息。

（1）组织类信息包括编码信息、单位组织信息、项目组织信息和项目管理组织信息。

（2）管理类信息包括进度控制信息、合同管理信息、风险管理信息和安全管理信息。

（3）经济类信息包括投资控制信息和工程量控制信息。

（4）技术类信息包括项目策划阶段技术信息、项目立项阶段技术信息、项目设计阶段技术信息、项目建设阶段技术信息、项目运营阶段技术信息等。

9.2 地热能项目信息管理

地热能项目信息管理按照地热能项目管理阶段进行管理，同时在此过程中加强资产管理信息化，最终包含七个方面的信息管理，分别是地热能项目策划阶段信息管理、地热能项目立项阶段信息管理、地热能项目设计阶段信息管理、地热能项目建设阶段信息管理、地热能项目运行阶段信息管理、地热项目资产管理信息化(财务资产)、地热项目资产管理信息化(物资装备)等七个部分。本部分的编写侧重地热能项目信息管理区别于一般项目信息管理的内容。

9.2.1　地热能项目策划阶段信息管理要点

项目策划阶段信息管理需要对项目前期搜集的资料及项目策划阶段产生文件的编制、整理、归档和查询进行控制,并按照年度、项目、部门等分类对项目策划阶段产生的文件进行归档,方便今后的检索和传递。

地热地质相关信息、地热资源勘查许可证的办理和地热井钻探管理是地热能项目信息管理与一般项目的不同,是信息管理的要点,同时策划阶段编制的相关报告为信息管理的重点,在此过程中产生的资产(主要是无形资产)也需进行信息管理。

9.2.2　地热能项目立项阶段信息管理要点

项目立项阶段信息管理需要对项目前期及项目策划阶段搜集的资料,以及对项目策划阶段产生文件的编制、整理、归档和查询进行控制,并按照年度、项目、部门等分类对项目策划阶段产生的文件进行归档,方便今后的检索和传递。

除了项目立项的一般信息外,地热资源探矿权的办理、项目土地使用权属的办理、项目运营收费权限的办理、环境影响评价等相关内容也是地热能项目信息管理与一般项目的不同及信息管理的要点,同时立项阶段编制的相关报告为信息管理的重点,在立项过程中产生的资产(主要是无形资产)也需进行信息管理。

9.2.3　地热能项目设计阶段信息管理要点

地热能项目设计阶段需搜集的信息包括策划、立项阶段所有的资料,以及设计阶段需要搜集和产生的全部信息、项目设计的审批流程。其中,最为关键的是设计规范、设计图纸等核心内容。通过对这些内容的搜集、分析、编制、整理、归档和查询进行控制,掌握项目设计阶段相关工作。

地热能项目设计信息管理需要突出地热能项目设计中地热井工程设计，同时应涵盖市政及土建工程设计、机电工程设计的相关内容。设计阶段产生的图纸和相关报告是项目设计信息管理的重点。施工设计图纸和相关报告应汇交并归档纸质版和电子版，在立项过程中产生的资产（主要是无形资产）也需进行信息管理。

9.2.4 地热能项目建设阶段信息管理要点

项目实施阶段的主要任务是将蓝图变为项目实体。通过建筑施工，在规定的工期、质量、造价范围内，按设计要求高效率地实现项目目标。这一阶段在整个项目周期中工作量最大，投入的人力、物力和财力最多，涉及的纵向上、下级各部门，横向远近各单位也最多，因此管理协调难度最大。这一阶段的工作最为艰巨，信息管理内容最为复杂。地热能项目建设阶段信息管理是地热能项目信息管理的重点，在此详细论述。

1. 项目建设阶段信息管理的原则

通过对地热项目在建设过程中产生的所有信息的合理分类、编码，制定信息管理制度，促进各部门迅速准确地传递信息，全面有效地管理信息和交接信息，并客观、有效地记录和反映项目建设的整个历史过程。

2. 项目建设阶段信息管理的主要内容

地热项目建设阶段经常运用的信息有：各项计划指标、指标的完成情况、原始记录、各种生产调度和施工指挥指令、施工规范、工艺标准、定额、市场价格、规章制度等。同时，施工阶段编制的报告也是施工阶段信息管理的主要内容。在建设阶段，信息主要包括建设单位提供的信息、承包商提供的信息、工程监理的记录信息、工地会议信息和工程竣工信息。

地热工程竣工并按要求进行竣工验收时，需要大量与竣工验收相关的资料信息。这些信息一部分是在整个施工过程中长期积累形成的，另一部分是在竣工验收期间依据积累的资料进行整理和分析形成的。此外，有些地质信息还需汇交国家或地方相关主管部门。

地热能项目建设阶段信息管理的侧重点是工程资料的整理、分类、汇交。工程资料主要包括施工管理资料、施工技术资料、施工测量资料、施工物资资料、施工记录资料、施工试验资料、过程验收资料、工程竣工验收资料等。

3. 地热项目建设阶段信息管理的主要功能

地热项目实施阶段是项目成败的关键阶段，全过程都需要信息，要做出准确有效的决策，要求项目实施过程中的信息能够及时、准确、内容适用，这就要求项目实施阶段的管理信息系统应具备以下功能：

（1）承担信息中心作用

在地热能信息管理的过程中能进行信息的输入、处理和输出，沟通各种工作关系，既要传递通畅，又要反馈及时，静态、动态信息全面、准确。

（2）系统管理数据

处理地热能项目实施过程中产生的问题时，把局部问题置于整体来处理。综合分析后，将信息迅速、及时、准确地送到管理者面前，提高管理效率。

（3）运用新技术

充分应用现代硬件设备和软件模型，加强信息管理。充分运用现代数据处理设备，使信息迅速、及时，准确地送到管理者面前，提高决策准确性和管理效率。同时在解决各种复杂的生产管理任务时，能够广泛应用现代数学的成果，建立各种数学模型，从而选择最优方案。

9.2.5　地热能项目运行阶段信息管理要点

地热能项目运行阶段是地热能项目延伸时间最长的阶段。在项目运行前需开展技术交底和培训，搜集相关信息，尤其是运行监测数据，并整理、分析和存储，以为后续运行改善提供参考。值得特别提出的是，在运行阶段还需要着重加强地热动态监测数据的采集、整理和分析，以指导地热资源的勘探开发及相关政策制定。运行阶段信息管理，对项目的可持续、资源的合理利用及项目的盈利水平具有十分重要的意义。

9.2.6　资产信息化管理流程

资产信息化已成为现代企业发展的需要和趋势，资产管理和信息化的结合也已成为企业管理的必然选择，企业需要制定资产管理信息化方案，以整合和优化企业内部的各类资产，提高资产使用效率。

1. 资产管理信息化应实现的目标

（1）建立多级管理模式，确保责任到人；

（2）建立动态资产管理模式，严格控制资产管理流程；

（3）编制资产条码，实现自动识别和智能盘存；

（4）建立具有查询、报告功能的资产电子档案数据库，根据不同情况使用不同的权限，满足不同部门的需求，根据不同条件生成和打印统计报告，以适应多样化的管理需求。

2. 如何运用资产管理系统进行资产管理

（1）资产配置管理：固定资产管理软件需能够统计从采购申请管理到资产采购审批，以及最后的申购情况。

（2）资产的日常管理：运用固定资产管理软件进行，包括资产登记、资产入库、资产提取、资产转移、资产处置、资产变卖、资产转让、资产赠与、资产出售等环节。

（3）无形资产管理：一般包括土地使用权、软件应用、知识产权等，固定资产管理软件中也应设有相应的管理模块。

（4）耗材类物资管理：固定资产软件还应包含对耗材这类物资的管理，功能涵盖消耗品的入库管理、领用管理、库量管理等。

资产信息化管理系统业务流程见图 9－1。

3. 地热项目资产管理信息化——财务资产

（1）地热项目资产管理信息化的建立

① 信息化管理的目的

随着会计集中核算系统上线运行，为不断提升固定资产管理与会计集中核算集成水平，满足固定资产管理要求，全面开发固定资产管理模块功能，实现信息化分析、决策管理目标。企业要利用信息化技术，构建固定资产投资项目信息化管理系统，实现信息处理的及时性，科学梳理项目流程，权责分明，降低企业的运营成本，提高企业的经济效益，为项目的计划制定提供科学依据。

② 信息化管理的基本思路

信息化管理是运用现代化管理手段加强项目资产管理，基于资产反映的信息量大、数据计算工作重复，以及较强的数据综合查询要求考虑，为进一步规范资产卡片和相关信息等基础工作资料，保证资产折耗计算的准确性，实现数据快捷方便查询功能，节约资产管理工作量，提高管理效率的一种专业化管理模式。

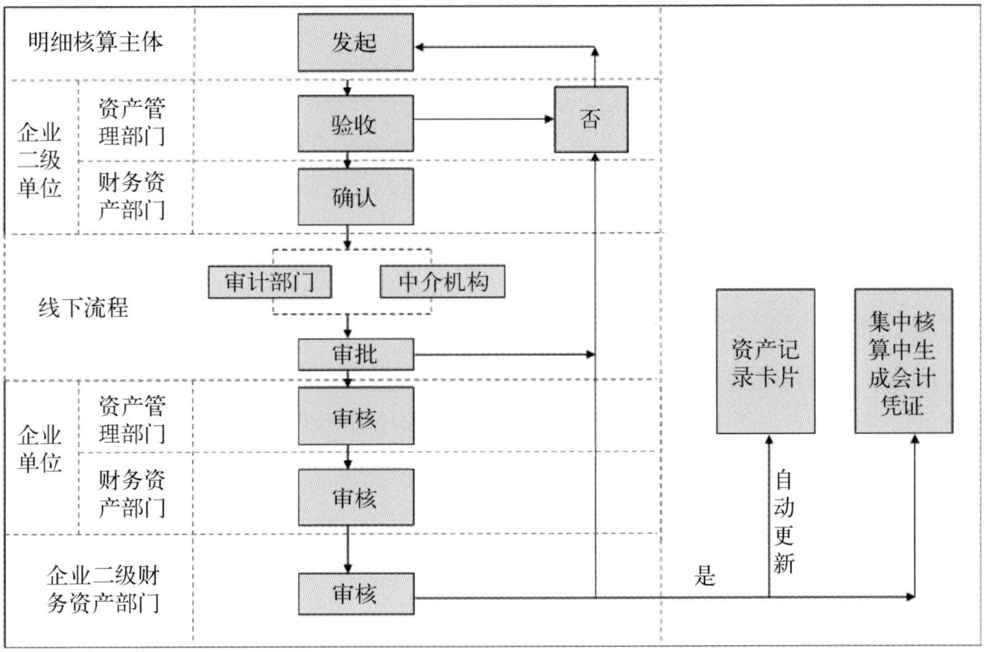

图 9－1　资产信息化管理系统业务流程图

③ 信息化管理的基本框架

信息化管理构架是信息化环境下的先进管理与运作模式，包括基础信息的收集处理、信息的战略规划、信息的实施与管理、信息的组织与控制。

基础信息收集处理包括对项目资产历史信息的收集、分类、分析和初始化处理，为信息化管理系统建立原始数据基础。

信息的战略规划包括项目资产对企业业务的构成和影响、技术开发利用的推动和发展分析、信息化资产管理对资源战略的规划和联系、信息化战略与建模的一致性关系。

信息的实施与管理包括信息系统实施项目选择和管理、信息系统实施与集成、信息化系统的风险管理和 IT 服务管理。

信息的组织与控制包括信息化项目组织与岗位设置、信息安全与备份、信息评价与分析反馈。

（2）录入系统的设置与应用

① 系统构建

固定资产管理系统包括总体概述、系统设置管理、系统配置管理、系统通用功能、日常业务处理、数据统计查询、闲置资产信息平台、资产组管理及数据汇总分析平台。

总体概述包括管理系统建设目的、适用范围、组成内容、维护修订流程。

系统设置管理,包括固定资产数据初始、资产标准属性管理、企业机构设置、资产调剂平台、资产投资计划管理,其中标准属性管理包括新国标类别、经济用途、使用情况、产权归属、折旧政策、折旧方法、技术状态、资产来源、闲置原因、闲置去向、地理区域等信息管理。

系统配置管理,完成固定资产管理模块的基础系统配置,对集团统一业务及流程进行定义,主要包括资产业务类型定义、附件类型定义、资产类别折旧及科目定义、业务流程设置、资产业务检查设置,以及集团审批限额等配置信息。

系统通用功能,对系统中通用的功能进行单独介绍,主要包括资产主数据通用功能、数据帮助功能、单据制单及单据流程功能等。其中,主数据通用功能包括参数选择、高级筛选、定制过滤、主数据维护、批量修改、过滤查找、数据导入及数据导出功能;数据帮助功能包括现有资产选择、新增资产选择、按主键复制数据及其他组合条件。

日常业务处理包括日常业务和辅助业务。其中,日常业务包括:资产增加、资产处置、资产划转、价值调整、资产清理、关键变动、一般修改及资产盘点等业务处理;辅助业务包括资产租赁、资产保险、资产维修等业务处理,资产月末处理,包括月末处理及账务处理,其中月末处理包括折旧计提、折旧补提、折旧调整、折旧凭证、减值准备计提、资产月结处理及资产余额同步等功能;账务处理包括资产业务凭证生成及补录凭证号功能。

数据统计查询,包含资产全息查询、资产多维查询、资产汇总查询、资产余额查询、资产业务查询、出租收入查询、投资计划执行情况查询、附件相关查询等。

闲置资产信息平台,包含闲置资产汇总信息、闲置资产明细信息、闲置需求发布、需要信息查询、闲置信息预警等。

资产组管理,包含资产组设置、资产组数据采集、资产查询分析等。

数据汇总分析平台,包括集团及企业数据汇总、资产指标分析及资产管理报表,资产查询分析定义等。

② 权限设置

固定资产管理系统权限设置主要是岗位职责权限不同设置不同级别功能用户,

包括一般操作用户、审核管理用户、查询管理用户和管理员用户四级。

③ 系统要素构成

系统设置包括资产数据初始化和系统设置管理，以及系统配置管理内容。资产数据初始化由固定资产初始化和初始化完成情况两大要素组成。

系统设置管理包括资产主数据管理、标准属性查询、自定义属性查询、企业机构查询、资产调剂平台、资产投资计划等要素。

系统配置管理包括业务类型定义、单据类型定义、附件类别定义、附件文件类别管理、维度分组定义、资产类别折旧定义、资产折旧方法定义、新旧资产类别关系设置、账务属性配置、表单运行定义等要素。

（3）系统应用

① 数据字典是介绍查询或维护数据字典过程中用到的窗口和按钮；

② 单据制单指利用系统设置编制各种资产单据；

③ 单据流程是按系统设置功能制定的各种资产单据执行的流程和环节；

④ 查询分析是用于介绍查询分析页面中的通用按钮，以及联查功能。

（4）查询系统的设置与应用

① 系统构建

该系统包括资产全息查询、资产多维查询、资产汇总查询、资产余额查询、资产业务查询、投资计划执行情况查询、资产出租收入查询、资产附件上传情况查询和资产附件填报率统计九个部分。

② 权限设置

根据资产管理模块人员执行的功能权限，分别设置三个级别的用户：一般用户、主管用户和管理员用户。各级用户分别执行不同资产项目和内容的查询操作。

③ 系统要素构成

固定资产管理模块的系统查询主要包括以下要素：会计期间、核算主体、资产类别、资产编号、折旧政策、资产性质、维度设置、汇总方式 、数据选项、暂估选项等。

④ 系统应用

资产全息查询：用于查询指定核算主体在某个期间的资产全息信息，主要包括资产档案信息和资产价值信息。用户可以根据不同的折旧政策、暂估选项、资产性质进行查询，并可以指定查询信息的显示列和显示顺序。

资产多维查询：允许用户自定义查询的行列维度及显示资产的价值信息。

资产汇总查询：提供用户自定义的汇总方式和汇总级别，对资产的价值信息进行汇总分析查询，并具备强大的联查功能。

资产余额查询：针对指定核算主体下指定期间的资产余额进行查询，按照资产原值、累计折旧、减值准备、资产净值进行罗列，并根据资产类别进行分级汇总显示。

资产业务记录查询：用于查询一定时间内某核算主体发生的所有资产业务记录。

4. 地热项目资产管理信息化——物资资产

1）物资管理信息化系统的意义

随着计算机和网络技术的发展，物资管理的信息化已成为必然趋势，对于管理的提升和企业的发展起到了至关重要的作用。信息化系统的应用，实现了物资管理过程中相关信息按照物资流程进行流动，确保了管理人员对信息的有效掌控、统计、流通、共享，同时减少了管理过程的人力、物力等成本消耗。

2）物资信息化管理的基本思路

（1）物资信息化管理的目的

首先，物资供应部门需要通过该信息化系统，开展物资采购的计划、合同、验收、出入库、报废等工作的提报和呈审。物资管理过程中，尤其是库存及换热站资产管理是一项非常繁杂的工作，因此该系统要实现物资量随着物资的出入库变化而产生相应的变化，从而保证物资库存相关信息的真实性和准确性。此外，各种表单的统计也是物资采购过程中繁杂且重要的内容，因此信息化系统要能实现按照统一模板开展不同条件下的查询和统计功能，从而保证数据统计的及时和准确，为决策工作的开展提供有力支撑。

此外，物资采购信息化系统要实现物资管理和财务管理的有机结合，从实物和账务两个维度对公司的资产状况进行有效管理，对各种财务单据进行统计、分析和对比，从而保证物资和设备管理过程中的成本控制和决策工作的开展。

最后，信息化系统中的审批流程，都要严格按照公司内控标准进行设定，从而通过信息化系统确保决策流程的合规性和有效性。

（2）物资信息化管理包括的内容

结合公司特点，物资管理信息化系统需要从物资计划管理、采购管理、合同管理、储备与库存管理等方面开展。

① 物资计划管理

公司的物资计划管理，应包括物资需求计划和物资需求两个方面的提报和审批。

物资需求计划，是公司项目部结合项目现场施工情况，提报的在一定期限内需要采购的物资，一般包括年度物资需求计划、季度物资需求计划和月度物资需求计划。需求计划通过审批后，在特定的时间点，由各单位物资装备部，通过信息化系统负责汇总上报，从而成为该公司的需求计划。

物资需求的提报同样来自各项目，各项目结合物资采购周期，在合理的时间范围内提报物资需求，并完成相应流程的审批工作。各单位物资供应部门拿到审批完成后的物资需求后，应在系统给出的库存信息的提示下，开展平衡利库工作。完成以上工作后，才能正式触发采购工作的正式实施。

② 采购管理

地热能开发企业可以在统一电子商务平台开展招标、询比价和电商平台的下单采购工作。如有成熟的采购信息化平台可供使用，则无须在此物资管理信息化系统中单独编制采购管理模块。

③ 合同管理

在本系统中，合同管理模块作为需求计划管理的下一步流程，表明已经完成了需求计划中所需物资的定商定价流程，需要进一步开展合同的审批工作。因此合同管理模块直接调取物资需求中的相关信息，自动生成合同中关于物资的描述信息，从而在系统中实现了一个信息闭环，一方面保证合同物资描述的准确性，另一方面确保采购物资均通过需求审批，确保了采购工作的合规性。此外，该系统应能根据所需要的设定，自动生成符合一定条件的合同台账，从而为合同管理工作提供极大的便利。

④ 储备与库存管理

该部分与合同管理模块紧密相连，需要实现物资的验收、入库、出库及库存物资的查询、统计，以及相应台账的生成功能。

首先在验收环节，物资验收应实现验收流程的标准化，此外不同物资在验收的关注点上应具备一定的独特性。因此，针对不同物资，提前编制常用物资的验收单，并存储在系统中。合同审批完毕，验收环节被触发后，系统从审批完成的合同中读取物资的相关数据，并链接到相应的验收单上。验收人员在系统中下载验收单，开展标准化的现场验收工作，从而确保验收环节的规范性。

验收环节在系统上完成确认后，物资数据将自动读取到入库流程的操作模块中，从而办理相应的入库手续。

入库完成后，物资的相关数据就会被读取到系统的库存数据中，库存管理人员可以按照不同条件的查询组合，生成所需要的包含丰富信息的库存台账。

办理出库流程的同时，库存台账也会自动调整。办理完出库流程后，系统将根据出库单上的物资去向信息，自动将物资数据读写到某个换热站点中，从而在该换热站的设备台账中出现。

设备台账的生成不仅可以按照某个换热站、某个区域、某个公司，同时也进行某类或某种规格的查询的台账的生成，从而大大方便设备管理相关信息的统计工作。

3）物资信息化管理系统的基本框架

物资信息化管理系统的基本框架可以按照物资需求计划的提报和审批，物资需求的提报、审批，后续合同的呈审，以及后续的库存与储备管理等相关流程分为两条主线。下面将对这两条主线进行阐述。

（1）物资需求计划提报

首先，项目部编制并提报物资需求。物资需求的审批在基层单位内完成，各单位的物资供应部门将审批后的物资需求计划通过系统进行汇总，从而得到该公司的物资需求汇总表，汇总表的审核从各单位到总部，由公司相关负责人最终审批。各单位的需求汇总表，由物资装备管理部门进行汇总，从而成为公司的年度、季度或月度需求计划。

（2）物资需求提报及后续管理流程

项目部结合项目所需及产品的采购周期要求，在信息系统上提报物资需求，由于物资需求是触发采购行为的起始，因此，审核需要从各单位到总部，最终由公司相关负责人审批。审批后的物资需求，各单位物资供应部门通过系统提示的库存情况，开展平衡利库工作。随后进行线上或线下采购工作。合同的呈审同样要求，从各单位到总部，最终由董事长审批。之后根据物资流转情况，开展验收、入库、出库、退库等相应的手续及审批工作。此外，废旧物资的报废、检维修、调拨等相关工作的开展也同样通过该系统的相应模块进行申请，系统中的数据库也将随着以上流程的开展而自动更新，从而得到准确的库存台账和设备台账。

4）物资管理信息化系统的搭建与应用

（1）物资采购管理系统模块

采购管理模块是以物料编码为中心，按标准化的名称及技术参数要求，从月度物资需求计划、实时项目的物资需求审批、采购合同管理、物资到货验收及出入库管理、资金支付管理、库存物资管理等全过程的信息化管理。

（2）月度（临时）物资需求计划审批表

月度（临时）物资需求计划审批表主要是以分（子）公司为单位，按不同项目上报次月所需购买的物资清单。表单主要涵盖项目名称，可研批复文号，物资名称，参数要求，需求数量、时间，概算金额，使用地址等内容。各分（子）公司计划提报人员按具体项目于每月规定日期之前提报次月的物资需求计划，经项目负责人和区域物资采购部负责人审批后，系统按月份自动汇总到一张总的需求计划档案表里。经项目负责人、区域物资采购部负责人、区域物资部分管领导和总部物装部分管领导审批后，系统将自动汇总到对应月份的需求计划档案表中。

（3）月度物资需求计划汇总表

各区域物资部门人员按要求于每月规定日期之后发起汇总，汇总清单来源于物资需求计划档案表。通过区域物资部负责人、区域物资部门分管领导、总部物装部负责人审批后流程自动流转到总部物装部计划提报人员，汇总各单位需求计划后提报至上级单位。

（4）物资需求审批表

各单位的物资提报人员需根据项目进展情况，提交物资需求审批表。审批通过后，该表将作为各单位正式进行物资采购的依据。表单内容主要包括以下信息：项目名称、可行性研究报告批复文号、投资批复文号、环境影响评价批复文号、项目所在地、物资名称、物料编码、需求数量、需求时间、收货地址和备注等。其余支撑性资料可以附件形式上传。审批通过后自动存入物资需求档案表，并作为后续流程的数据来源。

（5）物资采购清单

物资采购清单是作为系统数据流转及调用的中转性表单，采购员根据物资需求审批表里所提报的清单，通过调用物资需求档案，并在采购人员完成平衡利库后，按项目、物资类别最终生成需要执行采购操作的采购清单，同时作为采购操作流程的附件清单，以及合同档案表的数据来源。

（6）生产经营零星购置单-设备

生产经营零星购置申请单的创建初衷是配合公司物资供应制度中的零星采购流程，目的是解决供暖季期间的备件及工具性材料的采购。零星购置申请表单的内容主要包括项目名称、提报原因、物资名称、编码、规格参数、数量及需用时间、估算金额等。零星购置单的审批从提报部门负责人直至各单位负责人。审批完成后，由各单位物资供应部门按照竞争性方式直接开展采购。

（7）合同评审表及拨付款审批单

合同评审表包括合同名称、标的、价款、对方全称及情况说明等基础信息，合同管理员填写完成后按合同评审的要求上传电子版合同及其相关必要性的附件资料，其中合同清单中的物资信息是从物资采购清单中调取的数据。合同的审批流程设定，完全按照公司合同评审的内控流程进行。合同审批完成后，合同发起人可在该页面上传对应物资的增值税发票，从而方便通过系统完成合同资料的存档工作。

合同签订完成后，按合同约定条款分批次进行付款申请，通过在合同档案中选择要付款的合同编号，填写本合同约定的开户行、账号、付款金额等信息后发起审批。审批结束后，发起人按实际付款情况填写付款金额及付款时间，相关信息写入合同档案表留存。

（8）物资验收单及出入库单

物资到货之后，库管员发起物资验收流程，通过在合同档案表中选择本次要验收的批次清单，库管员根据实际情况选定接收货物的人选。验收工作完毕后，上传验收结果，完成审批后，表明物资验收完毕。

验收合格的物资，库管员负责填写物资入库单，以合同编号为切入点，在审批完成的物资验收单中选择要入库的物资清单，填写入库日期、类别、采购类型等信息后，经入库经手人、采购员、物资采购部负责人审批完成后，此合同下的入库清单信息会自动存储到库存档案表中作为库存信息。

入库完成后，库管员根据项目建设情况办理物资出库单，选取库存档案表中需要出库的物资清单后只需填写实际出库数量，其余信息均通过档案表调取。经领料人、出库经手人、物装部负责人审批后，完成出库流程。此时，系统会自动更新库存数量等信息。

（9）物资退库申请单

出库后未使用完的物资，在保证物资全新、无锈蚀，说明书、合格证等资料齐全的情况下，可以申请退库。项目上的相关人员把退库信息反馈给库管员后，由库管员发起退库申请单，退库清单从之前对应项目的出库清单中选取，填写退库原因和退库数量后，由退库经手人、区域物资部负责人和区域物资部分管领导审批完成后，退库操作生效，同时退库信息及数量自动更新到库存档案表中。

5）设备管理系统模块

设备管理模块是以采购管理环节的出库清单为出发点，根据竣工验收合格的设备为基础，在信息化系统上生成设备台账，录入使用单位、设备型号、设备编码、设备状态等信息，生成设备档案，在全生命周期过程中，从设备的投产、设备的保养、设备的维修，直到设备报废的整个过程进行管控，根据相对应的申请记录自动反馈到设备档案里，实现设备的全生命周期管理。

信息化系统使用前已经具有的设备台账，可通过线下 EXCEL 表格填报导入的方式进行。信息化系统正式使用后，设备台账信息可直接从相应的物资出库单中抓取生成。

（1）设备安装验收合格申报表

项目物资安装完成并验收合格后，由项目的设备管理员发起设备管理流程。以设备名称为切入点，从系统页面跳转至物资出库单，选择对应项目的清单，包括名称、参数、单价等。设备管理员手动补全以下信息：设备编号、型号、类型、厂家、出厂编号、出厂日期、购置日期、验收结果、验收负责人、验收时间等。经项目负责人、各单位相关部门、总部相关部门及公司相关负责人审批完成后，系统自动生成一物一档的设备管理档案。

（2）设备维修申请单（设备设施检维修计划申报表）

设备维修申请单，也就是常说的设备设施检维修计划申报表，按照表单设计填写设备名称后，在系统搜索功能的帮助下，填写设备编号。补全本次故障时间，故障现象、原因，运行影响，维修内容，维修所需材料，预计维修金额等信息，根据维修金额的数值系统会自动匹配相应层级的审批流程。

维修完成后，根据维修结果，在系统中填写维修验收环节的相关信息，包括维修完成时间、实际维修内容、实际所用材料、维修结果及实际金额等信息。根据实际维修金额，系统同样会匹配相应层级的审批流程。审批完成后，维修工作正式结束。同时，系统会将此次维修的相关信息自动更新记录到相应的设备台账中。

（3）设备保养单

设备保养单是一张记录性的工作表单，由于不同设备保养方式不同，因此该表单用于记录同一换热站下同种设备的保养信息。表单包括：保养开始、完成时间，以及保养时段等信息，保养章程是根据不同设备，提前预制到系统中的，系统会根据设备名称自动推送相应的保养章程。填写保养结果后，提报即可，相关信息会依照设备编号自动更新记录到设备档案表中。

（4）设备调拨申请单

根据生产经营的实际需要，对于一些需要调拨的大型设备，使用此表单，设备管理员从设备档案中选择要调拨的设备，选好调出、调入单位，填写相关人员信息后，经相关部门及领导审批完成后，开展调拨工作。调拨工作完成后，系统会自动更新设备台账信息。

（5）设备改造和旧物利用申请单

设备改造申请单用于增加或更换零部件后设备参数发生变化的项目，而旧物利用申请单用于拆卸更换部件后，使原本不能使用的设备还能继续运行。以上表单只起到记录作用，设备档案中会随着表单的提报留存痕迹。

9.3 小结

地热项目信息是项目各级决策人员决策的依据，是协调项目各项工作的工具，应力求做到全面、及时、准确。在项目信息管理过程中应做到将重要的问题整理成书面材料，重要的文件、信函、图纸、资料分类编号归档。项目内部传递的文件要有统一格式，做到一目了然，要规定文件的发送范围和处理范围，流程要做到清晰可行，并使有关人员了解项目全面情况。

地热项目信息管理贯穿地热项目管理的各个阶段，不同阶段其侧重点不同。地热能项目策划、立项、设计、建设和运行阶段，信息管理应突出地热能项目的独特性，这是地热能项目信息管理的基础。

第 10 章

项目案例分析

案例一　河北×××地热供暖项目案例

×××地热供暖项目位于河北省容城县，采用地热能为周边居民提供冬季供暖和夏季制冷服务。采暖季设计供热负荷为7686.9 kW，供暖建筑面积为16.88×10^4 m^2；夏季供冷负荷为3734.5 kW，供冷建筑面积为4.15×10^4 m^2。该项目属于投资、建设、运营一体化项目，项目建有1座换热站，3口地热井（2采1灌），敷设管网4 km，服务周边居民住宅面积8.00×10^4 m^2及公共建筑面积8.88×10^4 m^2，该项目于2014年10月建设完成，总投资2067.25万元。项目自运营以来，取得了良好效果，对当地地热开发利用具有引领示范意义。

该地热供暖项目在地热开发利用实施过程中，相继经历了签订地热资源开发利用合作协议、地热资源勘探、地热资源勘探与评价、采矿许可证办理、签订供热合同、地热项目可行性研究、地热供暖项目设计、地热供暖项目建设实施和地热供暖项目生产运营等阶段。

10.1.1　地热资源合作开发协议

2006年之前容城县城没有专业的热力公司，冬季采暖为各小区分散式燃煤锅炉取暖，环境污染严重，能源利用率低，亟需一种环境友好、资源节约型的供热形式。地热能供暖具有清洁、舒适、节能等特点，不仅能解决容城县清洁供暖的需求，同时开发利用地热资源可以改善容城县的生态环境。为实现可持续发展的生态环境建设总体目标，结合当地的资源条件，容城县政府将地热能开发纳入城市建设总体规划和经济发展规划之中。

为开发地热供暖新市场，容城县政府引入专业的地热开发企业，以国家新能源发展政策为引导，结合容城县能源利用规划及供热市场需求，按照“政企合作、市场运行、统一开发、技术先进、环境保护、百姓受益”的原则，地热开发企业与容城县人民政府签订了《容城县地热资源合作开发框架协议》，地热资源合作开发协议的签订为容城地热资源的科学、合理、有序开发利用和企业投资建设的稳定性提供了重要的前提条件。此后，政企双方在发展可再生能源、清洁能源及地热资源管理和发展的有关规定下，诚信合作，相互配合，全面推进容城县地热资源开发利用。

10.1.2 地热资源勘查与评价

在规模性的开发应用前,应准确摸清容城地热资源储量及可开采量,需进行科学合理的资源勘查与评价。经容城县国土资源局和保定市国土资源局的审核通过,探矿许可申报文件报至河北省国土资源厅。通过对该项目资源探矿权的论证研究,最终授予企业探矿许可证,准许地热开发企业在规定区域进行地热资源勘探。

企业取得容城地热资源探矿许可后,组织水文地质单位开展资源勘探与评价工作,同时组织有关专家对资源勘查与评价方案进行审查论证、修改、补充。在当地有关部门的指导协调下,经过数月完成了勘探与评价工作,为项目实施奠定了资源基础。

1. 容城地质构造背景

容城位于冀中凹陷内的容城凸起,北为廊固断凹,东为牛坨镇凸起,南为保定断凹,西为徐水凹陷。容城凸起轴部走向北北东,与主要断裂的方向一致,基岩埋深小于 1000 m。

容城地热田范围主要受断裂控制,其东部边界为容城断裂,西部边界为大兴断裂,南部边界为牛南断裂,北部边界为容城县北部县域边界,面积 272 km^2,其中容城县域范围内分布面积 193.4 km^2。

区内地层包括新生界第四系、新近系,中元古界蓟县系和长城系。其中第四系松散层厚度为 300~410 m,且其下部普遍具有厚层黏土层,构成良好的隔水层,具有保温隔热作用,覆盖于新近系砂岩和泥岩之上,构成了良好的盖层。下伏的新近系明化镇组在区内均有分布,厚度 400~600 m,与下伏蓟县系呈不整合接触;蓟县系由铁岭组、洪水庄组、雾迷山组和杨庄组组成。其中,铁岭组岩性为棕色、杂色页岩和白云岩、白云质灰岩互层;雾迷山组岩性主要为巨厚叠层白云岩、含砾石条带白云岩、泥质白云岩夹薄层棕红、灰绿色泥岩。

2. 容城地区气候条件

容城县地处中纬度地带,属温带大陆性季风气候,四季分明,春旱多风,夏热多雨,秋凉气爽,冬寒少雪。全年平均气温 11.9℃,极端最高气温 40.9℃(1972 年 6 月 10 日),极端最低气温-21.5℃(1970 年 1 月 5 日),最热七月平均气温 26.1℃,全年无霜期 191 天,最长 205 天,最短 180 天,初霜日平均出现每年 10 月 19 日,终霜日平均出现每年 4 月 12 日。年日均气温 0℃以上的持续时期 273 天。平均年降水量为 522.9 mm,年极端降水量最大为 1237.2 mm(1954 年),年极端最小降水量 207.3 mm(1975 年)。

根据《民用建筑供暖通风与空气调节设计规范》(GB 50736—2012)规定,室外空气计算参数如表 10－1 所示。

表 10－1　保定市室外空气计算参数

<table>
<tr><td colspan="2">地点(市/区/自治州)</td><td colspan="2">保定市</td></tr>
<tr><td colspan="2" rowspan="2">台站名称及编号</td><td colspan="2">保定市</td></tr>
<tr><td colspan="2">54602</td></tr>
<tr><td rowspan="4">台站信息</td><td>北纬</td><td colspan="2">38°51′</td></tr>
<tr><td>东经</td><td colspan="2">115°31′</td></tr>
<tr><td>海拔/m</td><td colspan="2">17.2</td></tr>
<tr><td>统计年份</td><td colspan="2">1971~2000</td></tr>
<tr><td colspan="2">年平均温度/℃</td><td colspan="2">12.9</td></tr>
<tr><td rowspan="9">室外计算温湿度</td><td>供暖室外计算温度/℃</td><td colspan="2">-7.0</td></tr>
<tr><td>冬季通风室外计算温度/℃</td><td colspan="2">-3.2</td></tr>
<tr><td>冬季空气调节室外计算温度/℃</td><td colspan="2">-9.5</td></tr>
<tr><td>冬季空气调节室外计算相对湿度/%</td><td colspan="2">55</td></tr>
<tr><td>夏季空气调节室外计算干球温度/℃</td><td colspan="2">34.8</td></tr>
<tr><td>夏季空气调节室外计算湿球温度/℃</td><td colspan="2">26.6</td></tr>
<tr><td>夏季通风室外计算温度/℃</td><td colspan="2">30.4</td></tr>
<tr><td>夏季通风室外计算相对湿度/%</td><td colspan="2">61</td></tr>
<tr><td>夏季空气调节室外计算日平均温度/℃</td><td colspan="2">29.8</td></tr>
<tr><td rowspan="4">风向、风速及频率</td><td>夏季室外平均风速/(m/s)</td><td colspan="2">2.0</td></tr>
<tr><td>夏季最多风向</td><td>C</td><td>SW</td></tr>
<tr><td>夏季最多风向的频率/%</td><td>18</td><td>14</td></tr>
<tr><td>夏季室外最多风向的平均风速(m/s)</td><td colspan="2">2.5</td></tr>
</table>

续表

风向、风速及频率	冬季室外平均风速/(m/s)	1.8
	冬季最多风向	C　　SW
	冬季最多风向的频率/%	23　　12
	冬季室外最多风向的平均风速/(m/s)	2.3
	年最多风向	C　　SW
	年最多风向的频率/%	19　　14
冬季日照百分率/%		56
最大冻土深度/cm		58
大气压力	冬季室外大气压力/hPa	1025.1
	夏季室外大气压力/hPa	1002.9

3. 容城地热田地热条件

区内新生界地温梯度介于30~60℃/km,总体特征是东高西低;雾迷山组白云岩地温梯度介于10~20℃/km,在不同地区、不同构造部位具有一定差异,但变幅较小。

雾迷山组热储在工作区内均有分布,顶界埋深800~3000 m,自东向西逐渐加深,厚度在1000~3000 m,自东向西逐渐加大。热储中部温度在45~60℃之间。储厚比平均值为19.0%,裂隙发育。工作区东部及东南部位于容城凸起核部,上覆地层遭受剥蚀,直接被新生界覆盖,基岩(雾迷山组)构造风化裂隙发育,连通性较好。在西部、西北部地段,雾迷山组上覆铁岭组和洪水庄组,由于埋藏较深和泥页岩的隔水保温作用,使得热储厚度大,温度较高。县城中心区的西部雾迷山组热储层中部温度大于60℃,东部、南侧局部小于60℃。

地热水中主要阳离子为钠离子,平均含量约为950 mg/L,主要阴离子为碳酸氢根离子,平均含量约为650 mg/L。平均矿化度约为3000 mg/L,属于微咸水;pH平均约为7.4;氯离子的毫克当量百分数平均约为29.5,钠离子的毫克当量百分数平均约为41.7,水化学类型为$HCO_3 \cdot Cl-Na$型。

通过水质分析结果与相关标准对比,该区域地热水可用于供暖、洗浴和理疗等,具有较好的医疗保健作用;不能作为饮用水,不能作为农田灌溉水,也不能作为渔业用水。根据拉伸指数对碳酸钙的结垢趋势和腐蚀性程度进行判断，该区域地热流体具有轻度腐蚀性。

10.1.3　地热资源开发采矿权

根据地热资源勘查评价成果，根据地热资源勘查评价成果，确定资源量后办理采矿权证。本项目为探矿权转采矿权，应先申请划定矿区范围，取得划定矿区范围批准通知后，申请采矿登记，领取采矿许可证。申报材料见表 10－2。

表 10－2　项目划定矿区范围和采矿许可证申报材料

划定矿区范围申请	采矿许可证申请 （包括非整合采矿权设立的申请）
（1）划定矿区范围申请登记书 （2）电子报盘文件 （3）划定矿区范围申请报告 （4）地质报告、评审意见及备案证明 （5）以地质地形图或地质图为底图的矿区范围图 （6）成交确认书、采矿权出让合同、缴纳价款的证明材料；勘查许可证影印件 （7）探矿权转让批准书 （8）营业执照复印件或矿山企业名称预先核准登记通知书 （9）省政府关于矿产资源开发整合项目的批复 （10）下一级国土资源部门意见	（1）采矿权申请登记书 （2）电子报盘文件 （3）矿产资源开发利用方案及审查意见 （4）安监部门对矿产资源开发利用方案安全设施部分的审查意见、省安监部门的备案意见 （5）下一级国土资源部门意见 （6）外商投资企业还应提交外商投资企业批准书复印件 （7）价款处置证明材料 （8）法人企业营业执照复印件 （9）矿区范围审批通知书 （10）以地质地形图或地质图为底图的矿区范围图 （11）地质勘查报告、评审意见及备案证明 （12）环境影响报告书（表）及环保部门的批复 （13）与矿山建设规模相适应的资金、技术和设备条件的证明材料 （14）地质资料汇交凭证 （15）土地复垦方案及评审意见 （16）矿山地质环境保护与治理恢复方案 （17）取水许可证 （18）省政府关于矿产资源开发整合项目的批复

10.1.4　地热供暖项目协议

依据《容城县地热资源合作开发框架协议》和《容城县地热资源开发利用专项规

划》中对清洁供暖的相关要求，与项目的地产开发公司谈判协商，签订了地热入网、集中供热等协议。

10.1.5 地热供暖可行性研究及项目设计

2013年9月，地热开发企业委托专业机构对该地热供暖项目进行可行性研究，从地热资源、技术工艺、投资、效益等方面分析项目可行性。

根据容城地区地质条件、项目负荷及回灌能力，计划新钻3口地热井，其中2口生产井、1口回灌井，回灌井与生产井采用相同的井身结构设计，设计井深1900 m，生产井出水温度55℃，抽水流量为120 m^3/h。选用两套热泵机组，冬夏两用，冬季供暖、夏季供冷。

项目运用换热和热泵技术，通过“间接换热、梯级利用，采灌均衡”等措施，达到“取热不取水”的目的，实现地热资源可持续开发。地热水由地热井潜水泵抽出后，经过除砂器处理后进入换热站，55℃地热水首先经过一级板式换热器直接换热，温度降至37℃，将采暖系统35℃回水加热到45℃供出；37℃的地热水进入二级板式换热器，由热泵机组提取地热水热量，将采暖系统35℃回水加热到45℃，最后25℃地热水经回灌井回灌。工艺流程见图10-1。

利用热泵机组加冷却塔系统满足夏季制冷需求，冷却水通过冷却塔循环泵循环散热，冷却塔将热泵机组冷凝器37℃的冷却水的热量散发降温至32℃，冷冻水通过用户侧循环泵将热泵机组蒸发器7℃的冷冻水供往建筑末端风机盘管，经过用户末端后冷冻水温度升高至12℃。工艺流程见图10-2。

2013年11月，项目可行性研究报告编制完成，项目建设投资2067.25万元。经地质、热能、电气、自控、造价、经济等专业人员论证批复后，组织有关单位和部门依据可行性研究报告及批复意见进行项目设计。项目的设计内容主要包括钻井设计、换热站设计和管网设计，其中钻井设计包含地质设计、工程设计、进度计划和钻井费用等部分；换热站设计包含工艺设计、建筑设计、电力设计、自控设计等及设计概算等部分；管网设计包含管道路由、路由附属物及设计概算等部分。

由于设计阶段对项目后期有决定性影响，因此设计完成后组织有关技术人员进行会审，挖掘潜力以规避项目风险，经会审修改完善使得项目技术工艺合理、投资更优。

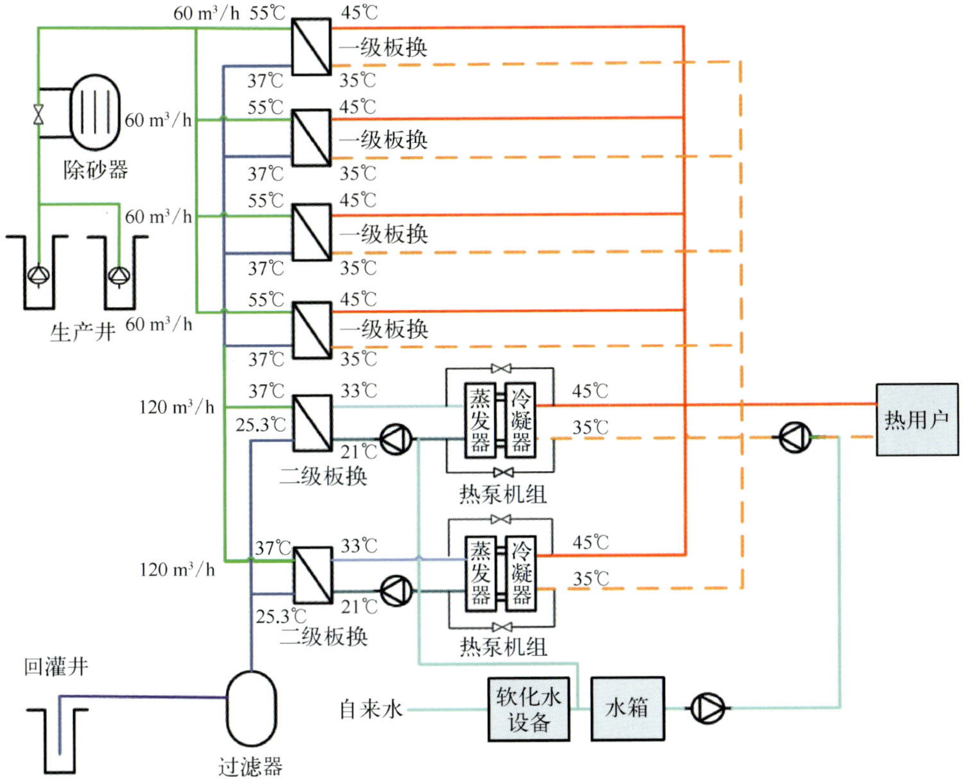

图 10－1　供暖工艺流程图

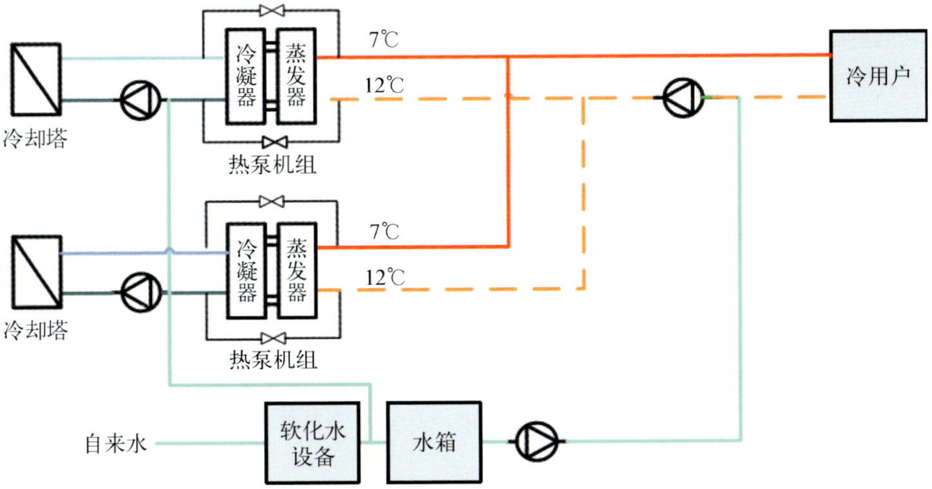

图 10－2　制冷工艺流程图

10.1.6 地热供暖项目采购、施工招标

地热供暖项目设计完成后,即进入项目设备采购、施工招标阶段。地热供暖项目具有初始投资大、回收年限久等特点。为了保障项目收益,必须控制项目投资,严防超出设计概算,为此公开招标是解决这一问题的重要方式。

根据项目可行性研究报告、项目设计文件并结合工程实际,按照有关规定和流程,开展设备采购、施工及监理招标工作。项目集中采购设备包括热泵机组、板式换热器、冷却塔、循环泵、分集水器、阀门、配电柜、自控柜、井口装置、潜水泵等。设备采购在满足项目工艺功能和质量要求情况下,对供货周期进行把控以免影响工程建设进度,另外对设备售后服务保障也需明确要求。经过施工招标后进行钻井和地面工程的施工,施工全过程均有监理在现场进行跟踪。

10.1.7 地热供暖项目建设实施及生产运营

项目建设实施和生产运营阶段是所有规划、设计落地执行的关键阶段,建设过程直接决定工程质量,因此工程建设实施是整个项目过程中至关重要的一环;而生产运营不仅是项目工程提供供热制冷服务的生产,同时也是检验项目设计合理性的重要依据。

1. 项目建设实施

为更好地组织项目建设实施,针对本项目及未来周边区域市场开发组建了项目部,该项目部负责该区域市场开发,工程施工建设及供暖运营管理,配备相关市场、钻井、工程、办公室及运营人员。为全面组织实施项目工程建设,项目部根据建设内容、规模、质量、进度和投资要求,编制工程项目建设实施计划方案,根据建设方案指导协调各施工单位实施,地热井钻探与换热站建设、管网铺设同步实施,在过程中对项目进度、质量、投资进行控制,做好安全管理、合同管理、信息管理及与周边环境的关系协调。

项目钻井施工单位在钻井现场前期准备工作完毕后,经甲方验收通过接到开工通知,即陆续进行项目1#、2#、3#地热井钻探。经抽水试验和数据分析可知,该项目3口地热井钻探质量较好,均达到了设计要求,试水效果基本满足预期,钻探工期和投资均控制在计划之内,整体符合预期要求。

该项目换热站建设,包含建筑工程、安装工程、电力工程、自动化工程、通风工程、

排水工程等部分，经前期协商换热站站房由业主按要求提供。其他工程建设部分在项目部精心组织下，由施工单位按设计进行施工。

输水系统包括地热一次侧管网和供暖循环二次侧管网，按照地热井与换热站之间设计路由进行一次管网铺设，为 DN200 无缝钢管；根据换热站与热用户之间设计路由进行二次侧管网铺设，为 DN200、DN300 无缝钢管，管网实际铺设长度为 4 km。

2014 年 10 月，该项目全部建设完成，并对项目进行调试验收，工程建设质量验收合格，包括 1 座换热站、3 口地热井（生产井 2 口、回灌井 1 口）、管网 4 km；建设投资 2067.25 万元，其中地热井 793.28 万元，换热站及管网 1062.98 万元，工程建设其他费用 210.99 万元。本项目的建成，保证了该区域正常供暖需求，为其他区域地热供暖市场的开发奠定了基础。

2. 项目生产运营

供暖运营需进行生产前准备，包括生产资料准备、建立生产运营管理制度、编制生产运营方案及生产运营方案，具体见表 10－3。

表 10－3　生产运营前准备

生产资料准备	建立生产运营管理制度	编制生产运营方案	生产运营方案
购置供暖所需自来水、电、软水耗材等购置	主要包含对运营人员劳动纪律、操作管理、安全管理、值班管理、维修调节管理等	设备检查、启停、维修、调度、系统调节、数据采集分析、事故报告等	主要包含地热站初始运行操作、运行调节、系统巡检、供热调节方法、站内设备控制操作、电焊作业、气割作业、突发作业处理、灭火器使用和火灾扑救等培训

本项目已供暖运营五个采暖季，由于实际用户变化，目前供暖面积为 $13.86\times10^4\ m^2$，制冷 $4.15\times10^4\ m^2$。在实际供暖运营过程中，1#、2#作为生产井，单井最大流量 120 m^3/h，井口温度 55℃，地热尾水 25.3℃，经 3#回灌井回灌至热储层，回灌能力较好，可实现无压 100% 自然回灌。供暖循环侧供水温度 41～45℃、回水温度 33～36℃，流量为 540 m^3/h，系统供水压力 0.6 MPa，回水压力 0.4 MPa，用户温度基本维持 18～22℃；夏季制冷采用热泵机组+冷却塔组合，冷用户为公共办公楼，末端采用风机盘管，供冷水温度 7℃，供冷回水 12℃，流量为 450 m^3/h，室内温度在 23～25℃，制冷效果满足用户需求。

10.1.8 地热供暖项目小结

我国地热能储量丰富，若能善加利用，对于我国能源结构的优化调整和“双碳”目标的达成将发挥极其重要的作用。但从实际项目勘探和实施的过程来看，地热能的开发与利用依然受制于许多因素，包括但不限于以下几方面：

（1）项目开发初投资大，回收周期长

相较于其他供暖方式，地热供暖项目开发流程更复杂，建设初期投资大，如勘探、钻井等施工成本高，通过收取暖费作为回收成本的主要途径，因此，地热供暖项目成本回收周期长。

（2）地质条件复杂，勘测难度大

我国地形地质条件复杂，研究精度需加深；地质勘测难度大，实钻数据与勘探结果存在一定偏差，存在不可控风险。

（3）涉及专业复杂，技术尚需加强

项目开发过程中，涉及地质、钻井、建筑、热能、电气、暖通、自控等十余门专业，其中各专业技术开发和技术结合尚需加强，相关人员的管理组织协调工作有较大难度。

（4）相关许可获批流程长，不确定性大

项目的开发利用需要与相关政府部门沟通协调，诸如探采矿权和取水证等许可办理，材料复杂，审批流程较长，存在着不确定因素，给企业带来许多潜在风险。

我国地热能规模化开发起步相对较晚，起初在技术及政策两方面均没有成熟的经验和路线可供参照，相对落后于其他新能源的发展规模和速度。但近年来，地热能这种新能源越来越受到国家重视，产业参与度逐步提升，我们也相信，在国家政策的支持和社会力量的相助之下，地热能将在未来能源体系中扮演更加重要的角色。

案例二　羊易一期 16 MW 发电项目案例

10.2.1 项目基本情况

本项目名称：西藏羊易地热发电项目

建设地点：拉萨市当雄县格达乡羊易村

西藏羊易地热田矿区范围约 30 km^2，勘探工作始于 1988 年，1990 年结束野外工作，由勘探单位编撰的《西藏自治区羊易地热田勘探报告》于 1990 年 12 月通过全国矿产储量委员会审议批准并作为电厂建设规划容量依据。羊易地热发电项目厂区建设用地总面积约 100 亩，总装机规划容量 32 MW，分两期建设，每期建设规模 16 MW。

主要建设内容有：

16 MW 发电机组一套，主厂房、办公楼、宿舍楼、升压站、化水试验间、循环水泵房、机力通风冷却塔、废水回灌水池、废水事故水池、材料库等。

主要技术及经济指标：

2 口生产井提供的地热流体参数指标为压力 4 bar，温度 143℃，汽水总量 625 t/h。1 口回灌井参数指标为井口回灌压力 2 bar，回灌温度 70~80℃，尾水流量 625 t/h。

奥马特双工质机组（Ormat energy converter，OEC）一套，环境温度 1℃时机组额定功率 16 MW。

项目核准批复投资总额约 4.8 亿元。项目核准批复年均运行小时数 5500 h。可研报告测算资本回报率按 8%计算，上网电价（含补贴及税金）1.05 元/度。

10.2.2　项目开发历程

为贯彻落实中央第五次西藏工作座谈会关于推进清洁能源开发的重要指示精神，原全国人大环境与资源保护委员会负责同志组织中国矿业联合会、西藏自治区相关机构及长期从事地热研究的资深专家团队，联合向国务院提交了《关于加快我国西藏地热发电项目开发建设的报告》。报告指出，我国自主研发的“螺杆膨胀发电机”技术已在西藏羊八井地热发电项目中成功应用（装机容量 2 MW），并建议通过政策扶持将地热发电培育为西藏地区战略性新兴产业，推动其在国家能源体系中发挥更大作用。该报告得到国务院高度重视，时任国务院总理作出重要批示，要求相关部门研究支持西藏地热资源开发的可行性方案。

在西藏自治区党委、政府高度关心及支持下，2011 年 3 月 14 日时任自治区副主席主持召开会议，专题研究西藏地热资源开发利用，尤其是开发利用拉萨市当雄县羊易地热田等有关工作事宜，会议中就加快建设当雄县羊易地热田开发作出明确指示。为充分开发利用羊易地热资源，缓解西藏藏中电网目前缺电严重的困难，当雄县羊易地热电站有限公司计划投资 6 亿~8 亿元人民币对羊易地热田进行综合开发，利用螺杆膨胀动力机组在未来5年内完成电站建设。

当雄县羊易地热电站有限公司通过委托专业设计院于2011年8月完成了西藏羊易地热发电项目初步可行性研究报告,并于11月29日通过了当雄县羊易地热电站有限公司组织的专家评审。按照地热电站设计、建设的最新标准和技术发展水平,设计院于2012年4月17日完成了西藏羊易地热发电项目的可行性研究工作。

当雄县羊易地热电站有限公司于2011年7月4日在当雄县工商局注册成立,目前注册资金10204.04万元。公司利用国内研究开发的螺杆膨胀动力机,产品技术达到国内首创、国际领先水平。

2011年至2012年羊易公司在羊易热田2号线,利用原有地热井建设了2台500 kW的螺杆机试验机组,并入当地农网发电试验运行。

羊易地热项目于2013年4月份获得西藏自治区发改委核准后就一直处于停止状态,2015年5月9日羊易公司以增资扩股的形式获得了杭州锦江集团的投资。

通过对项目现场实际情况的调查和了解,羊易项目于2015年9月9日启动了4 MW螺杆机组的项目建设,于2016年6月30日通过110 kV升压站向电网进行倒送电。然而,同年11月的72 h并网试运行测试却遭遇失败。

羊易项目螺杆机组4 MW的建设共形成固定资产2.3亿元左右,为了高标准建设好羊易项目,在全世界开展最先进技术的引进并充分考虑已经建成资产的利用,委托设计院进行了一期16 MW发电项目OEC的可研修编工作,最终可研修编通过了国家电力设计规划总院的审查,2017年1月获得西藏自治区发改委的核准,一期16 MW机组动态总投资4.8亿元(含前期4 MW可以利用的固定资产投资)。

2017年3月完成羊易一期16 MW发电项目OEC工程招标,2017年5月28日开工,2018年10月10日完成竣工验收实现并网,2019年2月20日实现机组满负荷试运行。

10.2.3 项目开发建设条件及程序

羊易一期16 MW地热发电项目开发大致可以分为决策阶段、设计阶段、施工阶段等几个重要阶段。其中为决策和设计阶段提供重要依据的资源勘查工作早在1990年就已完成。羊易地热发电总规划32 MW的数据来源,便是当年《西藏自治区羊易地热田勘探报告》中探明的储量。详细见图10-3。

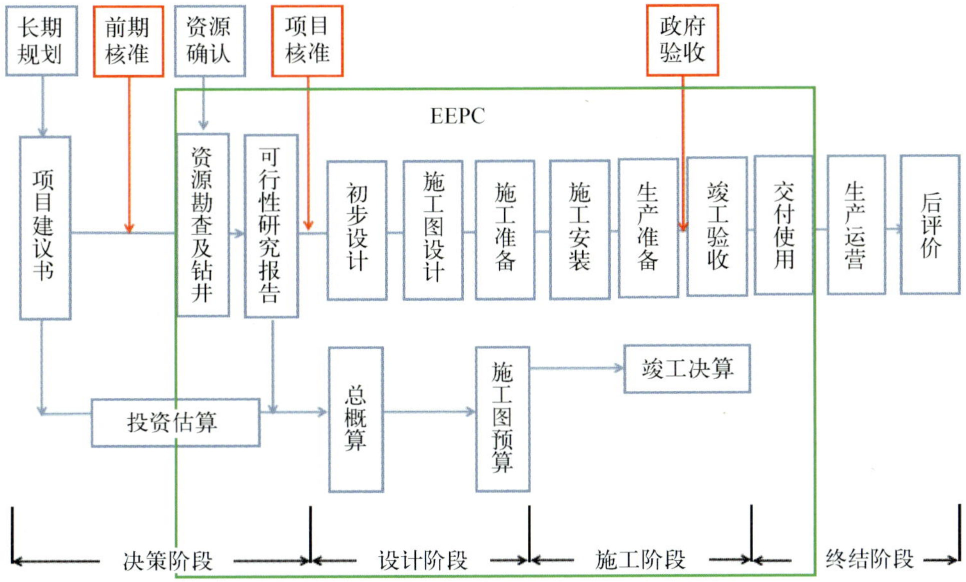

图 10－3　羊易一期 16 MW 地热发电项目流程图

羊易一期 16 MW 地热发电项目以取得项目核准时项目开工的前置条件，具体获得项目核准所需的所有前置条件如表 10－4 所示。羊易一期 16 MW 地热发电项目工艺流程示意图见图 10－4。

表 10－4　羊易项目已获政府批复文

序号	文 件 名 称	批 准 单 位	批 准 文 号
1	羊易电站前期工作开展批复	自治区发改委	藏发改能源〔2011〕419 号
2	羊易电站 2×16 MW 前期工作开展批复	自治区发改委	藏发改能源〔2012〕587 号
3	固定资产节能评估备案	自治区发改委	藏发改环资备字〔2012〕349 号
4	地质灾害评估备案	自治区国土厅	藏国土资灾〔2012〕53 号
5	西藏军区选址批复	西藏军区	作函〔2012〕73 号
6	不压覆矿产说明	自治区国土厅	
7	国土厅用地预审意见	自治区国土厅	藏国土资灾〔2012〕175 号

续表

序号	文件名称	批准单位	批准文号
8	地震安全性评估	西藏震安委	藏震安〔2012〕12 号
9	电站安全性评价	自治区安监局	藏危化项目审字〔2012〕21 号
10	水资源论证批复	自治区水利厅	藏水政〔2012〕25 号
11	水土保持方案批复	自治区水利厅	藏水保〔2012〕50 号
12	电站申请计入电网批复	电力公司	
13	环评批复	自治区环保厅	藏环审〔2012〕318 号
14	送出工程批复	自治区发改委	藏发改办函〔2013〕26 号
15	文物选址批复	拉萨市文物局	拉文物发〔2011〕159 号
16	建设工程规划许可证	当雄县住建局	建字第 540122201200044
17	建设用地规划许可证	当雄县住建局	建字第 540122201200044
18	社会稳定性分析批复	当雄县处突联席会议	当信联发〔2013〕5 号
19	可研报告评审意见	电规总院	电规发电〔2013〕31 号
20	项目核准批复	自治区发改委	藏发改能源〔2013〕278 号
21	羊易地热田矿权价款批复	自治区财政厅	藏财建字〔2014〕6 号
22	羊易地热田申请办理采矿权的批复	自治区国土厅	藏国土资函〔2014〕44 号
23	主机变更补充可研审查意见	电规总院	电规发电〔2016〕308 号
24	关于同意建设内容变更批复	自治区发改委	藏发改能源〔2017〕116 号
25	关于进口设备关税退税的意见	自治区发改委	藏发改经贸〔2017〕189 号

羊易一期 16 MW 发电项目在获得核准后，立即启动了厂区建设所需的地质勘察工作。羊易项目委托勘察单位对拟选厂区进行地质结构勘察和水文气象勘察，并出具了审查后的勘察报告。根据该勘察报告，项目选定了厂区地址。

地热发电厂设计由地热发电成套设备供应商提出概念设计，羊易公司委托设计院做初步设计和施工图设计。设计的边界为生产井口第一阀门至回灌井口阀门止，对于初步设计和施工图设计委托第三方公司进行了设计审查并出具审查报告。

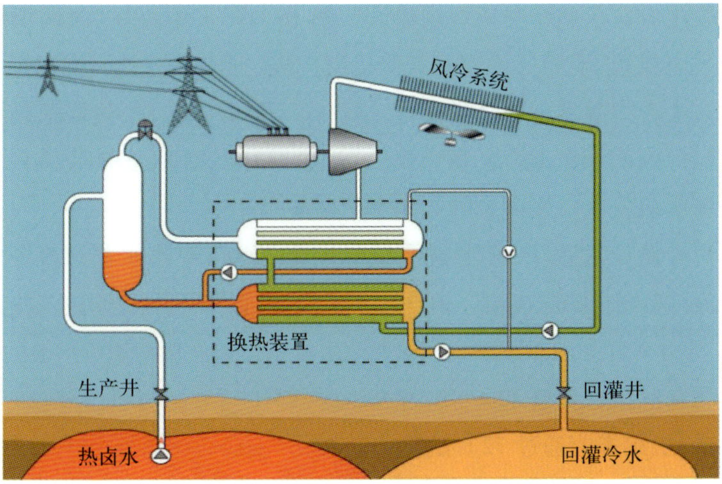

图 10－4　羊易一期 16 MW 地热发电项目工艺流程示意图

羊易一期 16 MW 利用了原有勘探井 ZK 208 和 ZK 203 作为生产井，ZK 403 作为回灌井。项目建设过程中涉及的单井放喷试验、单井回灌试验、群井放喷试验和示踪试验均在奥马特公司指导下由羊易公司自行组织，并将测试分析结果作为地热发电工艺设计热源依据。

井口设备、加药设备、管网、升压站等辅助设备国内采购，成套双工质发电机组由奥马特公司供应。主设备系统采用纯室外布置，由总包单位负责整体系统的安装与调试，并由监理公司承担监理职责。

羊易热田的勘探始于 1988 年，1990 年结束野外作业，1991 年 4 月提出勘探报告初稿，经西藏地矿局初审并作修改后，于 1991 年 6 月报全国储委审批。国家矿产储量管理局于 1991 年 8 月在拉萨组织召开了审查会，提出了审查意见，修改后的报告于 1991 年 12 月报储委复核，国家储委批准了该报告，主要决议为：羊易热田资源具有建设 32 MW 的前景，建议纳入西藏能源开发规划，及早开发利用。

二十年后，即 2011 年，江西华电电力有限责任公司在国家和自治区的支持下，牵头成立了西藏华电地热开发有限公司和当雄县羊易地热电站有限公司，相继建成了两台 500 kW 螺杆膨胀发电试验机组，一直运行到 2017 年夏 16 MW 项目管道建设为止，在试验机组发电成功的基础上，筹划建设 2×16 MW 有机工质螺杆膨胀发电机组。

2×16 MW 有机工质螺杆膨胀发电机组项目可行性研究于 2013 年 1 月 9 日得到电规总院的审查批复，同年 4 月 24 日得到了西藏自治区发展和改革委员会的核准。

得到核准的发电方案是整个热田规划建设二期 16 MW 发电系统，每期项目由热水型纯螺杆膨胀发电机组+有机工质螺杆膨胀机组构成：地热水进 2 台高温螺杆膨胀机做功后排汽进入 4 台中温螺杆膨胀机做功，排汽作为热源，通过换热器把热量传递给有机工质二甲醚（DME），使其从液态变成气态，然后将二甲醚（DME）蒸汽分别送入 5 套低温螺杆膨胀机发电。发完电的热水集中回灌。

项目在初步设计过程中，方案被改成了 4 台 2000 kW 热水型螺杆膨胀机组和 4 台 2000 kW 蒸汽型螺杆膨胀机组。2015 年 4 月底，江西华电与杭州锦江集团签订了合作协议，并于 5 月 9 日办理西藏华电工商登记手续。在锦江集团增资扩股的情况下羊易项目开始建蒸汽型和热水型 2000 kW 螺杆膨胀机各一台，两台机组建设于 2017 年 11 月并网试生产，机组未能通过 72 h 试验。

杭州锦江集团投入羊易项目建设后，以发改委核准的工艺为基准在全球范围内寻找合适的技术。在一次国内的地热会议上了解到美国公司的有机工质循环系统在国际地热发电领域被广泛利用，地热流体系统从生产井到回灌井是封闭循环系统，实现地热流体的 100% 全回灌，地热流体的封闭循环也有利于解决地热流体结垢和长期困惑的环保问题。

为了尽快实现羊易地热电站规模化商业化运行，同时解决地热结垢和回灌问题，集团公司领导于 2016 年 3 月前往位于美国的地热发电厂进行实地考察，在 4 月 15 日向国家能源局领导进行了汇报，并于 4 月 19 日签订了一台 16 MW 有机工质发电设备供货+地质技术咨询合同，拟建立一期工程 16 MW 发电机组，计划于 2018 年 8 月底投产发电，并实现地热流体全回灌，同时解决地热系统中结垢的问题。

接着对原可研报告进行主机变更修编，主机变更修编的可研报告在 2016 年 8 月 19 日获得了电规总院的审查意见及相关部门的意见。主机变更修改的可研报告于 2017 年 1 月取得西藏自治区发改委的核准。

为了更好地解决井内结垢问题，羊易项目采取了与羊八井不同的处理工艺，在生产井口根据水质分析添加干扰剂和阻垢剂，这样就解决了重力通井时需要停产的问题。

10.2.4 项目经济及技术指标评价

羊易一期 16 MW 项目资产总额 6.4 亿元，折算下来投资强度为 40000 元/kW，主要原因是从 2011 年开始，羊易历经螺杆膨胀机到 OEC 技术方案变化，以及由此产生的高昂建设管理成本。而如果不考虑 4 MW 螺杆机的投资失败，单纯从 OEC 的项目成本来看，投资强度应折算为 30000 元 /kW。羊易一期 16 MW 地热发电项目可研及实际运行情况技术指标对比见表 10－5。

表 10－5　羊易一期 16 MW 地热发电项目可研及实际运行情况技术指标对比

项　目	可研指标	实际运行
发电流量/(t/h)	864	625
地热水总输出热量/(MWth，兆瓦热)	122.3	122.3
全厂热效率/%	13	16.3
总发电功率/MW	15.9	17.6
净发电功率/MW	12.7	15.6
动力机内效率/%	79	85～90
发电机效率/%	96	97～99
厂用电率/%	20	11.3
吨水净发电/(度/吨)	20.4	18.1
年均运行时数/h	5500	8000

羊易一期 16 MW 投产运行后日常维护的主要工作就是设备巡检、电网调度执行和井口加药，本项目采取的是全自动控制，未来可以实现远程控制，现场采取四班三倒的值班运行体制，整个地热电厂运行人员少，自动化程度高，系统稳定。

羊易一期 16 MW 项目在投产运行消缺后，全部电量均接入西藏藏中电网。2021 年发电 1.31 亿度，上网结算电量 1.09 亿度，年累计发电达 8723 小时，项目的持续运行对藏中电网的稳定运行起到了显著的支撑作用。羊易二期 16 MW 项目正在筹划中。

西藏自治区政府正在向国家积极申请相关补贴扶持政策，目前，项目在没有补贴的情况下还在持续亏损中。

10.2.5　项目小结

羊易一期 16 MW 地热发电项目是我国“十二五”规划的重点项目，其建成投产则一直拖延到了“十三五”规划的中后期。而在国家“十三五”对全国500 MW地热发电规模的总体规划中，羊易项目是其中唯一建成投产的项目。经验总结如下：

（1）《可再生能源电价附加资金管理办法》对于地热发电规定（补贴强度和补贴规模）不清，使得很多项目无法尽快进入投资开发。

（2）地热发电是所有可再生能源发电中唯一一个负荷稳定能起到基础电源作用的类别，也是唯一一个产业链和核心技术不在国内的类别，应给予一定时期的补贴，其未来是可以实现平价上网的。

（3）实现平价上网的前提是降低成本，而降低成本的前提是市场规模和装备技术国产化，应鼓励并向世界提供中国方案。

（4）地热发电在全国总量有限无法起到基础电源作用，但对于西藏地区电源结构调整有重要意义，其是水电的2倍、光伏的4倍，有利于调节季节和日夜负荷矛盾。

（5）羊易一期16 MW地热发电具有很好的示范效应，彻底解决了地热尾水全部回灌问题，证明了地热发电是一个清洁环保的可再生能源发电项目。

案例三　×××集团W县清洁能源供热实施案例

W县位于豫东平原F市。近年来，由于城区面积不断扩大，居民对集中供暖需求持续增加。面对群众冬季取暖需求，W县采用独特的地热能开发模式，即以“政府主导，企业推动，政策机制与市场机制融合，保障居民供暖价格不升，用暖质量不降”为原则，通过引入先进的技术，对既有开发不规范的地热项目进行全面升级改造，使之符合地热资源利用的国家相关技术标准。该模式可充分发挥供暖企业的市场灵活机制，将既有地热井开采情况纳入整体规划当中，反复论证、通盘考量、统一规划、分步实施。同时进一步规范了城区供热市场，明确了供热企业的权利与责任，使得当地走上了清洁能源供暖合理规划、科学应用、可持续发展之路。

10.3.1　地热开发战略合作协议

当地政府与地热开发企业共同对城区地热能集中供暖情况开展的前期市场调研、现场勘查与整体规划设计工作。2017年11月，W县政府与地热企业签订《W县清洁能源集中供暖项目合作框架协议》。政府无须投入资金，企业在政府规划指导下，积极推动项目落地，发挥企业在资金、技术、运营、管理等方面的优势，通过市场化运营，与用热单位签订协议，为用热用户提供供暖服务的开发模式。

10.3.2　当地地热资源情况

W 县在地质构造上位于华北地台南部，形成于 6 亿 ~ 19 亿年前的元古代时期。新生代以来，受喜马拉雅运动的影响，构造运动频繁，地壳升降更加剧烈，坳陷继续下沉。特别是第四纪以来，沉降速率更加显著，在其过程中，本区不断接受陆相沉积，形成非常深厚的沉积层。W 县位于华北坳陷盆地，地质构造复杂，行迹大多隐伏在巨大的沉积层下，地表行迹不明显，大致分为东西向和南北向构造。

从区域上看，该区华北坳陷二级构造单元的 F 市凹陷，根据以往施工资料分析，项目区基岩为古生界二叠系，上部的盖层主要为新近系及第四系地层组成，区域地层由老到新分述如下：

（1）新近系（N）该区域主要表现在明化镇组、馆陶组地层。其底板埋深 900 ~ 1100 m，主要以砂质岩层为主。明化镇组分布为砂岩泥岩互层，下部为黏土岩及粉砂岩，中部地层为泥质砂岩粉砂岩分布，上部分布为黏土岩、砂质岩土岩组合，区域上与下伏的馆陶组呈现整合接触，与下伏二叠系呈不整合接触。

（2）第四系（Q）根据以往地质资料分析，其第四系厚度在 400 m 左右，下部为含砾砂层，主要为浅层取水含水层，顶部为黄土。

下更新统，顶板埋深 260 m 左右，底板埋深 270 ~ 400 m，沉积厚度 90 ~ 130 m，主要为以粉土、粉质黏土为主，局部互层，局部夹薄层砂层，单层厚度为 4 ~ 8 m。

上更新统，顶板埋深 35 ~ 46 m，底板埋深为 120 m 左右，一般沉底厚度表现为 60 ~ 80 m，主要为以粉土、粉质黏土为主，局部与细砂互层，一般砂层厚度在 7 ~ 16 m，总厚度为 30 ~ 40 m。

全新统，主要为黄河冲积层，埋深 35 ~ 46 m，主要为粉细砂与粉土、粉质黏土互层，可见砂层为 2 ~ 3 层，单层厚度可见 5 ~ 15 m。

从区域地质构造图上看，W 县处于 F 市凹陷构造地质单元的南部，县城区域内主要表现在断裂较为突出，地表均为第四系覆盖，其主要分布有北东东、北西向构造等。分布的北东东向断裂构造，位于县城北部，区内延伸长度为 25 km 左右，该断裂为一套压扭性正断层，北盘相对下降，南盘相对上升，倾角 75° ~ 85°。北西断层，分布在县城北部，区内长 11.7 km，属于隐伏断层，为张性正断层，倾向南西。豆公集断层，该断层分布较短，主要为北北西隐伏断层，为一张性断层，倾向东北向。

该区位于 F 市凹陷地热田的南部，县城北部主要热储层为新近系馆陶组地层，根据以往地质资料分析顶板埋深在 270~400 m，底板在 900~2000 m，主要含水岩组为中粗砂、细砂，其次为粉细砂，上部盖层主要为第四系覆盖。

10.3.3 项目改造前供热状况分析

W 县地热供暖改造项目有多个，以 H 项目一期为例。

H 项目一期位于滨河东路与北二环南侧，住宅面积 11.56×10^4 m^2，供热站房位于地下车库，站房面积 160 m^2，梁底标高 2.5 m。采用中深层地热供暖，末端采暖方式为地板辐射采暖。经现场调研，2018 年供暖季供暖面积约 3×10^4 m^2，其中高区供热面积约 0.8×10^4 m^2，低区供热面积约 2.2×10^4 m^2。

（1）热源井

小区共 2 眼热源井，均位于地下车库，目前利用 1 眼热源井。热源井周边仅采用彩钢瓦遮挡，根据现场旋流除砂器排污状况分析，热源井出水含沙量较大，系统未配备回灌过滤系统，系统尾水未回灌，直接排入市政污水管网。

（2）供热站房

供热站房内设备和管道布置较为拥挤，未预留检修通道，存在较大安全隐患。其中一台热泵主机正在维修，部分管道保温层缺失，部分已锈蚀。末端循环水泵数量较多，选型不合理，一级、二级板换换热面积为较小，不能最大程度地利用直接换热负荷，系统运行成本较高。系统缺乏温度传感器及压力传感器，无集中监控平台，系统自动化程度较低。

H 项目二期、H 项目壹号院、S 项目第一城南区、S 项目第一城北区等几个小区总住宅面积为 47.69×10^4 m^2，也都存在类似情况，改造前调研整体结论：

① 热源井成井工艺较差，含沙量较大；

② 系统未配备回灌过滤装置，换热后尾水直接排放，不符合国家规范要求；

③ 供热站房无梯级换热，部分设备选型不合理，无集中监控平台，系统自动化程度较低，运维成本较高；

④ 部分站房采用燃气锅炉，用气量受限，运营成本较高；

⑤ 设备及管道缺乏维护保养，使用年限受限。

10.3.4 项目改造方案

依据当地有利条件，采用中深层地热作为供热能源，对供热站房进行改造。总规划供热面积 $128\times10^4\ m^2$，结合当时实际入住率及供暖体量，2018 年进行一次性投资建设。根据调研结果及各方意见，项目总体入住率考虑 50%，小区入住率考虑 60%。热负荷指标 40 W/m²，供热热负荷 25.6 MW。

当年建设 7 眼热源井，均作为采水井使用，其中两眼热源井位于 H 项目二期北边，两眼热源井位于 H 项目壹号院，两眼热水井位于 J 项目二期，一眼热源井位于 S 项目第一城南区南边体育场。单眼热源井可提供 3.7 MW 热负荷，七眼热源井可提供 25.9 MW，满足规划供热需求。

原有供热站房设备中热泵主机和循环水泵可再次利用，并添加软水、过滤及自控系统，就近引入一级管网，小区内部存在热源井共 10 眼，需对供回水管道进行改造，原有热源井作为回灌井使用。

在实际的供热运行中，受小区入住率的影响，规划区建筑的实际用热需求较小，进而导致地热资源的利用不充分。解决方法为扩大供热体量，根据项目规划进行供热区域划分。

10.3.5 项目采用的核心技术

项目所采用的核心技术主要包含地热资源勘探技术、热源井钻井技术、系统防腐防垢技术、梯级利用技术、低温供暖技术、同层回灌技术、地热资源动态监测技术、供热站房远程自动监控技术等。

1. 地热资源勘探技术

使用目前行业最顶尖的物探设备 GDP－32II，探测深度可达 5000 m，探测分辨率高，分辨率可达 2 m，抗干扰能力较强，数据采集准确度高达 95%以上；并采用 EH4 与 V8 设备对比论证，确认数据精确度。

2. 热源井钻井技术

热源井采用石油钻井技术，包括石油钻机、石油测井、石油套管、水泥封固井，透水管采用专用滤水管，单井涌水量可增加 20%～30%。热源井井壁管采用石油套管，且为标准型号中规格最高的，设计寿命为 60 年。

3. 系统防腐防垢技术

系统防腐防垢技术是通过特殊装置——井口装置、地热供暖专用特型管道、德国原装进口磁化除垢仪、全自动软化水装置，实现系统的防腐防垢。

4. 梯级利用技术

采用联合开发的专用钛板换热器和热泵主机，实现梯级换热，使资源得到最大限度的利用。并结合串并联专利技术，系统换热效率提高约 20%，实现了最大限度的节能。

5. 低温供暖技术

低温供暖采用低温辐射技术，通过大流量小温差的方式，使系统介质处于高效换热状态。国内某项目率先实现供水温度 32℃，在室外环境-8℃的情况下，用户室内温度可达到 20℃以上。

6. 同层回灌技术

同层回灌技术是将提取到的热储经换热利用后，通过采用配套装置井口装置、二次加压泵、动态监测装置、过滤装置，将尾水等量回灌至同一热储层，达到地热资源的可再生利用。

7. 地热资源动态监测技术

通过对地热资源长期动态监测、日常开采动态监测以及开发利用管理动态监测的数据进行整理、校核与分析，实现了对地热资源的有效监控和合理利用。国内某机构率先实现地热水年龄鉴定，确定了地热水的补给来源；通过对回灌水进行同位素标定，确定了取水井与回灌井的井间距，这些举措为确保地热资源可持续利用和供热的长期稳定运行提供了有力保障。

8. 供热站房远程自动监控技术

通过集中供热总控室对各个供热站房进行远程自动化监控，实现信息实时传输、反馈，确保供热站房安全稳定运行。

10.3.6 项目建设及管理

1. 项目建设情况

W 县将清洁能源集中供暖规划纳入政府城市建设专项规划，为地热企业的经营提供必需的政策支持,协助企业申请政策资金,办理采水许可证、规划许可证等项目开展的相关手续,为项目建设提供良好的外部建设环境。在工程建设期间,凭借其丰富的工程建设经验,各环节协同联动、无缝衔接,在供暖季之前完成既定施工任务,确保百姓在冬季如期供暖。项目建设主要包含:地热勘探、热源井、回灌井、一级管网、供热站房设备、自控系统、监控系统、末端系统阀门的改造。

2. 项目建设方案

根据该县区域地质情况分析推断并参考现有热源井数据,井深设计 1300 m,水温 50℃,水量 80 m^3/h,单眼热水井可提供 3733 kW 热负荷。

热源井采用串联方式连接,管道按照三管(主供水、主回水、中间供水)方式布置,材质使用预制直埋保温管。部分小区内部存在热源井,规划作为回灌井使用,如后期运行过程中发现回灌量不能满足要求,则根据回灌具体数据另打回灌井。

主供水管网供水温度 50℃,直接换热从主供水管网上引,直接换热温度 40℃,直接换热回水至中间管网;中间供水管网温度 40℃,主机换热从中间供水管网引,回水温度 10℃,经过滤后至主回水管网回灌。供热面积较小的小区采用直接换热模式,即供水管接主供水管网,供热面积较大的小区采用主机换热模式,即供水管接中间供水管网,如小区内部存在热源井,需对原有供热站房管道进行改造,主机换热后回水经过滤回灌至小区内部热源井。主供回水管均安装稳压装置,使主供水管道供水压力维持在 0.8 MPa,中间供水管道供水压力维持在 0.6 MPa,主回水管道压力维持在 0.2 MPa。二级站房内设置自动控制系统,在供回水支管上安装电动调节阀分配流量,电动阀门与主回水温度及二级站房回水温度设置连锁反馈,实现自动控制。系统流程见图 10 - 5。

3. 运营管理

项目运营利用自主研发清洁热力云控中心,依托互联网实现供热各环节信息共享,实现供热系统全面透彻的信息化管理。云控中心以分布供热能源站管理为中心,通过水温、水量、供热负荷等相关运营参数的监测并结合实时气象信息,实现对热网运行进行动态实时监控、智能分析和综合管理。一方面可以实现远程自主调控,简化运行调节,实现站房无人值守,降低人力成本;另一方面通过精准预判、智能调节,达到提升能源利用效率、降低能源消耗的效果。

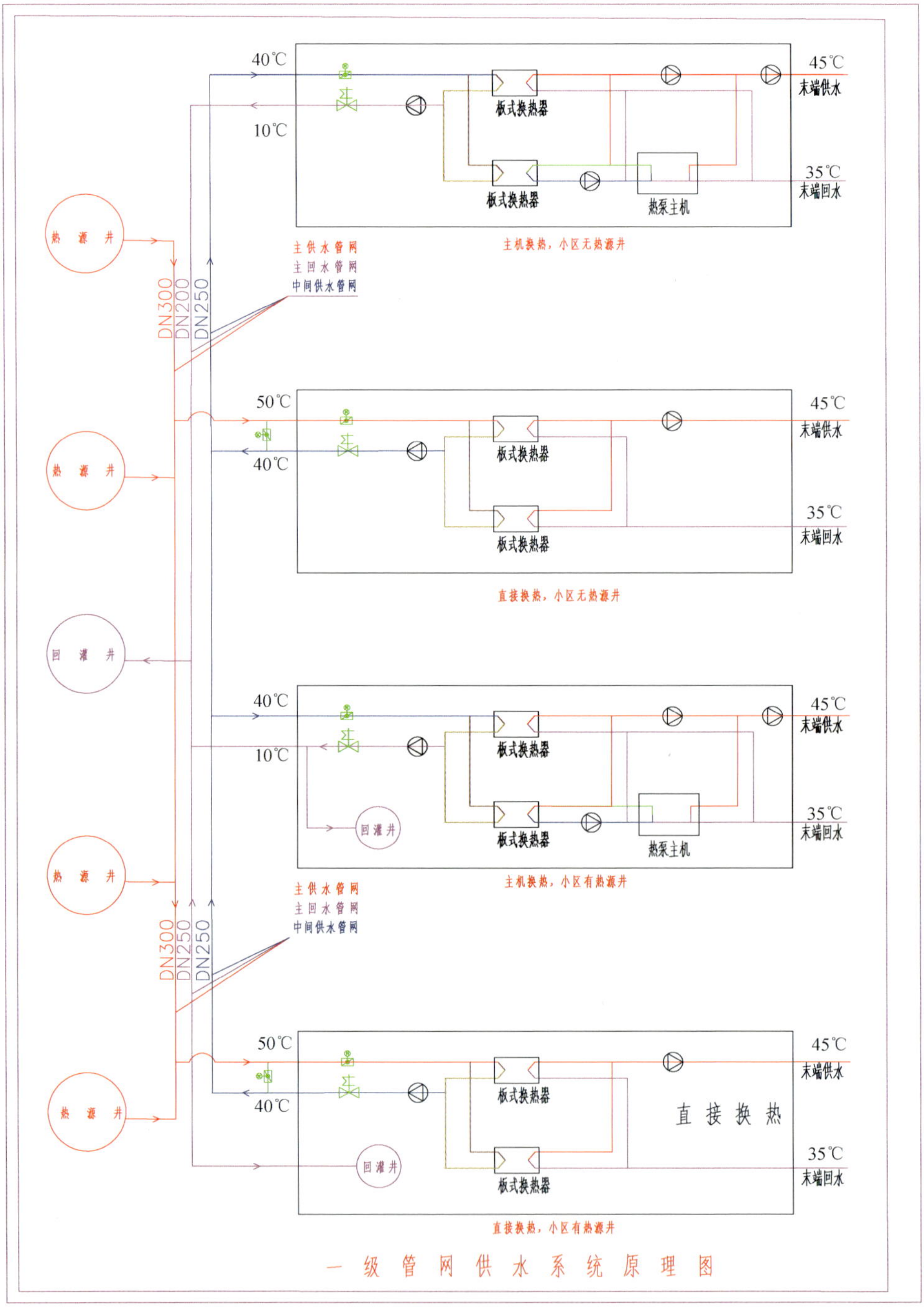
40℃
10℃
45℃
末端供水
35℃
末端回水
板式换热器
板式换热器
热泵主机
主机换热，小区无热源井
热源井
主供水管网
主回水管网
中间供水管网
DN300
DN200
DN250
50℃
40℃
45℃
末端供水
35℃
末端回水
板式换热器
板式换热器
直接换热，小区无热源井
热源井
回灌井
40℃
10℃
45℃
末端供水
35℃
末端回水
回灌井
板式换热器
板式换热器
热泵主机
主机换热，小区有热源井
热源井
主供水管网
主回水管网
中间供水管网
DN300
DN250
DN250
50℃
40℃
45℃
末端供水
直接换热
35℃
末端回水
回灌井
板式换热器
板式换热器
热源井
直接换热，小区有热源井
一级管网供水系统原理图

图 10－5　系统流程图

10.3.7　地热供暖开发管理分析

1. 地热供暖开发周期长

进入一个新供暖市场,依次经过市场进入、资源勘探、开采许可、供暖协议签订、项目立项、项目可行性研究、项目设计、建设实施和生产运营,时间跨度大,存在着不确定因素,给企业带来许多潜在风险,也给项目开发管理带来较大难度。

2. 地热供暖开发涉及面广

在实际项目开发中,涉及地质、钻井、建筑、热能、电气、暖通、自控、安全、水化学、造价、经济、环境等十余门专业,涉及面广,增加了管理组织协调工作。

3. 地热项目开发多重管理

由于地热资源具有水矿双重性,在实际管理过程中,涉及自然资源部门、水利部门、环保部门等多重管理监督,增加了地热开发企业工作量和难度。

10.3.8　项目小结

W 县清洁能源供暖实施结果表明,以“政府主导,企业推动,政策机制与市场机制融合,保障居民供暖价格不升,用暖质量不降”为原则的清洁能源供暖之路是清洁能源开发利用行之有效的模式之一。该模式一方面以制度为准绳,用强力的手段宣贯私采滥采对环境和资源造成的破坏,明确政府对私采滥采行为的坚决打击态度;另一方面通过引入先进的技术,对既有地热项目进行全面升级改造,使之符合地热资源利用的国家相关技术标准。通过“刚柔并济”的方式,既满足了居民实际供暖需求,又保护了资源和环境不受破坏,真正发挥出地热能资源清洁可再生的特性。

参考文献

[1] Bertani R. Geothermal power generation in the world 2010－2014 update report[J]. Geothermics, 2016, 60: 31－43.

[2] Zarrouk S J, Moon H. Efficiency of geothermal power plants: A worldwide review[J]. Geothermics, 2014, 51: 142－153.

[3] 曹晨明,马思远.储备项目可研经济性、财务合规性评价管理的实践与思考[J].中国市场,2017(12): 185－187.

[4] 陈燕君.浅析建设工程竣工验收及政府监管[D].苏州: 苏州大学,2017.

[5] 郭秋萍,赵静,任红娟.信息管理学[M].2版.北京: 化学工业出版社,2017.

[6] 郭笑茹.试论我国地热能开发利用现状与发展[J].祖国,2016(18): 280.

[7] 国家发展改革委,建设部.建设项目经济评价方法与参数[M].3版.北京: 中国计划出版社,2006.

[8] 胡俊文,闫家泓,王社教.我国地热能的开发利用现状、问题与建议[J].环境保护,2018,46(8): 45－48.

[9] 胡鹏,郭庆军.工程项目管理[M].北京: 北京理工大学出版社,2017.

[10] 黄汉江.投资大辞典[M].上海: 上海社会科学院出版社,1990.

[11] 柯平,高洁.信息管理概论[M].2版.北京: 科学出版社,2007.

[12] 李航.A卫校改造工程项目风险管理研究[D].成都: 西南交通大学,2017.

[13] 李昆苗,唐朝美.浅谈关于区域性集中供冷供热机房电气设计要点[J].建筑工程技术与设计,2014(33): 794.

[14] 李兴国.信息管理学[M].2版.北京: 高等教育出版社,2007.

[15] 刘明亮,宋跃武.信息系统项目管理师教程[M].4版.北京: 清华大学出版社,2023.

[16] 刘翔.信息管理与信息系统[M].北京: 清华大学出版社,2013.

[17] 罗伯特·珀蒂琼(Robert Petitjean),TA-Tour & Andersson AB.全面水力平衡: 暖通空调水力系统设计与应用手册[M].杨国荣,胡仰耆,魏炜,等译.北京: 中国建筑工业出版社,2007.

[18] 罗兰德·洪恩,李克文.世界地热能发电新进展[J].科技导报,2012,30(32): 60－66.

[19] 潘恒.智能建筑质量的过程控制与验收管理: 以某智能建筑为例[D].武汉: 华中师范大学,2016.

[20] 庞业涛,何培斌.建筑工程项目管理[M].2版.北京: 北京理工大学出版社,2018.

[21] 任文韬.工程项目全过程风险管理模式分析[J].建材与装饰,2019(22): 160－161.

[22] 沈建明.项目风险管理[M].2版.北京: 机械工业出版社,2010.

[23] 王家远,邹小伟.基础设施项目风险管理[M].北京: 中国建筑工业出版社,2017.

[24] 薛利荣.浅析工程项目管理中风险控制方法[J].城市建设理论研究(电子版),2017(24): 26－27.

[25] 詹麒.国内外地热开发利用现状浅析[J].理论月刊,2009(7):71－75.
[26] 张飞涟.建设工程项目管理[M].武汉:武汉大学出版社,2015.
[27] 张辉.旦八 1 号注水站工程项目风险管理研究[D].西安:西安石油大学,2015.
[28] 张金华,魏伟.我国的地热资源分布特征及其利用[J].中国国土资源经济,2011,24(8):23－24.
[29] 张立新,姜吉坤.工程项目管理[M].北京:化学工业出版社,2017.
[30] 张晓光,崔朝锋.热力管网设计中的问题要点分析[J].建筑工程技术与设计,2015(10):632.
[31] 朱家玲.地热能开发与应用技术[M].北京:化学工业出版社,2006.
[32] 邹叶锋,陈锁忠.地下热水开发引起的环境问题分析[J].工程勘察,2006,34(10):32－34.

索 引